普通高等教育"十四五"系列教材
浙江省普通高校"十三五"新形态教材

测 量 学

主　编　孔维华　黄伟朵

副主编　郑志琴　王殷行　谢劭峰　段祝庚

中国水利水电出版社
www.waterpub.com.cn
·北京·

内 容 提 要

  本书为普通高等教育"十四五"系列教材、浙江省普通高校"十三五"新形态教材。本书以大比例尺数字化测图为主线,力求反映现代测绘技术的自动化、智能化、信息化发展趋势。全书共分9章,主要内容有绪论、水准测量、角度测量、距离测量、测量误差的基本理论、控制测量、地形图的基本知识、大比例尺地形图测绘、地形图的应用。各章均附有二维码,链接相关数字资源。

  本书可作为测绘类、地理类、土管类、水利类、交通类和地矿类等专业测量学基本知识和理论的本科教材,也可供相关专业技术人员参考。

图书在版编目(CIP)数据

测量学 / 孔维华,黄伟朵主编. -- 北京 : 中国水
利水电出版社,2022.12
  普通高等教育"十四五"系列教材 浙江省普通高校
"十三五"新形态教材
  ISBN 978-7-5226-0954-6

  Ⅰ. ①测… Ⅱ. ①孔… ②黄… Ⅲ. ①测量学-高等
学校-教材 Ⅳ. ①P2

中国版本图书馆CIP数据核字(2022)第157061号

书 名	普通高等教育"十四五"系列教材 浙江省普通高校"十三五"新形态教材 **测量学** CELIANGXUE	
作 者	主 编 孔维华 黄伟朵 副主编 郑志琴 王殷行 谢劭峰 段祝庚	
出版发行	中国水利水电出版社 (北京市海淀区玉渊潭南路1号D座 100038) 网址:www.waterpub.com.cn E-mail:sales@mwr.gov.cn 电话:(010)68545888(营销中心)	
经 售	北京科水图书销售有限公司 电话:(010)68545874、63202643 全国各地新华书店和相关出版物销售网点	
排 版	中国水利水电出版社微机排版中心	
印 刷	清淞永业(天津)印刷有限公司	
规 格	184mm×260mm 16开本 17.75印张 432千字	
版 次	2022年12月第1版 2022年12月第1次印刷	
印 数	0001—2000册	
定 价	**52.00元**	

编 写 委 员 会

前　言

为满足测绘类、地理类、土管类、水利类、交通类和地矿类等专业测量学课程教学的需要，浙江水利水电学院、山东理工大学、甘肃农业大学、桂林理工大学和中南林业科技大学等高等院校的老师，在总结近年来测量学教育教学改革成果的基础上，共同编写了本书。

随着测绘地理信息技术的快速发展，测绘新仪器、新理论的应用越来越普遍。因此本书不仅对传统测量理论和技术（包括水准测量、角度测量、距离测量、误差基本理论和地形图的测绘与应用等）进行了全面的讲解，而且增加了测绘新仪器、新技术（包括全站仪、电子水准仪、GNSS接收机和CASS绘图软件）的介绍。本书为浙江省普通高校"十三五"新形态教材，因此在每个章节加入了课件、教学录像、课堂自测、仪器使用说明书、作业和相关知识点等二维码信息，方便读者学习。

本书具体编写分工为：第一、三、九章由浙江水利水电学院孔维华编写，第二、四章由甘肃农业大学郑志琴、鄢继选编写，第五、六章由浙江水利水电学院黄伟朵、郑志琴编写，第七章由桂林理工大学谢劲峰、中南林业科技大学段祝庚编写，第八章由山东理工大学王殷行编写。浙江水利水电学院赵红、毛迎丹、胥啸宇参与了部分教学视频的制作和插图的绘制。全书由孔维华负责统稿。

本书在编写过程中得到了浙江南方测绘科技有限公司、浙江华测导航技术有限公司的大力支持，浙江水利水电学院测绘专业的部分同学参与了视频制作，同时，参考了国内外有关教材、参考书和科技文献，在此一并表示感谢。

由于编者水平有限，书中难免存在疏漏和不足之处，欢迎读者批评指正。

编者

2022 年 8 月

目　录

第一章

绪 论

第一节 测绘学概述

测绘学是一门既古老又年轻的学科，有着悠久的历史。但是随着科技水平的提高，特别是"3S"技术（GPS、RS、GIS）的发展与应用，测绘学科的理论、技术、方法及其学科内涵也随之不断地发生变化，形成测绘学的现代概念。测绘学是研究地球和其他实体与时空分布有关的信息采集、量测、处理、显示、管理和利用的科学和技术，是测绘科学技术的总称。其任务主要包括三个方面：一是精确地测定地面点的位置及地球的形状和大小；二是将地球表面的形态及其他相关信息测绘成图；三是保证国民经济和国防建设所需要的测绘工作。

课件 1-1

根据研究的具体对象、研究范围及采用的技术手段不同，传统上又将测绘学分为以下五个主要分支学科。

1. 普通测量学

普通测量学又称测量学、地形测量学，是测绘学的基础组成部分，是研究地球表面小区域内测绘工作的基本理论、技术、方法和应用的学科。

2. 大地测量学

大地测量学主要研究地球表面及其外层空间点位的精密测定，地球的形状、大小和重力场，地球整体与局部运动，以及它们变化的理论和技术。按照测量手段的不同，大地测量学又分为几何大地测量学、卫星大地测量学及物理大地测量学等。

3. 摄影测量学与遥感

摄影测量学与遥感主要研究利用摄影或遥感手段获取被测物体的影像数据，通过对摄影照片或遥感图像进行处理、量测、解译，以测定物体的形状、大小和位置进而制作成图。

4. 工程测量学

工程测量学是研究各种工程在规划设计、施工建设和运营管理阶段所进行的各种测量工作的学科。工程测量是测绘科学与技术在国民经济和国防建设中的直接应用。工程测量按所服务的工程种类分为建筑工程测量、水利工程测量、线路工程测量、桥梁工程测量、地下工程测量等。

5. 地图制图学

地图制图学是研究地图的设计、投影、编制、制印等理论、技术、方法以及应用的学科。主要内容包括地图的基本特征、地图投影的理论与方法、地图数据和地图符号、制图综合、地图的编辑与编绘、地图的出版印制与分析应用等。

6. 海洋测绘学

海洋测绘学主要研究的是以海洋及其邻近陆地和江河湖泊为对象所进行的测量和海图编制的理论和方法，主要包括海洋大地测量、海道测量、海底地形测量等内容。

测绘学应用非常广泛，在国民经济和社会发展规划中，测绘地理信息是最重要的基础信息之一。在城市、交通、水利、工矿、电力等各类工程建设中，从勘测设计、施工到运营管理阶段，都需要大量的测绘工作，如大比例尺地形图测绘、施工放样、竣工测量和变形监测等。在城乡建设规划和国土资源管理中，必须测绘各种比例尺的地形图和地籍图，以供规划和管理使用。在国防建设中测绘学也起着非常重要的作用，军事测量和军用地图是战略部署不可缺少的重要保障。在数字中国、智慧城市等各类地理信息系统（geographic information system，GIS）中，都需要测绘学科提供基础地理信息数据。

测绘学是地球学科的一个分支学科，其研究内容涉及诸多方面，本书讲述的主要内容属于普通测量学的范畴。

测绘学的发展与人类社会发展和其他科学的发展紧密相关。在我国，测绘学可以追溯到战国时期，《管子》一书中就收集了早期地图。公元前 4 世纪我国就有世界上最早的定向工具——司南。公元前 2 世纪司马迁在《史记·夏本纪》中记录了大禹治水时用到的测量工具："左准绳、右规矩"。公元 2 世纪东汉时期的张衡发明了浑天仪和地动仪，这是世界上最早的天球仪和地震仪，为天文测量奠定了基础。公元 724 年唐代的张遂、南宫说等用弧度测量的方法丈量了约 300km 的子午线弧长。18 世纪初，我国开展了全国性的测图工作，编制了《全舆全览图》。在国外，测绘科学的发展主要起始于 17 世纪初叶，荷兰的汉斯发明了望远镜，为测绘仪器的大发展奠定了基础。1730 年前后，英国的西森制成了经纬仪，后来欧洲又陆续出现了平板仪、水准仪等测绘仪器，使三角测量和地图制图得到较大发展。德国科学家高斯于 1806 年提出的最小二乘法及后来提出的等角横切椭圆柱投影（高斯投影），为测绘科学理论的发展起到了较大的推动作用。

进入到 20 世纪，电子技术、激光技术和空间科学的飞速发展对测绘科学技术的发展也起到了巨大的推动作用。光电测距仪、电子经纬仪、全站仪、数字水准仪、GPS 接收机、激光扫描仪等新型测绘仪器不断出现，同时卫星大地测量、数字摄影测量和遥感等新技术的发展也越来越迅速，推动测绘科学技术进入到自动化和数字化阶段。

第二节　地球的形状与大小

一、地球的自然表面

视频 1-1

测量工作大多是在地球表面上进行的，但是地球的自然表面是很不规则的，分布着高山、丘陵、盆地、平原、江河、湖泊等千姿百态的地貌，有海拔 8848.86m 的珠穆朗玛峰，也有深达 11034m 的马里亚纳海沟，两者之间相差近 20000m。地球表面虽然高低起伏，但是起伏幅度相对于地球平均半径 6371km 是很小的，可以忽略不计。

二、大地水准面

地球表面形状比较复杂，不便于使用数学公式进行表达。但是，地球表面除了大约 29％ 的面积是陆地外，大约 71％ 的面积是海洋。所以在研究地球的形状和大小时，可以把地球看作是一个被海水包围的球体，即假想有一个静止的海水面，向陆地延伸而形成封闭曲面，称之为水准面。由于地表起伏以及地球内质量分布不均匀，水准面是一个不规则的曲面，由于海水受潮汐风浪等影响时高时低，故水准面有无穷多个，其中与平均海水面相吻合的水准面称作大地水准面，如图 1－1 所示。大地水准面是测量工作的基准面。由大地水准面所包围的形体称为大地体，它代表地球的形状和大小。

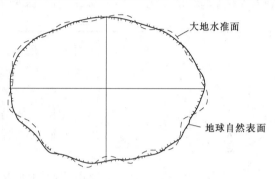

图 1－1　大地水准面

由于地球的自转运动，地球上任一点都受到地球引力和离心力的双重作用，这两个力的合力称为重力。重力的方向线称为铅垂线，铅垂线是测量工作的基准线。大地水准面的特性是处处与铅垂线相垂直。由于地球内部物质分布不均匀，致使地面上各点的铅垂线方向产生不规则变化，因此大地水准面实际上是略有起伏而不规则的封闭曲面。

三、参考椭球面

大地水准面是一个不规则的无法用数学公式表达的曲面，在这样的面上是无法进行测量数据的计算及处理的。因此为了计算和绘图方便，用一个既与大地体非常接近的，又能用数学公式表达的规则球体即旋转椭球体来代表地球的形状，这个旋转椭球体称为地球椭球体。旋转椭球体的基本元素是长半轴 a、短半轴 b、扁率 f，它们的关系式如下：

$$f = \frac{a-b}{a} \tag{1-1}$$

地球椭球体元素值是通过大量的测量成果推算出来的。几个世纪以来，各国学者都在致力于研究地球椭球体的元素值，根据不同地区、不同年代的测量资料，按照不同的处理方法推算出不同的椭球体元素，表 1－1 列出了几个有代表性的地球椭球体元素值。

自测 1-1

地球椭球体的形状和大小确定以后，还应确定大地水准面与椭球面的相对关系，使地球椭球体与大地体达到最好的密合，因为只有这样才能作为测量计算的基准面，这一过程称为椭球定位。某一国家或地区为处理测量成果而采用既与大地体的形状、大小最接近，又适合本国或本地区要求的旋转椭球体，这样的椭球体称为参考椭球体，

表 1-1　　　　　　　　　　　地球椭球体元素值一览表

地球椭球体名称	长半轴 a/m	短半轴 b/m	扁率	提出年份	国家或组织
贝塞尔椭球	6377397	6356079	1：299.2	1841	德国
克拉克椭球	6378249	6356515	1：293.5	1880	英国
海福特椭球	6378388	6356912	1：297.0	1910	美国
克拉索夫斯基椭球	6378245	6356863	1：298.3	1940	苏联
IUGG 1975 国际椭球	6378140	6356755	1：298.253	1975	国际大地测量与地球物理学联合会 (International Union of Geodesy and Geophysis, IUGG)

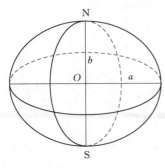

图 1-2　参考椭球体

如图 1-2 所示。参考椭球体的表面称为参考椭球面，参考椭球面是处理大地测量成果的基准面。

世界上不同的国家或地区采用的参考椭球体都不尽相同，就是同一个国家或地区在不同时期也会采用不同的椭球体。我国采用过克拉索夫斯基椭球体、IUGG 1975 国际椭球体、CGCS 2000 椭球体等。目前我国 2000 国家大地坐标系（China Geodetic Coordinate System 2000，CGCS 2000）采用的椭球体元素值为：长半轴 $a=6378137$m，短半轴 $b=6356752$m，扁率 $f=1：298.257$。

第三节　测量坐标系统和高程系统

课件 1-2

测量工作的基本任务是确定地面点的位置。确定地面点的空间位置需要三个量，通常是确定地面点在参考椭球面上的投影位置（即地面点的坐标），以及地面点到大地水准面的铅垂距离（即地面点的高程）。表示地面点位置的坐标和高程均针对某一特定的坐标系和高程系。

一、常用的测量坐标系统

（一）大地坐标系

如图 1-3 所示，包含参考椭球体短轴 NS 的平面称为子午面，其中通过英国格林尼治天文台的子午面称为起始子午面或首子午面，它与参考椭球面的交线称为起始子午线或首子午线。垂直于参考椭球短轴 NS 的任一平面与椭球面的交线称为纬线或纬圈，有无数个，其中通过椭球中心且垂直于短轴 NS 的平面称为赤道面，赤道面与参考椭球面的交线称为赤道。

起始子午面和赤道面是大地坐标系的起算面。如图 1-3 所示，假如地面上任一点沿法线投影到参考椭球面上为 P 点，则经过 P 点的子午面与起始子午面的夹角 L 称为该点的大地经度，简称经度，其取值范围为东经 0°～180° 和西经 0°～180°；经过 P 点的法线与赤道面的夹角 B 称为该点的大地纬度，简称纬度，其取值范围为北纬

$0°\sim90°$和南纬 $0°\sim90°$。

　　一般地面点不在参考椭球面上，则地面点沿过该点的法线到参考椭球面的距离，即以参考椭球面为基准面的高程，叫作大地高。图 1-3 中 P 点的大地高为 0。

　　由于参考椭球面并不是物理曲面，而是抽象的数学曲面，在测量中无法实际得到某点的法线，因此，大地坐标和大地高都不能直接测量，而只能通过推算得到。

（二）空间直角坐标系

视频 1-2

　　以椭球体中心 O 为原点，起始子午面与赤道面交线为 X 轴，赤道面上与 X 轴正交的方向为 Y 轴，椭球体的旋转轴为 Z 轴，构成右手直角坐标系 $O\text{-}XYZ$，在该坐标系中，假设存在一点 P，则 P 点的空间直角坐标为 (X_P, Y_P, Z_P)，如图 1-4 所示。地面上同一点的大地坐标（L，B）及大地高 H 和空间直角坐标（X，Y，Z）之间可以进行相互转化。

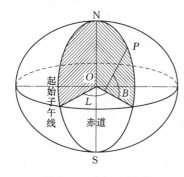

图 1-3　大地坐标系

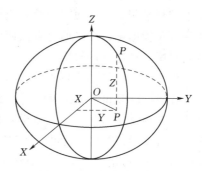

图 1-4　空间直角坐标系

（三）平面直角坐标系

　　在实际测量工作中，若用球面坐标来表示地面点的位置是不方便的。一方面，大地坐标的基准面是参考椭球面，用大地坐标表示点位，不便于表示小范围内点的相对关系；另一方面，椭球面上的计算工作非常复杂，对于大多数工程应用而言十分不便。而采用平面直角坐标系对于计算则十分方便。

　　测量中采用的平面直角坐标系主要有：独立平面直角坐标系、高斯平面直角坐标系。

　　1. 独立平面直角坐标系

　　当测区的范围较小（面积小于 100km^2）、能够忽略该区地球曲率的影响而将其当作平面看待时，可在此平面上建立独立的平面直角坐标系，如图 1-5 所示。测量工作中采用的平面直角坐标系与数学上的笛卡儿坐标系不同，是以纵轴作为 X 轴，表示南北方向，自原点向北为正，向南为负；以横轴作为 Y 轴，表示东西方向，自原点向东为正，向西为负。除坐标轴方向不同外，两者的象限顺序也相反，但二者的三角函数计算公式是一样的。

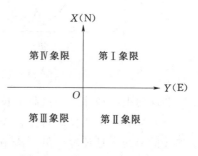

图 1-5　独立平面直角坐标系

2. 高斯平面直角坐标系

当测区范围较大时，要建立平面坐标系，就不能忽略地球曲率的影响，为了解决球面与平面这对矛盾，则必须采用地图投影的方法将球面上的点和图形表示到平面上。目前我国采用的是高斯投影，建立的平面坐标系就是高斯平面直角坐标系。

二、高斯平面直角坐标系统

（一）高斯投影

当测区范围较大时，将地球表面上的图形投影到平面上必然会产生变形，投影变形一般有角度变形、长度变形和面积变形三种。必须要采用适当的投影方法解决这个问题，使某种变形为 0，或使三种变形减小到一定的限度，但是不能全部消除三种变形。因此，地图投影按照变形的类别又分为等角投影、等距投影和等面积投影三种。从测量工作来看，一般要求投影前后保持角度不变，这样在一定范围内测量的地图和椭球面上的图形是相似的，便于测绘和应用；同时，角度测量是测量的主要工作内容之一，采用等角投影可以在平面上直接使用观测的角度值，不需要进行投影变换。因此选择等角投影是最适宜的投影。

测绘工作中常用的等角投影有高斯投影、通用横轴墨卡托（universal transverse merator，UTM）投影和兰勃特投影。下面介绍一下高斯投影。

高斯投影是由德国数学家、测量学家高斯提出的一种等角横切椭圆柱投影，它是正形投影的一种，后经德国大地测量学家克吕格对投影公式加以补充，故又称为高斯-克吕格投影。高斯-克吕格投影的几何概念是，设想用一个椭圆柱横套在参考椭球体的外面（图 1-6），并使椭圆柱与参考椭球体的某一子午线相切，相切的子午线称为中央子午线；椭圆柱的中心轴与赤道面相重合且通过椭球中心。将中央子午线两侧一定经度范围内（如 6°或 3°）的点、线、图形投影到椭圆柱面上，然后，沿过南北极的母线 AA'、BB' 将椭圆柱面剪开，并将其展成一平面，该狭长形的带状平面称为高斯平面。

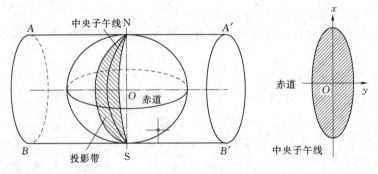

图 1-6　高斯-克吕格投影原理

椭球面上的经纬线经过高斯投影后具有下述性质：

（1）中央子午线投影后为直线，长度没有变化；其余子午线投影后均为凹向中央子午线的曲线，且长度变形，离中央子午线越远，长度变形越大。

（2）赤道投影后为直线，并与中央子午线正交，其长度有变形。

視頻 1-3

（3）经纬线投影后仍然保持相互垂直的关系，说明投影后的角度无变形。

（二）投影带划分

高斯投影虽然没有角度变形，但有长度变形和面积变形。变形超过一定的限值时对测量精度的影响将非常大，因此，必须设法加以限制。测量时将投影区域限制在中央子午线两侧一定的范围，这就是分带投影。单从控制长度变形的角度看，分带越多，变形越少，但是各带相互转换的工作量越大，因此，分带原则是：既保证长度变形满足测量要求，又要使分带数不宜过多。在我国常用带宽一般为经差 6°、3°或 1.5°等几种，分别简称为 6°带、3°带和 1.5°带（1.5°带使用较少，下面不做介绍）。

1. 6°带

如图 1-7 所示，6°投影带是由英国格林尼治起始子午线开始，自西向东每隔经差 6°划分 1 个带，将地球分成 60 个带，每带的带号按 1～60 依次编号。第 N 带中央子午线的经度 L_0 与带号 N 的关系为

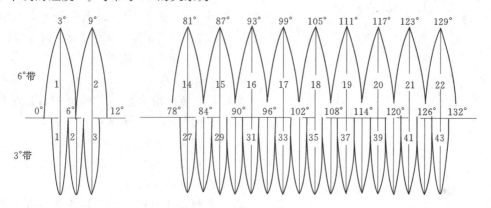

图 1-7　6°带和 3°带投影

$$L_0 = 6N - 3 \quad (N = 1, 2, \cdots, 60) \tag{1-2}$$

反之，已知某点的经度为 L，则该点所在 6°带带号的计算公式为

$$N = \mathrm{int}\left(\frac{L+3}{6} + 0.5\right) \tag{1-3}$$

2. 3°带

如图 1-7 所示，3°带是在 6°带的基础上划分的。6°带的中央子午线和分带子午线都是 3°带的中央子午线。3°带是由东经 1.5°起算，自西向东每隔经差 3°划分，其带号按 1～120 依次编号。第 N 带中央子午线的经度 L_0 与带号 N 的关系为

$$L_0 = 3N \quad (N = 1, 2, \cdots, 120) \tag{1-4}$$

反之，如已知某点的经度为 L，则该点所在 3°带的带号为

$$N = \mathrm{int}\left(\frac{L}{3} + 0.5\right) \tag{1-5}$$

我国领土位于东经 73°～136°之间，共包括了 11 个 6°投影带，即 13～23 带；22 个 3°投影带，即 24～45 带。因此，就我国而言，其 6°带和 3°带的带号是没有重复的，通过带号就能看出是 3°带还是 6°带。

（三）高斯平面直角坐标系与国家统一坐标

1. 高斯平面直角坐标系

通过高斯投影，每一带的中央子午线的投影为 x 轴，赤道的投影为 y 轴，两轴的交点作为坐标原点，由此构成的平面直角坐标系称为高斯平面直角坐标系，如图 1-8 所示。x 轴向北为正，向南为负；y 轴向东为正，向西为负。由此表示点位的坐标称为自然坐标。我国位于北半球，x 的自然坐标均为正，而 y 的自然坐标则有正有负，这样计算很不方便。为了使 y 坐标都为正值，将纵坐标轴向西平移 500km，相当于在自然坐标 y 上加 500km。

2. 国家统一坐标

每一个投影带都可以建立一个独立的高斯平面直角坐标系，为了区分各投影带的

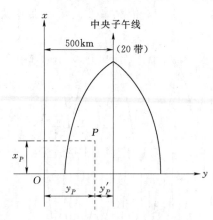

图 1-8　高斯平面直角坐标系

坐标，则在加 500km 后的 y 坐标前再加上相应的带号，由此形成的坐标称为国家统一坐标。例如，在图 1-8 中，假定 P 点位于 6°带的第 20 带，其自然坐标为 $x'_P = 3582698.562$m，$y'_P = -145957.587$m，则其统一坐标为 $x_P = 3582698.562$m，$y_P = 20354042.413$m。我国位于北半球，x 坐标均为正，因而 x 的自然坐标值和统一坐标值相同。同理，如果给定一个点的国家统一坐标，则可以求出该点的投影带、投影带带号和自然坐标，判断出该点是位于中央子午线的东侧还是西侧。

在实际测量中有时会用到两个投影带的控制点，或者要把 6°带的坐标换算成 3°带的坐标使用等情况，则必须进行坐标换带计算。

三、我国常用的测量坐标系统

1. 1954 年北京坐标系

新中国成立以后，我国大地测量进入了全面发展时期，迫切需要建立一个大地坐标系。由于缺乏天文大地网观测资料，我国暂时采用了苏联的克拉索夫斯基椭球参数，并与苏联 1942 年坐标系进行了联测，建立了 1954 年北京坐标系。它的原点位于俄罗斯的普尔科沃。

2. 1980 年国家大地坐标系

20 世纪 80 年代，为了满足我国经济和军事建设的需要，建立了新的大地基准。采用国际大地测量与地球物理联合会的 IUGG75 椭球为参考椭球，大地原点地处我国陕西省西安市以北 60km 处的泾阳县永乐镇。经过大规模的天文大地网计算，建立了 1980 年国家大地坐标系，又称 1980 西安坐标系。

3. 2000 国家大地坐标系

2000 国家大地坐标系是一种地心坐标系，其原点为包括海洋和大气的整个地球的质量中心。Z 轴指向 BIH1984.0 定义的协议地球极方向，X 轴指向 BIH1984.0 定

义的零子午面与协议地球极赤道的交点，Y轴按右手坐标系确定。2018年7月1日起我国全面使用2000国家大地坐标系。

4. WGS-84坐标系

WGS-84坐标系（World Geodetic System-1984 Coordinate System）是一种地心坐标系。其坐标原点为地球质心，Z轴指向BIH（Bureau International de l'Heure，国际时间局）1984.0定义的协议地球极（conventional terrestrial pole，CTP）方向，X轴指向BIH 1984.0的零子午面和CTP赤道的交点，Y轴与Z轴、X轴垂直构成右手坐标系。WGS-84坐标系是全球定位系统（GPS）采用的坐标系。

四、高程系统

坐标只能反映地面点的投影位置，并不能反映该点的高低情况，要表达点的三维空间信息还需建立一个统一的高程系统。建立高程系统，首先要选择一个基准面。在一般测量工作中都是以大地水准面作为基准面。

（一）高程

地面点到大地水准面的铅垂距离称为绝对高程或海拔，简称高程。如图1-9所示，地面点A、B的绝对高程分别为H_A、H_B。

我国过去是以青岛验潮站1950—1956年连续验潮的结果求得的平均海水面作为全国统一的大地水准面，由此基准面起算所建立的高程系统，称为1956年黄海高程系。为了将基准面显现且可靠地标定在地面上和便于使用，在山东省青岛市观象山上，建立了"永久性"水准点，称为水准原点。用精密水准测量方法测出该水准原点高程为72.289m，全国的其他高程都是从该点推算出来的。

1985年，原国家测绘局根据青岛验潮站1952—1979年连续观测的潮汐资料，推算出青岛水准原点的高程为72.260m，并定名为"1985国家高程基准"，于1987年5月开始启用。

（二）高差

地面上两点高程之差称为高差，用h表示。如图1-9所示，A、B两点的高差为

$$h_{AB}=H_B-H_A \qquad (1-6)$$

高差值有正、负。若测量方向由A到B，A点高，B点低，则高差$h_{AB}=H_B-H_A$为负值；若测量方向由B到A，即由低点测到高点，则高差$h_{BA}=H_A-H_B$为正值。

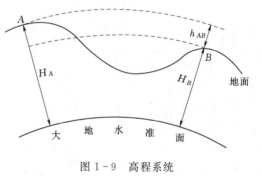

图1-9 高程系统

自测1-2

第四节 标准方向与方位角

要确定两点间平面位置的相对关系，除了需要测量两点间的距离，还要确定直线

课件1-3

9

的方向。确定地面上一条直线与标准方向之间角度关系的工作，称为直线定向。

一、标准方向

测量工作采用的标准方向有三种：真子午线方向、磁子午线方向和坐标纵轴方向。

1. 真子午线方向

通过地球表面上某点作其所在的真子午线切线方向，称为该点的真子午线方向。真子午线北端所指的方向又称真北方向，它可以用天文观测的方法确定。

2. 磁子午线方向

地球表面上某点磁针水平静止时其轴线所指的方向，称为该点的磁子午线方向。磁针北端所指的方向为磁北方向，它可以用罗盘仪测定。

3. 坐标纵轴方向

坐标纵轴方向就是平面直角标系中的纵坐标轴方向。若采用高斯平面直角坐标系，则以中央子午线作为坐标纵轴。坐标纵轴北端所指的方向称为坐标北方向。

真子午线方向、磁子午线方向和坐标纵轴方向合称为标准方向，它们的北方向称为三北方向，一般情况下它们是不一致的，如图 1-10 所示。

二、表示直线方向的方式

表示直线方向的方式有方位角与象限角两种，其中，象限角应用较少，通常作为方位角推算的中间变量。

（一）方位角

由标准方向的北端起，顺时针方向量至某直线的角度，称为该直线的方位角，角值为 0°~360°。如图 1-11 所示。根据采用的标准方向是真子午线方向、磁子午线方向或纵坐标轴方向，测定的方位角分别称为真方位角、磁方位角和坐标方位角，相应地用 $\alpha_{真}$、$\alpha_{磁}$ 和 α 来表示。

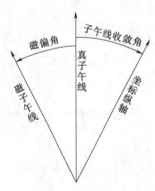

图 1-10　三北方向线

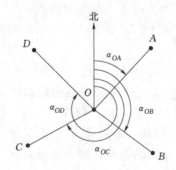

图 1-11　方位角图

（二）正、反坐标方位角

由于地面上各点的真（磁）子午线方向都是指向地球（磁）的南北极，各点的子午线都不平行，给计算工作带来不便。而在平面直角坐标系中，纵坐标轴方向线均是平行的。因而，在普通测量工作中，多数是以坐标方位角来表示直线的方向，以后若不加说明，所用方位角均指坐标方位角。如图 1-12 所示，设直线 P_1 至 P_2 的坐标方位角 a_{12} 为正坐标方位角，则 P_2 至 P_1 的方位角 α_{21} 为反坐标方位角，显然，正、反坐标方位角互差 180°，如式（1-7）。当 $\alpha_{21}>180°$ 时，则式（1-7）中取"一"号，当 $\alpha_{21}<180°$ 时，取"+"号。

$$\alpha_{12}=\alpha_{21}\pm180° \qquad (1-7)$$

由于真子午线之间、磁子午线之间相互不平行，所以真方位角和磁方位角不存在上述关系。

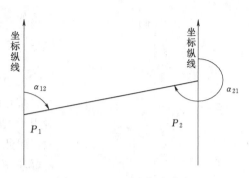

图 1-12 正反坐标方位角

（三）三种方位角之间的关系

1. 真方位角与磁方位角的关系

由于地磁南北极与地球南北极并不重合，因此，过地面上某点的磁子午线与真子午线不重合，其夹角 δ 称为磁偏角，如图 1-13 所示。磁针北端偏于真子午线以东称东偏，偏于以西称西偏。直线的真方位角与磁方位角之间可按式（1-8）换算，式中 δ 值，东偏时取正值，西偏时取负值。

$$\alpha_{真}=\alpha_{磁}+\delta \qquad (1-8)$$

2. 真方位角与坐标方位角的关系

由高斯分带投影可知，除了中央子午线上的点，投影带内其他各点的坐标轴方向与真子午线方向都不重合，其夹角 γ 称为子午线收敛角，如图 1-14 所示。坐标轴方向北端偏于真子午线以东称东偏，偏于以西称西偏。真方位角与坐标方位角之间的关系可用式（1-9）换算，式中的 γ 值，东偏时取正值，西偏时取负值。

$$\alpha_{真}=\alpha+\gamma \qquad (1-9)$$

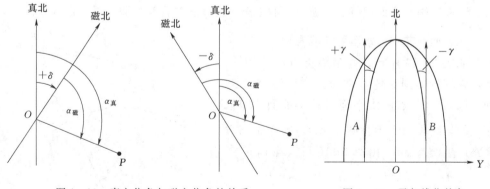

图 1-13 真方位角与磁方位角的关系   图 1-14 子午线收敛角

3. 坐标方位角与磁方位角的关系

若已知某点的磁偏角 δ 与子午线收敛角 γ，则坐标方位角与磁方位角之间的换算

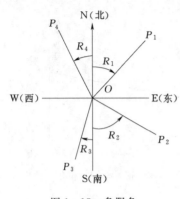

图 1-15 象限角

关系如式（1-10），式中的 δ、γ 值，东偏时取正值，西偏时取负值。

$$\alpha = \alpha_磁 + \delta - \gamma \qquad (1-10)$$

（四）象限角

某直线与坐标纵轴所夹的锐角称为象限角，一般用 R 表示。由于象限角为锐角，与所在象限有关，因此描述象限角时，不但要注明角度的大小，还要注明所在的象限。如图 1-15 所示，北东 R_1、南东 R_2、南西 R_3、北西 R_4 分别为四条直线的象限角。

根据方位角与象限角的定义，方位角与象限角之间的换算关系见表 1-2。

表 1-2 方位角与象限角的关系

象限	象限角 R 与方位角 α 的关系	象限	象限角 R 与方位角 α 的关系
I	$\alpha = R$	III	$\alpha = 180° + R$
II	$\alpha = 180° - R$	IV	$\alpha = 360° - R$

第五节　地球曲率对测量工作的影响

水准面是一个曲面，地面上任一点的水平面与过该点的水准面相切。曲面上的图形投影到平面上就会产生一定的变形，但是地球半径很大，如果测区面积不大时，这种变形就很小。因此在实际测量工作中，当测区面积不大时，往往以水平面直接代替水准面。这样做简化了测量和计算工作，但同时也给测量结果带来误差，并且误差会随着测区面积的增大而增大。因此，究竟在多大范围内才允许用水平面代替水准面就是本节介绍的主要内容。

下面对用水平面代替水准面引起的距离、角度和高程等方面的误差进行分析。

一、地球曲率对水平距离的影响

如图 1-16 所示，在地面上有 A'、B' 两点，它们投影到大地水准面的位置为 A、B，如果以切于 A 点的水平面代替水准面，即以相应的切线段 AC 代替圆弧 $\overset{\frown}{AB}$，则在距离方面将产生误差 Δd。由图 1-16 可以看出：

$$\Delta d = AC - \overset{\frown}{AB} = t - d = R\tan\alpha - R\alpha$$
$$(1-11)$$

式中：R 为地球半径（6371km）；α 为弧长 d 所对圆心角；t、d 分别为 AC 和 $\overset{\frown}{AB}$ 的长。

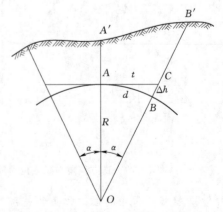

图 1-16 用水平面代替水准面

将 tanα 用级数展开，并取级数前两项，得

$$\Delta d = R\alpha + \frac{1}{3}R\alpha^3 - R\alpha = \frac{1}{3}R\alpha^3 \qquad (1-12)$$

因为 $\alpha \approx \dfrac{d}{R}$，故

$$\Delta d = \frac{d^3}{3R^2} \qquad (1-13)$$

或用相对误差表示为

$$\frac{\Delta d}{d} = \frac{1}{3}\left(\frac{d}{R}\right)^2 \qquad (1-14)$$

因取 $R=6371$ km，以不同的距离 d 代入式（1-13）和式（1-14），产生的误差和相对误差列于表 1-3 中。

表 1-3　　　　　　　　　　　地球曲率对水平距离的影响

距离 d/km	距离误差 Δd/mm	相对误差 $\Delta d/d$
1	0.008	1/12500 万
10	8.2	1/122 万
25	128.3	1/19.5 万

从表中可以看出，当地面距离为 10km 时，用水平面代替水准面所产生的距离误差仅为 8.2mm，其相对误差为 $\dfrac{1}{122\ 万}$。而实际测量距离时，使用精密电磁波测距仪的测距精度为 $\dfrac{1}{100\ 万}$（相对误差）。所以，在半径为 10km 的区域内测量距离时，可不必考虑地球曲率对水平距离的影响，也就是说可以把水准面当作水平面看待。

二、地球曲率对水平角的影响

由球面三角学知道，同一空间多边形在球面上投影 $A'B'C'$ 的各内角之和，较其在平面上投影 ABC 的各内角之和大一个球面角超 ε 的数值，如图 1-17 所示。其公式为

$$\varepsilon = \rho\frac{P}{R^2} \qquad (1-15)$$

式中：ρ 为以秒计的弧度；P 为球面多边形面积，km²；R 为地球半径，km，取为 6371km。

以球面上不同面积代入式（1-15），求出的球面角超，见表 1-4。

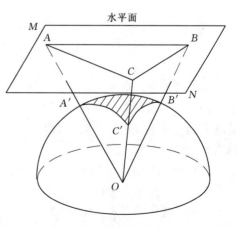

图 1-17　水平面代替水准面引起的角度误差

13

表 1-4		地球曲率对水平角的影响	
球面面积/km²	ε/(″)	球面面积/km²	ε/(″)
10	0.05	100	0.51
50	0.25	500	2.54

由这些计算表明，当测区面积在 100km² 以内时，地球曲率对水平角的影响仅为 0.51″，只有在最精密的测量中才需要考虑，在普通测量时可以忽略不计。

三、地球曲率对高程的影响

在图 1-16 中，B' 点的高程为 $B'B$，如用过 A 点的水平面代替水准面，则 B' 点的高程为 $B'C$，这时在高程方面产生的误差为 Δh。从图中可以看出，$\angle CAB = \dfrac{\alpha}{2}$，因该角很小，以弧度表示，则

$$\Delta h = d \times \frac{\alpha}{2} \tag{1-16}$$

因 $\alpha = \dfrac{d}{R}$，故

$$\Delta h = \frac{d^2}{2R} \tag{1-17}$$

以不同的距离 d 代入式（1-17），算得相应的 Δh 值，列在表 1-5 中。

自测 1-3

表 1-5		地球曲率对高程的影响	
距离 d/m	高程误差 Δh/mm	距离 d/m	高程误差 Δh/mm
10	0.0	200	3.1
50	0.2	500	19.6
100	0.8	1000	78.5

从表中可以看出，当距离为 200m 时，在高程方面的误差就达 3.1mm，这对高程测量来说，其影响是很大的。所以尽管距离很短，也不能忽视地球曲率对高程的影响。

本 章 小 结

本章对测绘学研究的内容、地球的形状和大小、地面点位的表示方法等做了较详细的阐述。本章的教学目标是使读者掌握测量工作的基准面和基准线、测量成果计算的基准面、表示地面点空间位置的坐标系统、高程系统以及表示两点之间相互关系的标准方向和方位角。

重点应掌握的公式如下：

（1）6°带计算公式：$L_0 = 6N - 3$。

（2）3°带计算公式：$L_0 = 3N$。

（3）高差计算公式：$h_{AB} = H_B - H_A$。

思 考 与 练 习

一、填空题

1. 测量工作的基准面是_____，测量工作的基准线是_____。

2. 地面点的经度为经过该点的子午面与_____所夹的二面角。

3. 为了使高斯平面直角坐标系的 y 坐标恒大于 0，将 x 轴自中央子午线向_____移动_____km。

4. 测量工作中常用的标准方向是_____、_____、_____。

二、选择题

1. 地面上某点，在高斯平面直角坐标系（6°带）的坐标为：$x=3430152$m，$y=20637680$m，则该点位于（　　）投影带。

A. 第 34 带　　　B. 第 19 带　　　C. 第 34 带　　　D. 第 20 带

2. 目前我国采用的全国统一坐标系是（　　）。

A. 1954 年北京坐标系　　　　　B. WGS-84 坐标系

C. 1980 年国家大地坐标系　　　D. 2000 国家大地坐标系（CGCS）

3. 在高斯 6°投影带中，带号为 N 的投影带的中央子午线经度 λ 的计算公式是（　　）。

A. $\lambda=6N$　　　B. $\lambda=3N$　　　C. $\lambda=6N-3$　　　D. $\lambda=3N-3$

4. 静止的海水面向陆地延伸，形成一个封闭的曲面，称为（　　）。

A. 水准面　　　B. 水平面　　　C. 大地水准面　　　D. 圆曲面

5. 坐标方位角的范围是（　　）。

A. 0°~90°　　　B. 0°~180°　　　C. 0°~360°　　　D. 0°~270°

三、简答题

1. 什么是大地水准面？

2. 什么是高程和高差？

3. 什么是高斯平面直角坐标系，其与数学上的笛卡儿坐标系的差别是什么？

4. 我国某点的大地经度为东经 $120°30'$，试计算它所在的 6°带和 3°带的带号及中央子午线经度？

5. 一条直线 AB 的坐标方位角 $\alpha_{AB}=168°36'24''$，求 α_{BA}、R_{AB} 和 R_{BA}。

第二章

水准测量

测定地面点高程的工作称为高程测量。根据使用的仪器、施测的方法及达到的精度不同，高程测量常用的方法有水准测量、三角高程测量和 GPS 高程测量等。其中水准测量是高程测量中精度最高的一种方法，被广泛地应用于国家高程控制测量和工程测量中。

课件 2-1

第一节　水准测量原理与方法

一、水准测量的原理

水准测量是利用水准仪提供一条水平视线，配合水准尺测出两点的高差，根据已知点的高程，求出待定点的高程。简单地说，就是测高差算高程。水准测量原理示意如图 2-1 所示。

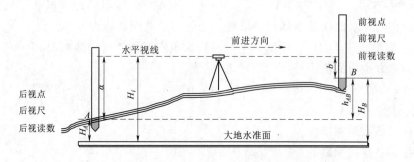

图 2-1　水准测量原理示意图

图 2-1 中，已知 A 点的高程为 H_A，要测定 B 点的高程 H_B，在 A、B 两点间安置一台能够提供水平视线的仪器，并在 A、B 两点上分别竖立水准尺，利用水平视线读出 A 点尺上的读数 a 及 B 点尺上的读数 b，由图可知 A、B 两点间高差为

$$h_{AB} = a - b \tag{2-1}$$

测量是由已知点向未知点方向进行观测，设 A 点为已知点，则 A 点为后视点，a为后视读数；B 点即为前视点，b 为前视读数；h_{AB} 为未知点 B 对于已知点 A 的高差，或称由 A 点到 B 点的高差，它等于后视读数减去前视读数。当高差为正时，表明 B 点高于 A 点，反之则 B 点低于 A 点。因此，高差有正、负之分，高差值前须注上相应的"+""-"符号。

二、水准测量计算高程的方法

1. 高差法

水准仪提供的水平视线在 A 点水准尺上读数为 a（后视读数），B 点水准尺上读数为 b（前视读数），则

$$H_B = H_A + h_{AB} = H_A + (a-b) \quad\quad (2-2)$$

在计算高差 h_{AB} 时，一定要注意 h_{AB} 的下标：h_{AB} 表示 A 点至 B 点的高差。

2. 视线高法

A、B 两点高程也可以通过水准仪视线高程 H_i 来计算，即 $H_i = H_A + a$，$H_i = H_b + b$，则

$$H_B = H_i - b = (H_A + a) - b \quad\quad (2-3)$$

高差法和视线高法的测量原理是相同的，区别在于计算高程时次序上的不同。当安置一次仪器需要测出多个点的高程时，视线高法比高差法更方便。

第二节　水准测量仪器和工具

水准测量所使用的仪器为水准仪，所使用的工具为水准尺和尺垫。水准仪是能够为水准测量提供一条水平视线的仪器。

水准仪按其构造分为三种：微倾式水准仪、自动安平水准仪、电子水准仪。国产微倾式水准仪的型号有 DS_{05}、DS_1、DS_3 和 DS_{10} 四个等级。D 和 S 分别是"大地测量"和"水准仪"的汉语拼音的第一个字母。下标数字05、1、3、10表示测量精度，即该等级水准仪每千米往返测高差中数的中误差，以毫米为单位。

一、DS_3 型微倾式水准仪

如图 2-2 所示，DS_3 型水准仪由望远镜、水准器及基座三个主要部分组成。仪器通过基座与三脚架连接，支承在三脚架上。基座上的三个脚螺旋与目镜左下方的圆水准器用于粗略整平仪器。望远镜旁装有一个管水准器，转动望远镜微倾螺旋，可使望远镜做微小的俯仰运动，管水准器也随之俯仰，使管水准器气泡居中，此时望远镜视线严格水平。水准仪在水平方向的转动，是由水平制动螺旋和微动螺旋控制的。

视频 2-1

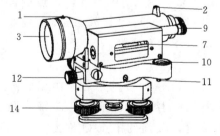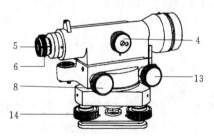

图 2-2　DS_3 型微倾式水准仪

1—准星；2—照门；3—物镜；4—物镜调焦螺旋；5—目镜；6—目镜调焦螺旋；7—管水准器；
8—微倾螺旋；9—管水准气泡观察窗；10—圆水准器；11—圆水准器校正螺丝；
12—水平制动螺旋；13—水平微动螺旋；14—脚螺旋

（一）望远镜

水准仪望远镜的作用一方面是提供一条瞄准目标的视线，另一方面是将远处的目标放大，提高瞄准和读数的精度。它主要由物镜、目镜、调焦螺旋、调焦透镜和十字丝分划板组成，如图 2-3 所示。

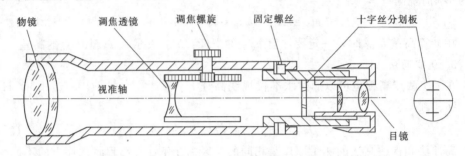

图 2-3 望远镜的构造

物镜的作用是使远处的目标在望远镜的焦距内形成一个缩小的实像。当目标处在不同距离时，可调节物镜调焦螺旋，带动调焦的凹透镜使成像始终落在十字丝分划板上。目镜的作用是把十字丝和物像同时放大为虚像，以便观测者利用十字丝来瞄准目标读数，转动目镜调焦螺旋可调节十字丝的清晰程度。十字丝分划板由光学平面玻璃制成，装在十字丝环上，再用固定螺丝固定在望远镜筒内。分划板上面刻有两条相互垂直的十字丝，竖直的一条称为纵丝或竖丝，水平的一条称为横丝或中丝，与横丝平行的上、下两条对称的短丝称为视距丝，用以测定距离。物镜光心与十字丝交点的连线称为视准轴，视准轴的延长线也称为视线。DS$_3$ 型水准仪的望远镜放大倍率一般为 25～30 倍。

（二）水准器

水准器是用以整平仪器的装置，分为圆水准器和管水准器两种。

1. 圆水准器

圆水准器装在水准仪基座上，用于粗略整平，如图 2-4 所示。圆水准器是一个玻璃圆盒，装有酒精和乙醚的混合液。圆水准器顶面的玻璃内表面研磨成球面，球面的正中刻有一个小圆圈，它的圆心 O 是圆水准器的零点，通过零点和球心的连线（O 点的法线）$L'L'$ 称为圆水准器轴。当气泡居中时（气泡中点与圆水准器零点重合），圆水准器轴即处于铅垂位置。圆水准器的分划值一般为 $(5'～10')/2mm$，灵敏度较低，只能用于粗略整平仪器，使水准仪的竖轴大致处于铅垂位置。

2. 管水准器

管水准器（也称水准管）用于精确整平仪器，如图 2-5 所示，它由玻璃圆管制成，其纵向内壁研磨成一定半径的圆弧形，管内注满酒精和乙醚的混合液，经过加热、封闭、冷却后，管内形成一个气泡。水准管内表面的中点 O 称为零点，通过零点所作的圆弧的纵向切线 LL 称为水准管轴。自零点向两侧每隔 2mm 刻一个分划，当气泡居中时（气泡两端位置相对于水准管零点 O 对称），水准管就处于水平位置。

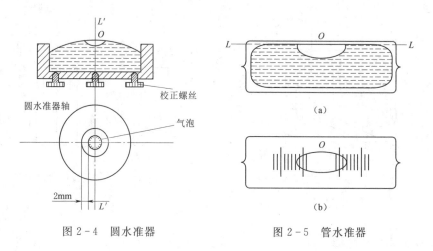

图 2-4 圆水准器　　　　　　　　图 2-5 管水准器

如图 2-6 所示，每 2mm 弧长所对的圆心角称为管水准器分划值（或灵敏度），即

$$\tau = \frac{2\rho}{R} \qquad (2-4)$$

式中：ρ 为以秒计的弧度，($''$)，取 206265$''$；R 为水准管圆弧半径，mm。

DS$_3$ 型水准仪的管水准器分划值为 20$''$/2mm，其集合意义为：当气泡移动 2mm 时，水准管轴所倾斜的角度为 20$''$。由式（2-4）可以看出，分划值越小则水准管灵敏度越高，用它来整平仪器就越精确。为了提高观察管水准器气泡居中的精度，在管水准器上方设置符合棱镜，如图 2-7（a）所示。通过棱镜的反射作用，把气泡两端的半边影像经过三次反射后，成像在望远镜旁的符合水准器的放大镜内。当两端的半个气泡影像错开时，如图 2-7（b）所示，表示气

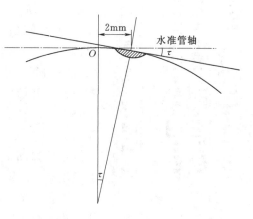

图 2-6 管水准器分划值

泡没有居中；这时旋转微倾螺旋可使气泡居中，气泡居中后两端的半个气泡影像将对齐，如图 2-7（c）所示。这种具有棱镜装置的管水准器又称为符合水准管。

由于水准仪上的管水准器与望远镜连在一起，旋转微倾螺旋使水准管气泡居中时，管水准器轴处于水平位置，从而使望远镜的视准轴也处于水平位置。因此，水准管轴与视准轴互相平行是水准仪构造的主要条件。

（三）基座

基座的作用是用来支撑仪器的上部，并通过架头连接螺旋将仪器与三脚架连接。基座主要由轴座、脚螺旋、底板和三角压板构成。基座有三个可以升降的脚螺旋，转动脚螺旋可以使圆水准器的气泡居中，将仪器粗略整平。

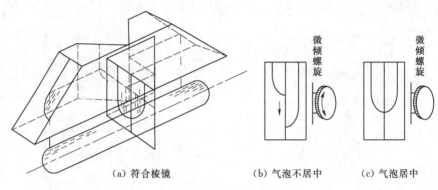

(a) 符合棱镜　　　　　(b) 气泡不居中　　　(c) 气泡居中

图 2-7　符合水准器

二、水准尺和尺垫

（一）水准尺

水准尺是水准测量时用于读数的工具，水准尺一般用伸缩性小且不易变形的优质木材、铝合金或玻璃钢制成，长度为 2~5m 不等，如图 2-8 所示。根据构造可以分为直尺、塔尺和折尺，其中直尺又分为单面水准尺和双面水准尺两种。双面尺如图 2-8（a）所示，其长度有 2m 和 3m 两种，尺面每隔 1cm 涂以黑白或红白相间的分格，每分米处注有数字。双面尺的一面为黑白相间，称为黑面尺，也称主尺；另一面为红白相间，称为红面尺。两把尺为一对，黑面的底部都是从 0 开始，而红面的底部是一把从 4.687m 开始，另一把从 4.787m 开始，其目的是校核读数，避免读数错误。

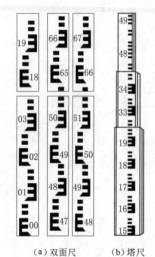

（a）双面尺　　（b）塔尺

图 2-8　水准尺

塔尺如图 2-8（b）所示，一般用于等外水准测量，其长度有 2m 和 5m 两种，可伸缩，尺面分划为 0.5cm 和 1cm 两种，每分米处注有数字，每米处也注有数字或以红黑点表示数，尺底为 0。

（二）尺垫

尺垫为一个三角形的铸铁，有些是用较厚铁皮制作而成，上部中央有一凸起的半球体，如图 2-9 所示。尺垫通常用于转点上，使用时应放在地上踩实，然后将水准尺立于半圆球上，以防止观测过程中水准尺下沉或位置发生变化而影响读数。

三、水准仪的安置和使用

水准仪的使用步骤包括安置仪器、粗略整平、照准水准尺、精确整平和读数。

1. 安置仪器

在测站处，打开三脚架，通过目测，使架头大致水平且其高度适中（约在观测者的胸颈部），用脚踩实架腿，使脚架稳定、牢固。然后从仪器箱中取出水准仪，放在三脚架头上，一只手握住仪器，另一只手将三脚架上的连接螺旋旋入水准仪基座的螺孔内，用连接螺旋将水准仪固定在三脚架上。

2. 粗略整平（粗平）

为使仪器的竖轴大致铅垂，转动基座上的三个脚螺旋，使圆水准器气泡居中，即视准轴粗略整平。具体步骤如下：转动仪器，将圆水准器置于两个脚螺旋之间，如图2-10（a）所示；当气泡偏离中心位于 m 处时，用两手同时相对（向内）转动①、②两个脚螺旋，使气泡沿①、②两螺旋连接的平行方向移至中间 n 处，如图2-10（b）所示；转动脚螺旋③，使气泡居中，如图2-10（c）所示。在整平过程中气泡移动方向与左手拇指移动方向相同。

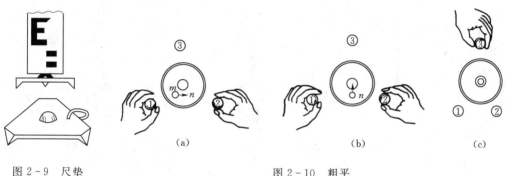

图2-9　尺垫　　　　　　　　　　　　图2-10　粗平

3. 照准水准尺

仪器粗略整平后，即可用望远镜瞄准水准尺。基本操作步骤如下：

（1）目镜对光。将望远镜对向较明亮处，转动目镜调焦螺旋，直到十字丝最为清晰为止。

（2）初步瞄准。松开制动螺旋，利用望远镜上部的照门和准星对准水准尺，然后拧紧制动螺旋。

（3）物镜调焦。转动望远镜物镜调焦螺旋，使水准尺成像清晰。

（4）精确瞄准。调节望远镜的调焦螺旋使水准尺像清晰。调节微动螺旋，使十字丝的竖丝对准水准尺的中间。

（5）消除视差。当瞄准目标时，眼睛在目镜处上下移动，若发现十字丝和物像有相对移动，即横丝处的水准尺读数有变动（这种现象称为视差），说明读数的精确性受到影响，必须加以消除。消除视差的方法是反复调节目镜调焦螺旋和物镜调焦螺旋，直至物像与十字丝分划板平面重合，即眼睛在目镜处上下移动，十字丝和物像没有相对移动为止。

4. 精确整平（精平）

在每次读数前使用微倾螺旋使管水准器气泡居中。转动微倾螺旋，使气泡观察窗中两半气泡完全符合为止，如图2-11（a）所示。精确整平时应当注意：若需右半气泡往下，应按顺时针方向转动微倾螺旋，如图2-11（b）所示；若需右半气泡往上，应按逆时针方向转动微倾螺旋，如图2-11（c）所示。

视频2-2

5. 读数

管水准器气泡居中并稳定后，说明视准轴已成水平，此时，应迅速用十字丝的中丝在水准尺上截取读数。由于水准仪的生产厂家或型号的不同，望远镜有的成正像，有的成倒像。在读数时无论是倒像还是正像，都应按照从小数往大数的方向读，即：若望远镜成正像应从下往上读；反之，则应从上往下读。准确读米数、分米数、厘米数，估读毫米数。如图 2 - 12（a）所示，读数为 0825（0.825m）；如图 2 - 12（b）所示，读数为 1740（1.740m）。

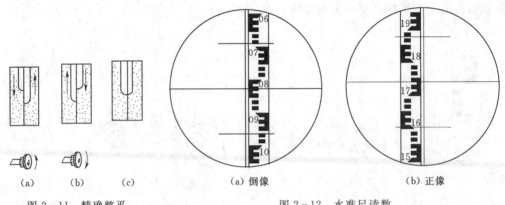

| (a) | (b) | (c) | (a) 倒像 | (b) 正像 |

图 2 - 11 精确整平   图 2 - 12 水准尺读数

四、自动安平水准仪

微倾式水准仪是通过管水准器的气泡居中来获得水平视线的，气泡符合时要花一定的时间，管水准器灵敏度越高，整平需要的时间越长。自动安平水准仪与微倾式水准仪的区别是没有水准管和微倾螺旋，只有一个圆水准器，在安置仪器时，只要使圆水准器的气泡居中，借助望远镜光学系统中的一种"补偿器"装置，就能使视线自动处于水平状态。由于无须精平操作，使用自动安平水准仪不仅可以缩短观测时间，而且对于施工场地地面的微小振动、松软土地的仪器下沉以及大风吹刮等因素引起的视线微小倾斜，也能迅速调整，自动安平仪器，从而提

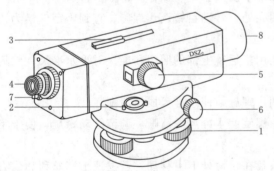

图 2 - 13 DSZ₂ 型自动安平水准仪

1—脚螺旋；2—圆水准器；3—瞄准器；

4—目镜调焦螺旋；5—特镜调焦螺旋；

6—微动螺旋；7—补偿器检查按钮；8—物镜

高了水准测量的观测精度。图 2 - 13 所示为 DSZ₂ 型自动安平水准仪。DSZ₂ 型自动安平水准仪可用于国家三、四等水准测量，每千米往返测量高程的精度，使用标准水准尺时为 ±1.5mm，使用标准钢钢尺时为 ±1.0mm。

（一）自动安平水准仪的补偿原理

如图 2 - 14 所示，当视线水平时，水平光线恰好与十字丝交点所在位置 X' 重合，

读数正确无误，如视线倾斜一个 α 角，十字丝交点移动一段距离到达 X 处，这时按十字丝交点 X 读数，显然有偏差。如果在望远镜内的适当位置装置一个"补偿器"，使进入望远镜的水平光线经过补偿器后偏转一个 β 角，恰好通过十字丝交点 K，这样按十字丝交点 X 读出的数仍然是正确的。由此可知，补偿器的作用是使水平光线发生偏转，而偏转角的大小正好能够补偿视线倾斜所引起的读数偏差。

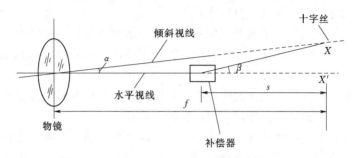

图 2-14　自动安平水准仪原理示意图

因为 α 和 β 角都很小，从图 2-14 可知，安平的条件如下：

$$f\alpha = s\beta \qquad\qquad (2-5)$$

式中：f 为物镜和调焦透镜的组合焦距；s 为补偿器至十字丝分划板的距离；α 为视线的倾斜角；β 为水平视线通过补偿器后的偏转角。

（二）自动安平水准仪补偿器的结构

自动安平水准仪的补偿器，目前比较常见的有两种：第一种悬挂十字丝板，第二种悬挂棱镜组。图 2-15 为第二种自动安平补偿器的结构原理示意图。在望远镜内部的物镜和十字丝分划板之间安装一个补偿器，这个补偿器的补偿镜在固定的支点下，用 4 根吊丝自由悬挂，借助重力作用，使其重心始终保持在铅垂方向，转向棱镜固定在望远镜镜筒内，二者构成一个组合。当视准轴水平时，如图 2-15（a）所示，水平

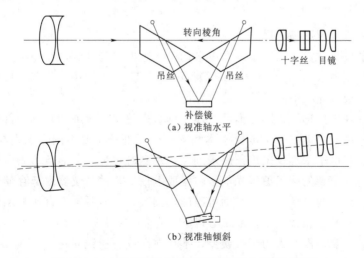

图 2-15　自动安平水准仪补偿器的结构原理示意图

视线经过转向棱镜和补偿棱镜的反射，最后不改变原来的方向，射向十字丝的中心，即水平视线与视准轴重合。当视准轴有微小倾斜时，如图2-15（b）所示，水平视线本来与视准轴不重合，但是，经过转向棱镜和受重力作用而改变原来位置的补偿棱镜反射，最后仍能达到与视准轴相重合的方向，实现自动安平。

自测2-1

补偿器必须既能灵敏地反映出望远镜倾斜的变化，又能使视准轴迅速地稳定，便于读数。补偿器通常由以下三部分组成：

（1）补偿元件。在望远镜视准轴倾斜后，为使水平视线的目标物像经折射后仍落在十字丝分划板中心的一组光学元件，称为补偿元件。也就是确定 α 和 β 关系的一组棱镜、透镜、光楔和平面镜等。

（2）灵敏元件。在望远镜倾斜时，能使补偿元件做相应倾斜或位移的元件，称为灵敏元件。常用的有吊丝、弹簧片、扭丝和滚珠轴承等。

（3）阻尼器。补偿器通常是悬挂式，在微倾时产生摆动，为尽快使其稳定，采用制动系统进行快速制动，这种快速制动系统称为阻尼器。在一般的自动安平水准仪中，补偿器的稳定时间在2s以内。

（三）自动安平水准仪的使用

自动安平水准仪的操作方法与微倾式水准仪的操作方法基本相同，不同之处是自动安平水准仪不需要"精确整平"。操作步骤分为四步，即粗平—检查—照准—读数。其中，粗平、照准、读数的方法和微倾式水准仪相同，在此不再赘述。

检查的方法就是轻按自动安平水准仪目镜下方的补偿控制按钮，查看补偿器是否正常工作。在粗平时，按动一次按钮，如果目标影像在视场中晃动，则说明补偿器工作正常。自动安平水准仪的补偿范围是有限的，当视线倾斜较大时，补偿器将会失灵。因此，在使用前应对圆水准器进行检校。在使用、携带和运输的过程中，要严禁剧烈震动，防止补偿器失灵。

第三节　电子水准仪

课件2-2

一、电子水准仪测量原理

电子水准仪又称数字水准仪，是以自动安平水准仪为基础，在望远镜光路中增加了分光镜和探测器（Charge-Coupled Device，CCD），采用条纹编码标尺和图像处理电子系统而构成的光机电测量一体化的智能水准仪。

电子水准仪由望远镜、圆水准器、操作键盘、数据显示屏和基座等部分组成。其光学部分的构造与自动安平水准仪基本相同；电子部分主要由图像识别与数据处理、存储器件组成。电子水准仪采用条码水准尺，观测时，标尺上的条形码由望远镜接收后，探测器将采集到的标尺编码光信号转换成电信号，并与仪器内部存储的标尺编码信号进行比较，若两者信号相同，则可以确定读数，在显示屏上直接显示中丝读数和视距。与光学水准仪相比电子水准仪有以下优点：

（1）读数客观。没有人为读数误差，不存在误读、误记问题。

（2）精度高。电子水准仪的读数是采用大量条码分划图像经处理后取平均得出来的，因此削弱了标尺分划误差的影响。

（3）速度快。由于省去了读数、听记、计算的时间以及人为出错的重测数量，测量时间大大缩短。

（4）效率高。只需调焦和按键就可以自动读数、记录、检核，并能输入电子计算机进行后处理，可实现内外业一体化。

（5）功能齐全。除进行高程测量外，数字水准仪还可以进行距离测量与放样、高程放样等。

但是，电子水准仪也有缺点：电子水准仪对标尺进行读数不如光学水准仪灵活；同时，电子水准仪受外界条件影响较大。

二、条码水准尺

条码水准尺是与电子水准仪配套使用的专用水准尺，它由玻璃纤维塑料制成，或用钢钢制成尺面镶嵌在尺基上制成，常用的有 2m 和 3m 两种。尺面上印制有宽度不同、黑白（黑黄）相间的条码，该条码相当于普通水准尺上的分划和注记。条码水准尺附有安平水准器和扶手，在尺的顶端留有撑杆固定螺丝，以便用撑杆固定条码尺。不同厂家生产的条码尺编码的条码图案不相同，不能互换使用。

三、电子水准仪的基本操作

目前电子水准仪的种类很多，国外的品牌主要有徕卡、天宝和拓普康，国产的品牌有南方和中海达等。不同品牌电子水准仪的外部结构和操作界面都有所不同，但是基本功能都类似，在使用仪器前应仔细阅读使用说明书。下面以南方 DL‐2003A 型为例介绍电子水准仪。

（一）电子水准仪部件功能

电子水准仪部件如图 2‐16 所示。

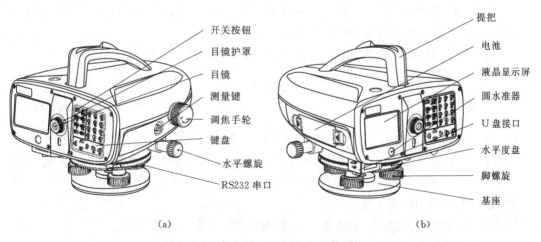

（a）　　　　　　　　　　　　　　（b）

图 2‐16　南方 DL‐2003A 水准仪部件

（二）电子水准仪操作面板及各键的功能

电子水准仪操作面板界面如图 2‐17 所示。

视频 2‐3

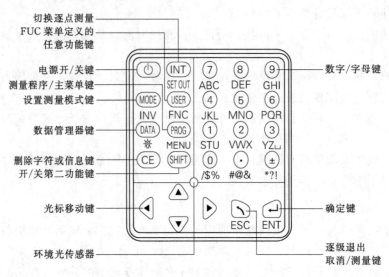

图 2-17　操作面板

1. 功能键

【◀▶▲▼】光标移动键（导航键），移动光标。

【INT】切换逐点测量键。

【MODE】设置测量模式键。

【USER】根据 FNC 菜单定义的任意功能键。

【PROG】测量程序/主菜单键。

【DATA】数据管理器键。

【CE】删除字符或信息键。

【SHIFT】开/关第二功能键（SET OUT，INV，FNC，MENU，LIGHTING，PgUp，PgDn），转换输入数字或字母。

【ESC】逐级退出取消/测量键，一步步退出测量程序、功能或编辑模式。

【ENT】确定键。

【∪】电源开/关键。

2. 组合按键

【SET OUT】启动放样。按【SHIFT】＋【INT】进入。

【INV】测量翻转标尺（标尺 0 刻度在上），只要反转功能被激活，仪器就显示"T"符号，再按 INV 键恢复测量正常标尺状态。反转标尺测量值为负。按【SHIFT】＋【MODE】进入。

【FNC】完成测量的一些功能。按【SHIFT】＋【USER】进入。

【MENU】仪器设置。按【SHIFT】＋【PROG】进入。

【☀】显示照明。按【SHIFT】＋【DATA】开关切换。

【PgUp】若显示内容含有多页，"Page Up" ＝ 翻到前一页。按【SHIFT】＋【▲】进入。

【PgDn】若显示内容含有多页，"Page Down"＝翻到下一页。按【SHIFT】＋【▼】进入。

3. 光标移动键（导航键）

导航键【↑】【↓】【→】【←】有多种功能，执行何种功能，取决于使用导航键的模式。

4. 数字/字母键

"0…9"输入数字、字母和特殊字符。

"·"输入小数点和特殊字符。

"±"触发正、负号输入，输入特殊字符。

（三）电子水准仪的功能

1. 主菜单功能

主菜单如图 2-18 所示，启动功能方法如下：

方法 1：触摸屏点击相应区域启动。

方法 2：用【▲】【▼】键将光标移到所选功能，按【ENT】启动。

方法 3：可直接按压数字键 1～6 快捷启动。

2. 测量菜单功能

（1）高程测量。在主菜单的【测量】下选择"① 高程测量"（图 2-19）即可调出【高程测量】界面，按压【MEAS】按钮启动测量，测量完成后点击"确定"查看高程测量结果（图 2-20）。

图 2-18　主菜单

图 2-19　测量菜单

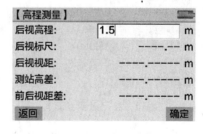

图 2-20　高程测量

（2）放样测量。输入或查找后视点号及高程测量出视高和视距，确认后将提示选择高程放样、高差放样和视距放样，如图 2-21 所示。

（3）线路测量。下面以一等水准测量为例讲解测量过程：

1）触摸屏点击如图 2-22 所示选中区域启动。

2）选择作业。在作业下拉列表中选择作业，也可通过按压"① 作业："（图 2-23）进入新建作业界面新建作业。

3）选择线路。在线路下拉列表中选择线路，也可通过按压"② 线路："（图 2-23）进入新建线路界面新建一条线路。

4）开始测量。进入测量界面。

5）后视：输入所需要的全部参数，然后用测量键触发测量，如图 2-24 所示。

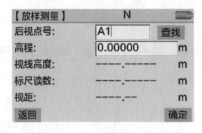

图 2-21　放样测量

图 2-22　线路测量

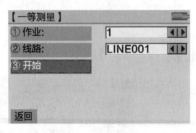

图 2-23　一等水准测量

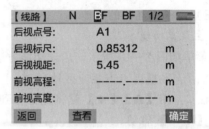

图 2-24　后视界面

6）前视：输入所需要的全部参数，然后起动测量，如图 2-25 所示。

3. 数据菜单

数据菜单如图 2-26 所示，启动功能方法如下：

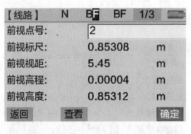

图 2-25　前视界面

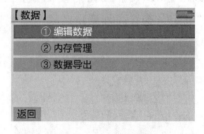

图 2-26　数据菜单

图 2-27　编辑数据

方法 1：用【DATA】调出数据管理器选择显示窗。

方法 2：通过主菜单进入。

（1）编辑数据。修改、创建、查看和删除作业数据、测量点数据、已知点数据、编码表、线路限差数据，如图 2-27 所示。

（2）内存管理。查看作业信息和存储状况信息，对内存进行格式化。

（3）数据导出。把测量数据通过接口从内存输出到 U 盘或通过蓝牙导出到相关设备，分为"导出作业"和"导出线路"，如图 2-28 所示。

南方 DL-2003A 型电子水准仪的其他功能可以参考仪器说明书，在此不再赘述。

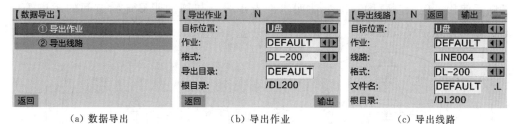

(a) 数据导出　　　　　(b) 导出作业　　　　　(c) 导出线路

图 2-28　数据导出

（四）电子水准仪测量方法

电子水准仪的操作步骤与自动安平水准仪一样，在人工完成架设仪器、粗略整平、瞄准目标（条形编码水准尺）后，按下测量键后 2~4s 显示出测量结果。其测量结果可存储在电子水准仪内，或通过电缆连接存入机内记录器中。现以南方 DL-2003A 型电子水准仪为例，介绍高差测量的步骤。

仪器说明书
2-1

1. 测前的准备工作

（1）电池装入。在测量前首先检查内部电池充电情况。如电量不足，要及时充电。

（2）开启电源准备观测。仪器架设好后，即可打开电源开关，并根据测量的具体要求，选择设置参数。

2. 高差测量

（1）在主菜单界面选择"测量"菜单。

（2）选择"高程测量"菜单。

（3）瞄准后视条码尺（调焦距，成像不清晰时水准仪屏幕不显示读数），按下［MEAS］键，屏幕显示后视标尺读数和后视距。

（4）瞄准前视条码尺，按下［MEAS］键，屏幕显示前视标尺读数、前视距和高差。

（5）记录数据。

第四节　普通水准测量

课件 2-3

一、水准点

水准点是用水准测量方法测定其高程，并达到一定精度的高程控制点。水准点可根据需要，设置成永久性水准点和临时性水准点。国家等级永久性水准点一般用钢筋混凝土或石料制成，深埋在地面冻土线以下，顶面设有不锈钢或其他不易腐蚀材料制成的半球形标志，标志最高处（球顶）作为高程基准，如图 2-29（a）所示。有时把水准点的金属标志镶嵌在永久性建筑物的墙角上，如图 2-29（b）所示。临时性的水准点可用地面上突出的坚硬岩石做记号，在坚硬的地面上也可以用油漆画出标记作为水准点，松软的地面一般用桩顶钉有小铁钉的木桩来表示水准点，如图 2-29（c）所示。通常以"BM"代表水准点，并编号注记于桩点上，如 BM_1、BM_2 等。为了便于以后使用，应绘制草图，图上注明水准点编号、与周围明显地物点间的距离等信息，该图称为"点之记"。

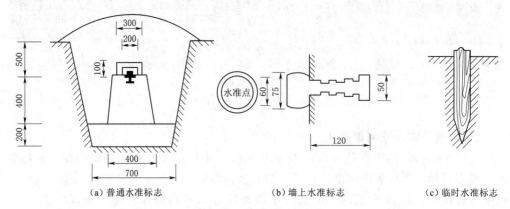

（a）普通水准标志　　　　　　　　（b）墙上水准标志　　　　　　（c）临时水准标志

图 2-29　水准标志埋设图（单位：mm）

二、水准路线

在两水准点之间进行水准测量所经过的路线称为水准路线，两相邻水准点间的水准路线称为测段。使用水准仪按照一定的程序测定两立尺点间高差的过程称为一测站。一个测段的高差需要通过若干测站完成。水准路线包括单一水准路线和结点水准路线（水准网）两种。

单一水准路线有闭合水准路线、附合水准路线、支水准路线三种布设形式，如图 2-30 所示。

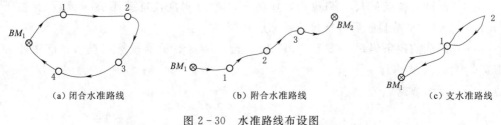

（a）闭合水准路线　　　　　　（b）附合水准路线　　　　　　（c）支水准路线

图 2-30　水准路线布设图

（一）闭合水准路线

如图 2-30（a）所示，由一个已知高程的水准点 BM_1 出发，沿各待定高程点 1、2、3、4 进行水准测量，最后返回到已知水准点 BM_1，这种环形线路称为闭合水准路线。作为观测正确性的检核，各测站所测高差之和的理论值应等于 0，即闭合水准路线的高差观测值理论上应满足如下条件：

$$\sum h_{理} = 0 \qquad\qquad (2-6)$$

（二）附合水准路线

如图 2-30（b）所示，由一个已知高程的水准点 BM_1 出发，沿各待定高程点 1、

2、3 进行水准测量,最后附合到另一个已知高程的水准点 BM_2 上,该路线称为附合水准路线。作为观测正确性的检核,各测站所测高差之和的理论值应等于两个已知水准点的高程之差,即附合水准路线的高差观测值应满足如下条件:

$$\sum h_{理} = H_{BM_2} - H_{BM_1} \tag{2-7}$$

(三) 支水准路线

如图 2-30 (c) 所示,由一个已知高程的水准点 BM_1 出发,沿各待定高程点 1、2 进行水准测量,测量最后既不回到原已知高程水准点上,也不附合到另一已知高程水准点,该路线称为支水准路线。支水准路线应进行往返观测,理论上,作为观测正确性的检核,往测高差总和与返测高差总和应大小相等,符号相反,即支水准路线往、返测高差总和应满足如下条件:

$$\sum h_{往} + \sum h_{返} = 0 \tag{2-8}$$

三、普通水准测量的方法

(一) 连续水准测量

从一个已知高程水准点出发,一般要用连续水准测量的方法才能测量并计算出待定水准点的高程。

在实际工作中,已知点到待定点之间往往距离较远或高差较大,仅安置一次仪器不可能测得它们的高差,必须分成若干测站,逐站安置仪器连续进行观测。如图 2-31 所示,A、B 两点相距较远或高差较大,安置一次仪器无法测得其高差,就需要在两点间增设若干个作为传递高程的临时立尺点 TP_i(称为转点),如图 2-31 中的 TP_1,TP_2,…,TP_n 点,并依次连续设站观测。测出的各测站高差为

$$\begin{cases} h_1 = a_1 - b_1 \\ h_2 = a_2 - b_2 \\ \cdots \\ h_n = a_n - b_n \end{cases} \tag{2-9}$$

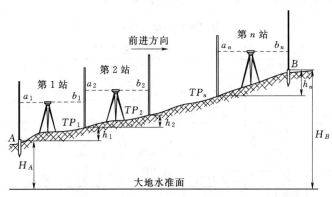

图 2-31　连续水准测量

则 A、B 两点间高差的计算公式为

$$h_{AB} = \sum_{i=r}^{n} h_i = \sum_{i=r}^{n} a_i - \sum_{i=r}^{n} b_i \tag{2-10}$$

式（2-10）表明，A、B 两点间的高差等于各测站后视读数之和减去前视读数之和。该式可以用来检核高差计算的正确性。

待定点 B 点高程为

$$H_B = H_A + h_{AB} \qquad (2-11)$$

这种连续多次设站测定高差，最后取各站高差代数和求得 A、B 两点间高差的方法，称为连续水准测量。

（二）观测与计算方法

如图 2-32 所示，已知水准点 A 的高程 $H_A = 27.353\text{m}$，欲测量相距较远的水准点 B 的高程，具体观测与计算方法如下：

（1）在已知水准点 A 上立水准标尺，作为后视尺。在路线的前进方向上的适当位置放置尺垫，在尺垫上竖立水准标尺作为前视尺。把水准仪安置在到两水准尺间的距离大致相等的地方，进行粗平，使圆水准器气泡居中。

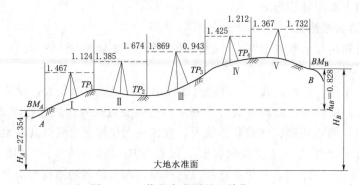

图 2-32　普通水准测量（单位：m）

（2）照准后视标尺并消除视差后，用微倾螺旋调节管水准器气泡并使其精确居中，用中丝读取后视读数为 1.467m，记入手簿。照准前视标尺后使管水准器气泡居中，用中丝读取前视读数为 1.124m，记入手簿，见表 2-1。

表 2-1　　　　　　　　　　普通水准测量记录表

仪器型号 DS$_3$　观测者×××　记录者×××　天气晴　时间 2021 年 3 月 15 日

测站序号	测点	后视读数 /m	前视读数 /m	高差/m +	高差/m −	高程 /m	备注
Ⅰ	A	1.467		0.343		27.354	已知点
	TP_1		1.124				
Ⅱ	TP_1	1.385			0.289		
	TP_2		1.674				
Ⅲ	TP_2	1.869		0.926			转点
	TP_3		0.943				
Ⅳ	TP_3	1.425		0.213			
	TP_4		1.212				
Ⅴ	TP_4	1.367			0.365		
	B		1.732			28.182	待求点
计算校核	Σ	7.513	6.685	1.482	0.654		
	$\Sigma a - \Sigma b = 7.513 - 6.685 = +0.828$			$\Sigma h = +0.828$			

（3）将仪器按前进方向迁至第二站，此时，第一站的前视尺不动，变成第二站的后视尺，第一站的后视尺移至前面适当位置，成为第二站的前视尺，按第一站相同的观测程序进行第二站测量。

（4）沿水准路线的前进方向顺序观测、记录，直至终点。

四、水准测量的校核方法

在水准测量中，测得的高差总是不可避免地存在误差。为了使测量成果不存在错误及符合精度要求，必须采取相应的措施进行校核。

（一）计算检核

由表 2-1 可以看出，A、B 两点之间的高差等于各转点之间高差的代数和，也等于后视读数之和与前视读数之和的差值，经式（2-10）校核无误后，说明高差计算是正确的。但是，计算检核只能检查计算是否正确，并不能检核观测和记录时是否产生错误。

（二）测站校核

1. 两次仪器高法

两次仪器高法是指在每个测站上，测出两点间高差后，重新安置（升高或降低仪器 10cm 以上）再测一次，两次测得高差的差值应在允许范围内。对于城市市政和工程测量中的水准测量，两次高差不符值的绝对值最大不应超过 5mm，取其两次高差的平均值作为最后结果，否则应重测。

2. 两台仪器同时观测

此法适用于单面尺，两台仪器所测相同两点间的高差不符值也不得超过 5mm。

3. 双面尺法

水准测量中通常采用黑、红两面尺观测。由于同一把尺两面注记相差一个常数，这样在一个测站上对每个测点既读取黑面读数，又读取红面读数，据此校核红、黑面读数之差。同一水准尺的红面与黑面读数（加上常数）之差应在一定范围内，且黑、红面高差之差不超过容许值，则认为符合要求，取其平均值作为最后结果。

测站校核可以校核本测站的测量成果是否符合要求，但整个水准路线测量成果是否符合要求，甚至是否有错，则不能判定。例如，假设迁站后转点位置发生移动，这时测站成果虽符合要求，但整个路线测量成果都存在差错，因此，还需要进行水准路线校核。

（三）路线校核

路线校核就是将水准路线测量结果与理论值进行比较，来判断观测精度是否符合要求。实际测量得到的某段高差与其高差的理论值之差即为高差闭合差，用 f_h 表示：

$$f_h = \sum h_{测} - \sum h_{理} \qquad (2-12)$$

如果高差闭合差在容许限差之内，说明观测结果正确，精度合乎要求；否则应当重测。水准测量的高差闭合差的容许值根据水准测量的等级不同而异。表 2-2 为《工程测量标准》（GB 50026—2020）的限差规定。

表 2 - 2　　　　　　　　　　　工 程 测 量 限 差 规 定

水准测量等级	闭合差/mm	
	平　　地	山　　地
三等	$\pm 12\sqrt{L}$	$\pm 4\sqrt{n}$
四等	$\pm 20\sqrt{L}$	$\pm 6\sqrt{n}$
五等	$\pm 30\sqrt{L}$	

注　L 为往返测段、附合或闭合水准路线长度，km；n 为测站数。

1. 闭合水准路线的高差闭合差

对于闭合水准路线，各测站高差之和的理论值应等于 0，即 $\sum h_{理}＝0$。但由于测量含有误差，往往 $\sum h_{测}\neq 0$，则产生高差闭合差 f_h，即

$$f_h = \sum h_{测} \tag{2-13}$$

2. 附合水准路线的高差闭合差

对于附合水准路线，测得的高差总和 $\sum h_{测}$ 应等于两已知水准点的高程之差（$H_{终}-H_{始}$），即 $\sum h_{测}＝H_{终}-H_{始}$。实际上，两者往往不相等，其差值即为高差闭合差：

$$f_h = \sum h_{测} - (H_{终} - H_{始}) = \sum h_{测} + H_{始} - H_{终} \tag{2-14}$$

3. 支水准路线的高差闭合差

对于支水准路线，要求往返观测，往测和返测的高差应绝对值相等，符号相反。往返测量值之和理论上应等于 0，实际上，两者往往不相等，其差值即为高差闭合差：

$$f_h = \sum h_{测} = \sum h_{往} + \sum h_{返} \tag{2-15}$$

第五节　等 级 水 准 测 量

课件 2 - 4

我国的高程控制网分为一等、二等、三等、四等 4 个等级，等级划分是根据路线长度、偶然中误差、全中误差来划分的，主要是采用水准测量的方式进行施测，其中一等水准测量精度最高。本节仅介绍三、四等水准测量。

一、三等、四等水准测量的技术要求

三等、四等水准测量一般用于建立小区域测图以及一般工程建设的高程首级控制。三等、四等水准点的已知高程应从附近的一等、二等水准点引测。如在独立地区，可采用闭合水准路线，而且三等、四等水准点须长期保存，点位须建立在稳固处。其测量精度及观测要求见表 2 - 3。

三等、四等水准测量一般采用双面尺法观测，其在一个测站上的技术要求见表 2 - 4。

表 2 - 3　　　　　　　　　三、四等水准测量的主要技术要求

等级	路线长度/km	水准仪	水准尺	观 测 次 数		往返较差、附合或环线闭合差/mm	
				与已知点联测	附合或环线	平地	山地
三等	≤45	DS$_1$	铟瓦	往返各 1 次	往 1 次	$\pm12\sqrt{L}$	$\pm15\sqrt{L}$
		DS$_3$	双面		往返各 1 次		
四等	≤15	DS$_1$	铟瓦	往返各 1 次	往 1 次	$\pm20\sqrt{L}$	$\pm25\sqrt{L}$
		DS$_3$	双面				

注　L 为路线长度，km。

表 2 - 4　　　　　　　　　水准测量观测的主要技术要求

等级	水准仪的型号	视线长度/m	前、后视较差/m	前、后视累积差/m	黑、红面读数较差/mm	黑、红面高差较差/mm
三等	DS$_1$	≤100	2	5	1.0	1.5
	DS$_3$	≤75			2.0	3.0
四等	DS$_1$	≤150	3	10	3.0	5.0
	DS$_3$	≤100				

二、三等、四等水准测量的观测顺序和方法

（一）光学水准仪观测

三等、四等水准测量的观测应在通视良好、成像清晰稳定的情况下进行。进行水准测量前，应选择合适的仪器设备并进行检验校正。下面以一个测段为例，介绍三等、四等水准测量双面尺法观测的程序、记录顺序和计算方法，其记录与计算参见表 2 - 5。

1. 测站观测程序

（1）三等水准测量每测站照准标尺分划顺序如下：

1）后视标尺黑面，精平，读取上、下、中丝读数，记为（1）、（2）、（3）。

2）前视标尺黑面，精平，读取上、下、中丝读数，记为（4）、（5）、（6）。

3）前视标尺红面，精平，读取中丝读数，记为（7）。

4）后视标尺红面，精平，读取中丝读数，记为（8）。

三等水准测量每测站观测顺序简称为"后—前—前—后"（或"黑—黑—红—红"），其优点是可消除或减弱仪器和尺垫下沉误差的影响。

（2）四等水准测量每测站照准标尺分划顺序如下：

1）后视标尺黑面，精平，读取上、下、中丝读数，记为（1）、（2）、（3）。

2）后视标尺红面，精平，读取中丝读数，记为（8）。

3）前视标尺黑面，精平，读取上、下、中丝读数，记为（4）、（5）、（6）。

4）前视标尺红面，精平，读取中丝读数，记为（7）。

四等水准测量每测站观测顺序简称为"后—后—前—前"（或"黑—红—黑—红"）。

表 2－5　　　　　　　　三等、四等水准测量观测手簿

测站编号	后尺 下丝	前尺 下丝	方向及尺号	标尺读数/m		K 加黑减红 /mm	高差中数 /m	备注
	后尺 上丝	前尺 上丝						
	后距/m	前距/m		黑面	红面			
	视距差 d/m	∑d/m						
	(1)	(4)	后	(3)	(8)	(14)		
	(2)	(5)	前	(6)	(7)	(13)	(18)	
	(9)	(10)	后－前	(15)	(16)	(17)		
	(11)	(12)						
1	1.691	1.137	后 01	1.523	6.309	+1		
	1.355	0.798	前 02	0.968	5.655	0	+0.5545	
	33.6	33.9	后－前	+0.555	+0.654	+1		
	-0.3	-0.3						
2	1.937	2.113	后 02	1.676	6.364	-1		
	1.415	1.589	前 01	1.851	6.637	+1	-0.1740	$K_{01}=4.787$
	52.2	52.4	后－前	-0.175	-0.273	-2		$K_{02}=4.687$
	-0.2	-0.5						
3	1.887	1.757	后 01	1.612	6.399	0		
	1.336	1.209	前 02	1.483	6.169	+1	+0.1295	
	55.1	54.8	后－前	+0.129	+0.230	-1		
	+0.3	-0.2						
4	2.208	1.965	后 02	1.878	6.565	0		
	1.547	1.303	前 01	1.634	6.422	-1	+0.2435	
	66.1	66.2	后－前	+0.244	+0.143	+1		
	-0.1	-0.3						

每页校核	∑(9)=207.0　　∑[(3)+(8)]=32.326　　∑[(15)+(16)]　　∑(18)=+0.7535
	∑(10)=207.3　　∑[(6)+(7)]=30.819　　=+1.507　　2∑(18)=+1.507
	∑(9)-∑(10)=-0.3　　∑[(3)+(8)]-∑[(6)+(7)]=+1.507
	总视距=∑(9)+∑(10)=414.3

2. 测站计算与校核

(1) 视距计算（以 m 为单位）：

后视距离：(9)=[(1)－(2)]×100（若原始观测数据是以 mm 为单位时，要除以 1000）。

前视距离：(10)=[(4)－(5)]×100。

前、后视距差：(11)=(9)－(10)。

前、后视距累积差：本站 (12)=本站 (11)+上站 (12)。

(2) 同一水准尺黑、红面中丝读数校核：

前尺：(13)=(6)+K－(7)（以 mm 为单位）。

后尺：(14)＝(3)＋K—(8)（以 mm 为单位）。

（3）高差计算及校核：

黑面高差：(15)＝(3)—(6)。

红面高差：(16)＝(8)—(7)。

校核计算：黑、红面高差之差(17)＝(15)—[(16)±0.100]（每一测站中，当后尺红面起点为 4.687m，前尺红面起点为 4.787m 时，取＋0.100；反之，取—0.100）。

高差中数：(18)＝[(15)＋(16)±0.100]/2（每一测站中，当后尺红面起点为 4.687m，前尺红面起点为 4.787m 时，取＋0.100；反之，取—0.100）。

3．每页计算校核

（1）高差部分。每页上，后视红、黑面读数总和与前视红、黑面读数总和之差，应等于红、黑面高差之和，还应等于该页平均高差总和的 2 倍：

1）对于测站数为偶数的页：

$$\sum[(3)+(8)]-\sum[(6)+(7)]=\sum[(15)+(16)]=2\sum(18)$$

2）对于测站数为奇数的页：

$$\sum[(3)+(8)]-\sum[(6)+(7)]=\sum[(15)+(16)]=2\sum(18)\pm0.100$$

（2）视距部分。末站视距累积差值：

$$末站(12)=\sum(9)-\sum(10)$$
$$总视距=\sum(9)+\sum(10)$$

（二）电子水准仪观测

现以南方 DL‐2003A 型电子水准仪为例，介绍按照"后—后—前—前"测量顺序进行四等水准测量的步骤。

（1）在主菜单界面选择"测量"菜单，如图 2‐33 所示。

（2）选择"③线路测量"—"④四等水准测量"菜单，如图 2‐34、图 2‐35 所示。

图 2‐33 主界面　　　　图 2‐34 测量菜单

（3）选择作业：在作业下拉列表中选择作业，也可通过按压"作业："进入新建作业界面新建作业，如图 2‐36 所示。

（4）选择线路：在线路下拉列表中选择线路，也可通过按压"线路："进入新建线路界面新建一条线路。

（5）开始测量：进入测量界面。

（6）瞄准后视条码尺，按下［MEAS］键，屏幕显示后视标尺读数和后视距。

（7）旋转望远镜瞄准前视条码尺，按下［MEAS］键，屏幕显示前视标尺读数、前视距。

(8) 重新照准前视条码尺，按下 [MEAS] 键。

(9) 旋转望远镜再瞄准后视条码尺，按下 [MEAS] 键，显示测站成果，检核合格后迁站。

图 2-35　水准路线　　　　　图 2-36　四等水准测量设置

三、水准测量成果的重测与取舍

水准测量成果超出表 2-3 规定的限差时，均应重测。同时，应对超限原因进行全面分析，找出最可能出错的地方进行重测，并按照以下原则进行取舍：

(1) 若重测的高差与同方向原测高差的不符值超过往返测高差不符值的限差，但与另一单程高差的不符值不超出限差，则取用重测结果，否则重测另一单程。

(2) 若重测的高差与同方向原高差不符值未超出限差，且其中数与另一单程高差的不符值也不超出限差，则取同方向中数作为该单程的高差，否则重测另一单程。

(3) 若超限测段经过两次或多次重测后，出现同向观测结果靠近而异向观测结果间不符值超限的"分群现象"，同方向高差不符值小于限差之半，则取原测的往返高差中数作为往测结果，取重测的往返高差中数作为返测结果。

(4) 单程双转点观测，测段左右路线高差超限时，可只重测一个单程路线，并与原测结果中符合限差的一个取中数采用。若重测结果与原测结果都符合限差，则取三个单线结果的中数。否则应重测一个单程。

(5) 由往返测高差或左右路线高差不符值计算每千米水准测量的偶然中误差超限时，应重测不符值较大的测段。

(6) 环线闭合差超限时，应先重测路线上可靠程度最小的测段（往返测高差不符值较大或观测条件较差）。附合线路闭合差超限时，应分析可能的原因重测。

四、水准测量记录方式与要求

(1) 三等、四等水准测量外业成果，按照记录载体的不同分为电子记录与手簿记录两种，应优先选择电子记录。

(2) 记录应全面，包括观测日期、时间、天气、前后尺编号等。

(3) 手簿记录还应遵循以下规定：

1) 外业观测值及事项必须现场直接记录，不得转抄。

2) 手簿一律用铅笔填写，记录清晰、整洁，不得涂擦。对有错误的地方，以单线划去，在其上方填写正确的数字和文字，并在备注栏填写原因。对作废的记录，亦用细线划去，并注明原因及重测结果记于何处。重测记录应加注"重测"。

3）三等、四等水准测量记录的小数取位应按照表 2-6 的规定执行。

表 2-6　　　　　　　　三等、四等水准测量记录的小数取位表

等级	小 数 取 位					
	往（返）测距离总和/km	测段距离中数/km	各测站高差/mm	往（返）测高差总和/mm	测段高差中数/mm	水准点高程/mm
三等	0.01	0.1	0.1	0.1	1	1
四等	0.01	0.1	0.1	0.1	1	1

五、水准测量中需要注意的事项

（1）观测前应将仪器置于露天阴影处 30min，使仪器温度与外界环境气温一致。晴天观测时应用遮阳伞为仪器遮蔽阳光。使用数字水准仪前应进行预热，预热不少于 20 次单次测量。

（2）在同一测站上观测时，不得重复调焦。转动仪器的倾斜螺旋和测微轮时，其最后旋转方向均应为旋进。

（3）每一侧段的往测与返测，其测站数均应为偶数，否则应加入标尺零点差改正。由往测转为返测时，两根标尺必须互换位置，并应重新整置仪器。

（4）在高差很大的地区进行三等、四等水准测量时，应尽可能使用 DS₃ 级以上的仪器和标尺。

（5）数字水准仪应避免望远镜直接对准太阳；尽量避免视线被遮挡，遮挡不要超过标尺在望远镜中截长的 20%；仪器只能在厂方规定的温度范围内工作；确信振动源造成的震动消失后，才能启动测量键。

（6）测量工作间隙最好能结束在固定的水准点上，否则应选择 2 个坚稳可靠的固定点作为间隙点。间隙后，应对 2 个间隙点的高差进行检测，检测结果符合要求后从间隙点起测。数字水准仪测量间隙可用建立新测段等方法检测，检测有困难时宜收测在固定点上。

第六节　水准测量成果计算

课件 2-5

外业测量成果应先通过各种检核满足有关规范的精度要求，然后进行内业计算。其基本过程是：按照一定的原则把高差闭合差分配到各实测高差中去，使调整后的高差闭合差为 0，最后用改正后的高差值计算各待求点高程。

一、附合水准路线的成果计算

（1）计算测量高差之和 $\sum h_i$ 与理论高差：

$$\sum h_{理} = H_{终} - H_{始} \tag{2-16}$$

（2）计算高差闭合差：

$$f_h = \sum h_i - (H_{终} - H_{始}) \tag{2-17}$$

（3）计算容许闭合差 $f_{h容}$：

1）若 $|f_h| \leqslant |f_{h容}|$，则其精度符合要求，可做下一步计算。

2）若 $|f_h| > |f_{h容}|$，则其精度不符合要求，应查明原因，及时返工。

（4）计算高差改正数。高差闭合差按与测站数或与距离成正比的反号分配原则调整，即满足

$$v_i = -\frac{f_h}{\sum L} L_i \text{ 或 } v_i = -\frac{f_h}{\sum n} n_i \qquad (2-18)$$

式中：v_i 为测段高差的改正数，m；f_h 为高差闭合差，m；$\sum L$ 为水准路线总长度，km；L_i 为测段长度，km；$\sum n$ 为水准路线测站数总和；n_i 为测段测站数。

自测 2-2

高差改正数的总和应与高差闭合差大小相等，符号相反，即

$$\sum v_i = -f_h \qquad (2-19)$$

（5）计算待定点高程。测段起点高程加测段改正后高差，即得测段终点高程，依此类推，最后推算出的终点高程与该点的已知高程相等，即

$$h_{i改} = h_{i测} + v_i \qquad (2-20)$$

$$H_{后} = H_{前} + h_{改} \qquad (2-21)$$

【例题 2-1】　图 2-37 为按四等水准测量要求施测的附合水准路线观测成果略图。A、B 为已知高程的水准点，A 点的高程为 245.286m，B 点的高程为 248.139m，图中箭头表示水准测量的前进方向，各测段的高差和水准路线长度如图所示，试计算待定点 1、2、3 的高程。

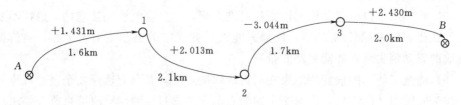

图 2-37　附合水准路线观测成果略图

视频 2-6

解：

1. 高差闭合差的计算与检核

$$f_h = \sum h_i - (H_{终} - H_{始}) = 2.830 - (248.139 - 245.286) = -0.023 = -23(\text{mm})$$

$$f_{h容} = \pm 20\sqrt{L} = \pm 20 \times \sqrt{7.4} = \pm 54.4(\text{mm})$$

$f_h < f_{h容}$，符合水准测量要求。

2. 高差闭合差的调整

$$v_1 = -\frac{-23}{7.4} \times 1.6 = 0.005(\text{m})$$

$$v_2 = -\frac{-23}{7.4} \times 2.1 = 0.007(\text{m})$$

$$v_3 = -\frac{-23}{7.4} \times 1.7 = 0.005(\text{m})$$

$$v_4 = -\frac{-23}{7.4} \times 2.0 = 0.006 \text{(m)}$$

3. 计算改正后的高差

$$h_{1改} = 1.431 + 0.005 = 1.436 \text{(m)}$$
$$h_{2改} = 2.013 + 0.007 = 2.020 \text{(m)}$$
$$h_{3改} = -3.044 + 0.005 = -3.039 \text{(m)}$$
$$h_{4改} = 2.430 + 0.006 = 2.436 \text{(m)}$$

4. 计算各点高程

$$H_1 = A + h_{1改} = 245.286 + 1.436 = 246.722 \text{(m)}$$
$$H_2 = H_1 + h_{2改} = 246.722 + 2.020 = 248.742 \text{(m)}$$
$$H_3 = H_2 + h_{3改} = 248.742 - 3.039 = 245.703 \text{(m)}$$
$$H_B = H_3 + h_{4改} = 245.703 + 2.436 = 248.139 \text{(m)}$$

计算结果见表 2-7，推算的 H_B 等于 B 点的已知高程，计算正确。

表 2-7 　　　　　　　　　　附合水准路线测量成果计算表

点名	路线长 L /km	观测高差 /m	高差改正数 /m	改正后高差 /m	高程 /m
A					245.286
	1.6	+1.431	+0.005	+1.436	
1					246.722
	2.1	+2.013	+0.007	+2.020	
2					248.742
	1.7	-3.044	+0.005	-3.039	
3					245.703
	2.0	+2.430	+0.006	+2.436	
B					248.139
Σ	7.4	+2.830	+0.023	+2.853	
计算检核	$f_h = \Sigma h - (H_B - H_A) = 2.830 - (248.139 - 245.286) = -0.023 = -23 \text{(mm)}$ $f_{h容} = \pm 20\sqrt{L} = \pm 20 \times \sqrt{7.4} = \pm 54.4 \text{(mm)}, \|f_h\| < \|f_{h容}\|$				

案例分析 2-1

二、闭合水准路线的成果计算

闭合水准路线除了高差闭合差的计算与附合水准路线计算公式不同外，其他计算过程是一样的。

【例题 2-2】 图 2-38 为一闭合水准路线的观测成果略图，已知水准点 BM_1 的高程为 152.358m，试按四等水准测量的精度要求，计算待定点 A、B、C 的高程。

解：

1. 高差闭合差的计算与检核

计算实测高差闭合差 f_h 和高差闭合差的容许值 $f_{h容}$。当 $f_h \leqslant f_{h容}$ 时，进行后续计算；如果 $f_h > f_{h容}$，则说明外业成果不符合要求，必须重测，不能进行内业成果的计算。

$$f_h = \Sigma h_{测} = -0.022\text{m} = -22\text{mm}$$

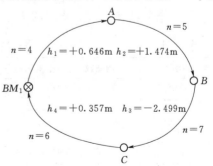

图 2-38 闭合水准路线略图

$$f_{h容} = \pm 6\sqrt{n} = \pm 6\sqrt{22} = \pm 28.1 (\text{mm})$$

$f_h < f_{h容}$，符合水准测量的要求。

2. 高差闭合差的调整

高差闭合差调整和分配原则是：将高差闭合差反符号后，按与测站数成正比的原则，分配到各观测高差中。根据式（2-18）计算每一测段的高差改正数：

$$v_1 = -\frac{-0.022}{22} \times 4 = +0.004 (\text{m})$$

$$v_2 = -\frac{-0.022}{22} \times 5 = +0.005 (\text{m})$$

$$v_3 = -\frac{-0.022}{22} \times 7 = +0.007 (\text{m})$$

$$v_4 = -\frac{-0.022}{22} \times 6 = +0.006 (\text{m})$$

$\sum v_i = +0.022\text{m} = 22\text{mm} = -f_h$，说明计算正确。

3. 计算改正后的高差

将各段高差观测值加上相应的高差改正数，求出各段改正后的高差，即根据式（2-20）计算每一测段改正后的高差：

$$h_{1改} = +0.646 + 0.004 = +0.650 (\text{m})$$
$$h_{2改} = +1.474 + 0.005 = +1.479 (\text{m})$$
$$h_{3改} = -2.499 + 0.007 = -2.492 (\text{m})$$
$$h_{4改} = +0.357 + 0.006 = +0.363 (\text{m})$$

4. 计算各点高程

根据改正后的高差，由起点高程逐一推算出其他各点的高程。最后一个已知点的推算高程应等于它的已知高程，以此检查计算是否正确。

$$H_A = 152.358 + 0.650 = 153.008 (\text{m})$$

$$H_B = 153.008 + 1.479 = 154.487 (\text{m})$$

$$H_C = 154.487 - 2.492 = 151.995 (\text{m})$$

$$H_{BM1} = 151.995 + 0.363 = 152.358 (\text{m})$$

计算结果见表 2-8，推算的 H_{BM1} 等于水准点 BM_1 的已知高程，计算正确。

表 2-8　　　　　　　　　　闭合水准路线成果计算表

点名	测站数	实测高差/m	高差改正数/m	改正后高差/m	高程/m
BM_1					152.358
	4	+0.646	+0.004	+0.650	
A					153.008
	5	+1.474	+0.005	+1.479	
B					154.487
	7	-2.499	+0.007	-2.492	
C					151.995
	6	+0.357	+0.006	+0.363	
BM_1					152.358

续表

点名	测站数	实测高差/m	高差改正数/m	改正后高差/m	高程/m
Σ	22	-0.022	$+0.022$	0	
计算检核	$f_h = \Sigma h_{测} = -0.022\text{m} = -22\text{mm}$ $f_{h容} = \pm 6\sqrt{n} = \pm 6\sqrt{22} = \pm 28.1(\text{mm}),\ \|f_h\| < \|f_{h容}\|$				

三、支水准路线的成果计算

支水准路线计算过程是：取往测和返测高差绝对值的平均值作为两点的高差值，其符号与往测相同，然后根据起点高程和各测段平均高差推算各测点的高程。

必须指出，如果支水准路线起始点的高程抄录错误或该点的位置错误，那么所计算的待定点的高程也是错误的。因此，应用此法应特别注意检查。

第七节　水准仪的检验与校正

一、水准仪的轴线应满足的条件

如图 2-39 所示，微倾式水准仪的主要轴线有视准轴 CC、水准管轴 LL、圆水准器轴 $L'L'$ 和竖轴 VV。为保证水准仪能提供一条水平视线，使水准仪能正确工作，水准仪的轴线应该满足下列三个条件：

课件 2-6

（1）圆水准器轴应平行于竖轴（$L'L' // VV$）。

（2）十字丝的横丝应垂直于竖轴。

（3）水准管轴应平行于视准轴（$LL // CC$）。

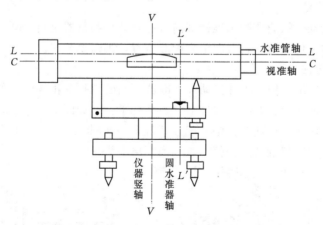

图 2-39　水准仪的轴线关系

以上条件在仪器出厂时都经过严格检验，但由于长期使用和在运输过程中的震动，可能使某些部件松动，各轴线之间的几何关系会发生变化。所以水准测量作业前，应对水准仪进行严格检验与校正。

二、圆水准器轴平行仪器竖轴的检验与校正

（一）检验目的

检验目的是使圆水准器轴平行于仪器竖轴。

（二）检验原理

假设竖轴 VV 与圆水准器轴 $L'L'$ 不平行，那么当气泡居中时，圆水准器轴竖直，竖轴则偏离竖直位置 δ 角，如图 2-40（a）所示。将仪器旋转 180°，如图 2-40（b）所示，此时圆水准器轴从竖轴右侧移至左侧，与铅垂线夹角为 2δ。圆水准器气泡偏离中心位置，气泡偏离的弧长所对应的圆心角应等于 2δ。

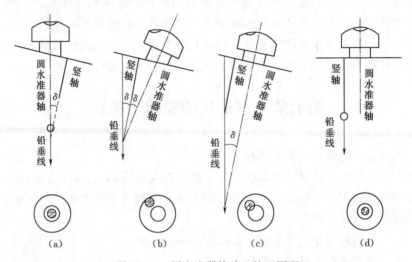

图 2-40　圆水准器检验、校正原理

（三）检验方法

首先通过转动脚螺旋使圆水准器气泡居中，然后将仪器旋转 180°，此时若气泡仍居中，说明该项条件满足；若气泡偏离中心位置，则需要校正。

（四）校正方法

如图 2-41 所示，用校正针拨动圆水准器下面的三颗校正螺丝，使气泡向居中位置移动偏移长度的一半，此时圆水准器轴与竖轴平行，如图 2-40（c）所示；再通过旋转脚螺旋使气泡居中，此时竖轴处于竖直位置，如图 2-40（d）所示。校正工作须反复进行，直到水准仪旋转到任何位置气泡都居中为止。

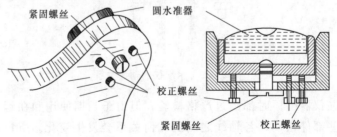

图 2-41　圆水准器校正螺丝

三、十字丝横丝垂直于竖丝的检验与校正

(一) 检验目的

检验目的是使十字丝横丝垂直于仪器的竖轴。

(二) 检验原理

如果十字丝横丝不垂直于仪器的竖轴，当仪器整平时竖轴竖直，此时十字丝横丝是不水平的，用横丝的不同部位在水准尺上读数将产生误差。

(三) 检验方法

仪器整平后，从望远镜视场内选一清晰目标点，用十字丝中心照准目标点，拧紧制动螺旋。转动水平微动螺旋，如果目标点始终在横丝上移动，如图 2-42 (a)、(b) 所示，说明横丝垂直于竖轴；如果目标偏离横丝，如图 2-42 (c)、(d) 所示，则说明横丝不垂直于竖轴，需要校正。

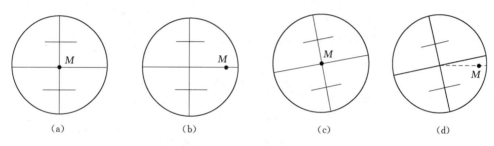

(a)　　　　　　　(b)　　　　　　　(c)　　　　　　　(d)

图 2-42　十字丝横丝的检验

(四) 校正方法

校正方法因十字丝分划板装置的形式不同而异。如图 2-43 (a) 所示，这种仪器在目镜端镜筒上有三颗固定螺丝，可直接用螺丝刀松开相邻两颗固定螺丝，转动分划板座，让横丝水平，再将螺丝拧紧。如图 2-43 (b) 所示，这种仪器必须卸下目镜处的外罩，再用螺丝刀松开十字丝分划板座的四颗固定螺丝，轻轻转动分划板座，使横丝水平。最后旋紧固定螺丝，并旋上外罩。

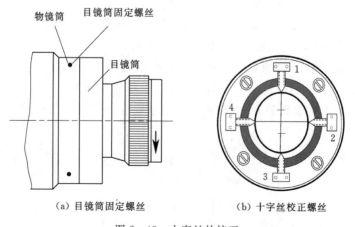

(a) 目镜筒固定螺丝　　　　　　(b) 十字丝校正螺丝

图 2-43　十字丝的校正

四、水准管轴平行于视准轴的检验与校正

（一）检验目的

检验目的是使水准管轴平行于望远镜视准轴。

（二）检验原理

如图 2-44 所示，若水准管轴与望远镜视准轴不平行，会出现一个夹角 i，由于 i 角的影响产生的读数误差称为 i 角误差。此项检验也称 i 角检验。《国家三、四等水准测量规范》（GB/T 12898—2009）规定，DS$_3$ 型水准仪的 i 角不得大于 $20''$，否则，需要校正。

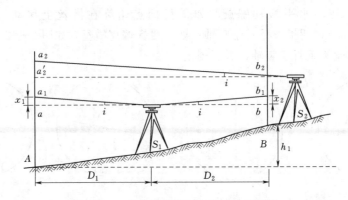

图 2-44　水准管轴平行与视准轴的检验

（三）检验方法

（1）如图 2-44 所示，在一平坦地面上选择相距约 100m 的两点 A、B，根据地面情况分别在 A、B 两点打入木桩或放置尺垫。

（2）将水准仪安置在 A、B 两点的中间，使前、后视距相等，依次照准 A、B 两点的水准尺，精平后读数分别为 a_1 和 b_1，因前、后视距相等，所以 i 角对前、后视读数的影响也相等，即 $x_1 = x_2$，则 A、B 两点之间的高差为

$$h_{AB} = (a_1 - x_1) - (b_1 - x_2) = a_1 - b_1 \tag{2-22}$$

由式（2-22）可知，该高差是不受视准轴误差影响的正确高差。

（3）将仪器移至离前视点 B 点约 3m 处，如图 2-44 所示。精平后读得 B 点水准尺读数为 $b2$。因仪器离 B 点很近，两轴不平行引起的读数误差可忽略不计，故根据 $b2$ 和 A、B 两点的正确高差 h_{AB}，算出 A 点尺上应有读数为 $a_2' = b_2 + h_{AB}$。然后瞄准 A 点水准尺，精平后读数为 a_2，如果 a_2 与 a_2' 相等，则说明两轴平行。否则存在 i 角，其值为

$$i = \frac{\Delta h}{D_{AB}} \rho \tag{2-23}$$

式中：Δh 为 A 点精平读数与应有读数之差，m，$\Delta h = a_2 - a_2'$；ρ 为圆心角，$('')$，$\rho = 206265''$；D_{AB} 为 AB 之间的水平距离。

当 i 角大于 $20''$ 时，需要校正。

（四）校正方法

保持水准仪不动，转动微倾螺旋使十字丝的横丝对准 A 尺的正确读数 a_2' 处，此时视准轴水平，但管水准器气泡会偏离中心。用校正针先松开管水准器的左右校正螺丝，然后拨动上下校正螺丝，如图 2-45 所示，一松一紧，升降水准管的一端，使气泡居中。此项检验需反复进行，直到符合要求后，拧紧松开的校正螺丝。

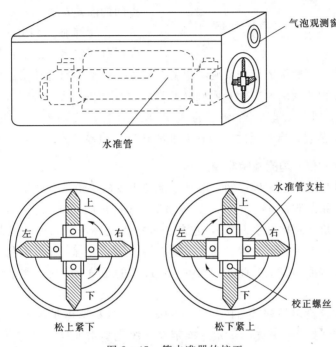

图 2-45 管水准器的校正

五、自动安平水准仪补偿装置性能的检验

（一）检验目的

检验目的是检验自动安平水准仪的补偿器性能是否正常。

（二）检验原理

如果自动安平水准仪的补偿器性能不正常，当仪器有一个微小的倾斜状态下，其测量的高差会有一定的误差。

（三）检验方法

在没有专业检测台的情况下，可以采用以下近似检测方法：

（1）在平坦区域选 A、B 两点并设置稳定的尺垫，将水准仪置于两点连线的中点，使仪器脚螺旋1和2的连线垂直于 AB 线，按正常测量程序测定 AB 两点间的正确高差，如图 2-46 所示。

（2）整平仪器，使圆气泡居中。自平衡位置开始旋升脚螺旋3，使水准仪视线在 A 方向上微倾，并测定 A、B 两点间的高差 h_1，旋降脚螺旋3使圆水准器气泡居中；自平衡位置开始旋降脚螺旋3测定 A、B 两点间的高差 h_2，旋升脚螺旋3至圆水准器气泡居中。

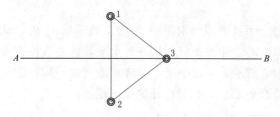

图 2-46　自动安平水准仪补偿器检验

（3）旋升脚螺旋 1，并测定 A、B 两点间的高差 h_3；旋降脚螺旋 1，测定 A、B 两点间的高差 h_4。旋升脚螺旋 2，并测定 A、B 两点间的高差 h_5；旋降脚螺旋 2，测定 A、B 两点间的高差 h_6。

在脚螺旋的旋升或旋降过程中，要通过圆水准气泡偏移的格值控制旋升或旋降的幅度，脚螺旋的旋升或旋降幅度要相等，且不能超过补偿器的补偿范围。

（4）将通过脚螺旋的六次旋升或旋降测得的 AB 间的高差 h_1、h_2、h_3、h_4、h_5、h_6 与正确值 h_{AB} 进行比较，若测定的六次高差值与正确高差值的互差都不超过 5mm，说明补偿装置正常；反之，应送专业机构进行检验。

六、电子水准仪 i 角的检验与校正

由电子水准仪的测量原理可知，电子水准仪出现的 i 角具有两个含义：一个是光学系统 i 角（简称光学 i 角），与传统的自动安平水准仪的 i 角完全一致；另一个是自动读数系统的 i 角（简称电子 i 角），它是经过物镜光心水平入射光线与这条水平光线经过补偿器到图像传感器参考点的水平视准线之间的夹角。如果不利用数字水准仪的十字丝去读取水准标尺上的读数，则电子水准仪的光学 i 角对于水准测量是没有意义的。

依据《水准仪检定规程》（JJG 425—2003），该规程对电子水准仪的光学 i 角和电子 i 角分别做出要求。其光学 i 角的检定与传统光学水准仪检定方法相同，电子 i 角的检定规程给出了专用光管法和室外校检法两种方法。由于专用光管的制造工艺、条码的解码精度和码元的缩放比精度等限制，再加上制造和使用成本的要求，专用光管法测电子 i 角具有很大局限性，难以普及。而室外检校法利用仪器内部设置的测量程序对电子 i 角进行测量，方法简单易操作，且所测电子 i 角可输入仪器直接修正。目前主要有以下四种室外测量方法：Forstner 法、Nahbauer 法、Kukkamaki 法和 Japanese 法。下面以 Forstner 法为例介绍检验方法和计算公式，其他方法参照 Forstner 法。

1. Forstner 法

如图 2-47 所示，在一个长度为 45m 的场地（宽度无要求），分成三等份，在两端放 A、B 两标尺，将数字水准仪先后安置在两标尺间距的 1/3 处的测站 1 和测站 2，分别对两标尺进行测量。a_1、b_1、a_2、b_2 为无 i 角影响的读数，a'_1、b'_1、a'_2、b'_2 为有 i 角影响的读数。

在测站 1 处测出的实际高差为 $h'_1 = a'_1 - b'_1$，理论高差为 $h_1 = a_1 - b_1$；在测站 2 处测得的实际高差为 $h'_2 = a'_2 - b'_2$，理论高差为 $h_2 = a_2 - b_2$。由于仪器 i 角的影响，则可得出：

$$a'_1 = a_1 + d_{1A} \tan i$$

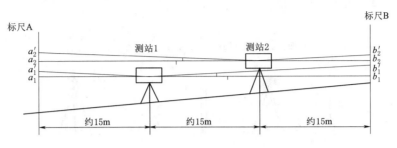

图 2-47　Forstner 法

$$b'_1 = b_1 + d_{1B} \tan i$$

则有：　　　　　$h_1 = a_1 - b_1 = (a'_1 - b'_1) - (d_{1A} - d_{1B}) \tan i$

同理，　　　　　$h_2 = a_2 - b_2 = (a'_2 - b'_2) - (d_{2A} - d_{2B}) \tan i$

由于 $h_1 = h_2$，所以

$$\tan i = \frac{(a'_1 - b'_1) - (a'_2 - b'_2)}{(d_{1A} - d_{1B}) - (d_{2A} - d_{2B})}$$

$$i = \arctan \frac{(a'_1 - b'_1) - (a'_2 - b'_2)}{(d_{1A} - d_{1B}) - (d_{2A} - d_{2B})} \approx \frac{(a'_2 - b'_2) - (a'_1 - b'_1)}{30} \rho$$

换成通用公式为

$$i = \arctan \frac{(r_{1A} - r_{1B}) - (r_{2A} - r_{2B})}{(d_{1A} - d_{1B}) - (d_{2A} - d_{2B})} \approx \frac{(r_{2A} - r_{2B}) - (r_{1A} - r_{1B})}{30} \rho \quad (2-24)$$

式中：r_{iA}、d_{iA} 分别为在测站 i 上，数字水准仪在条码尺 A 上的视线高读数和视距；r_{iB}、d_{iB} 分别为在测站 i 上，数字水准仪在条码尺 B 上的视线高读数和视距；其他符号意义同前。

2. Nahbauer 法

如图 2-48 所示，在距离约 15m 的地点放 A、B 两标尺，电子水准仪安置在两标尺的外边，距离 a 约为 15m，分别对两标尺进行读数并得出电子 i 角。

3. Kukkamaki 法

如图 2-49 所示，在距离约 20m 的地点放 A、B 两标尺，首先将电子水准仪安置在两标尺中间位置测站 1，然后安置在两标尺的延长线外约 20m 处测站 2，分别对两

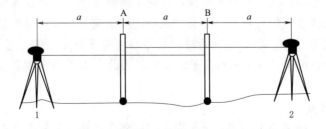

图 2-48　Nahbauer 法

标尺进行测量，可得电子 i 角。

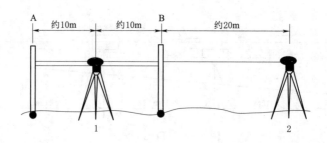

图 2-49 Kukkamaki 法

4. Japanese 法

如图 2-50 所示，A、B 两标尺距离约 30m，首先将电子水准仪安置在两标尺中间位置测站 1，然后安置在两标尺的延长线外约 3m 处测站 2，分别对两标尺进行测量，可得电子 i 角。

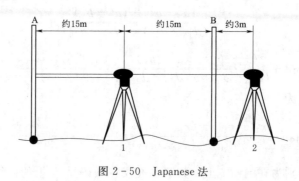

图 2-50 Japanese 法

第八节 水准测量误差产生的原因与消减方法

水准测量误差主要由仪器误差、观测误差和外界条件的影响而产生。现对主要误差影响因素进行分析讨论，以求在测量过程中避免和减弱它们的影响。

一、仪器误差

1. 仪器校正不完善的误差

无论是新购还是已使用过的水准仪，在使用前都要经过严格检验校正，使其满足使用要求，尽管仪器经过校正，但还会存在一些残余误差。其中主要是水准管轴不平行于视准轴的误差（i 角误差）。观测时，只要将仪器安置于距前、后视尺等距离处，则在高差计算中就可以消除 i 角对高差的影响。因此，水准测量中要求前、后视距要大致相等。

2. 水准尺误差

水准尺误差包括刻划不均匀、尺长变化、尺面弯曲和尺底零点不准确等误差。观

课件 2-7

测前应对水准尺进行检验。由于水准尺在使用过程中有磨损等情况，水准尺的底面与其分划零点不完全一致，其差值称为标尺零点误差。使用成对水准尺进行水准测量时，可通过设置偶数测站到达，则零点误差可消除。因此，在一个测段内应使测站数为偶数。

二、观测误差

1. 整平误差

利用符合水准器整平仪器的误差约为 $\pm 0.075\tau$ [τ 单位以秒（"）计]，若仪器至水准尺的距离为 D，则在读数上引起的误差为

$$m_平 = \frac{0.075\tau}{\rho}D \qquad (2-25)$$

式中，$\rho = 206265''$。

由式（2-25）可知，整平误差与水准管分划值及视线长度成正比。若以 DS$_3$ 型水准仪进行水准测量，视线长 $D=100$m 时，$m_平 = 0.73$mm。因此在观测时必须使符合气泡居中，视线不能太长，后视完毕转向前视，要注意气泡居中才能读数。此外，在晴天观测必须打伞保护仪器，特别要注意保护管水准器。

2. 照准误差

人眼的分辨力，在视角小于 $1'$ 时，就不能分辨尺上的两点，若用放大倍率为 V 的望远镜照准水准尺，则照准精度为 $60''/V$。由此，照准距水准仪 D 处水准尺的照准误差为

$$m_照 = \frac{60''}{V\rho}D \qquad (2-26)$$

式中，$\rho = 206265''$。当 $V=30$，$D=100$m 时，$m_照 = +0.97$mm。

3. 估读误差

估读误差是在区格式厘米分划的水准尺上估读毫米产生的误差。它与十字丝的粗细、望远镜放大倍率和视线长度有关。在一般水准测量中，当视线长度为 100m 时，估读误差约为 ± 1.5mm。

4. 调焦误差

由于仪器制造加工不够完善，当转动调焦螺旋调焦时，调焦透镜产生非直线移动而改变视线位置，产生调焦误差。当仪器安置于距前、后视尺等距离处，后视完毕转向前视，不再重新调焦，就可得到消除。

5. 水准尺竖立不直的误差

水准测量时，若水准尺在视线方向前后倾斜，则在倾斜标尺上的读数总是比正确的标尺读数大，并且误差随尺的倾斜角和读数的增大而增大。消除或减弱的办法是使用安装有圆水准器的水准尺，作业时应切实将尺子竖直，并且尺上读数不能太大。

三、外界条件的影响

1. 仪器升降的误差

由于土壤的弹性及仪器的自重，在观测过程中仪器可能上升或下沉，从而产生误差。如果仪器随时间均匀下沉，可取两次所测高差的平均值，这项误差就可得到有效

的削弱。

如图 2-51 所示，假设仪器下沉的速度与时间成正比，从读取后视读数 a_1 到读取前视读数 b_1 时，仪器下沉了 Δ，则高差为

$$h_1 = a_1 - (b_1 + \Delta) \qquad (2-27)$$

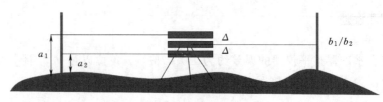

图 2-51 仪器下沉误差的影响

为了减弱此项误差的影响，可在同一测站进行第二次观测，而且第二次观测先读前视读数 b_2，再读后视读数 a_2，则高差为

$$h_2 = (a_2 + \Delta) - b_2 \qquad (2-28)$$

取两次高差的平均值，即

$$h = \frac{h_1 + h_2}{2} = \frac{(a_1 - b_1) + (a_2 - b_2)}{2} \qquad (2-29)$$

由式（2-29）可以看出，采用"后—前—前—后"的观测程序，两次高差取平均值可消除仪器下沉对高差的影响。

自测 2-3

2. 尺垫升降的误差

水准尺下沉对读数的影响表现在两个方面：一是和上述仪器升降的影响类似，采用"后—前—前—后"的观测程序可以消除或减少其影响；二是在转站时，转点处水准尺的下沉会带来误差，如果往测与返测尺子下沉的量是相同的，则由于误差符号相同，而往测与返测高差符号相反，因此，取往测和返测高差的平均值可消除其影响。

3. 地球曲率的影响

在绪论中已经证明，地球曲率对高程的影响是不能忽略的。由于水准仪提供的是水平视线，因此后视和前视读数 a 和 b 中分别含有地球曲率误差 δ_1 和 δ_2、由此 A、B 两点的高差应为 $h_{AB} = (a - \delta_1) - (b - \delta_2)$，但只要将仪器安置于距 A 点和 B 点等距离处，这时 $\delta_1 = \delta_2$，$h_{AB} = a - b$，就可消除地球曲率的影响。

4. 大气折光的影响

地面上空气存在密度梯度，光线通过不同密度的介质时，将会发生折射，而且总是由疏介质折向密介质，因而水准仪的视线往往不是一条理想的水平线。若在平坦地面，地面覆盖物基本相同，而且前、后视距离大致相等，这时前、后视读数的折光差方向相同，大小基本相等，折光差的影响即可大部分得到抵消或削弱。当在山地连续上坡或下坡时，前、后视视线离地面高度相差较大，折光差的影响将增大，而且带有一定的系统性，这时应尽量缩短视线长度，提高视线高度，一般使视线离地面的高度不小于 0.3m，以减小大气折光的影响。

5. 风力的影响

在水准测量作业中，风力对气泡居中和立尺竖直都会产生较大影响。因此，要选

择合适的时间进行观测。

6. 温度的影响

温度升高会使气泡发生偏移，在测量时应避免仪器直接暴露在太阳之下，应注意撑伞遮阳。

通过以上对水准测量中各种误差影响因素的分析可知，有些误差理论上可以通过一定的观测方法消除，但由于误差产生的随机性，其综合影响将只会相互抵消一部分。在一般情况下，观测误差是影响水准测量的主要因素，观测者要掌握误差产生的规律，采取相应的措施，尽可能消除或减弱各种因素的影响，以提高测量精度。

第九节　跨河水准测量

当跨越超过一般水准测量视线长度的障碍物（江河、湖泊、沟谷等）进行高程测量时，需要采用跨河水准测量这一特殊方法。

一、跨河水准测量的特点

跨河水准测量具有以下特点：

（1）由于跨越障碍物使得视线比较长，前后视距不能相等，i 角误差的影响就比较大。

（2）跨越障碍物使得视线加长，大气折光的影响增大。

（3）视线长度的增大，使得水准标尺的分划线显得非常细小，甚至无法分辨，难以精确照准与读数。

二、跨河水准测量的原理

如图 2-52 所示，跨河水准测量仪器与标尺的位置一般应按 Z 形或类似图形布设，I_1、I_2 处为仪器与标尺轮换安置点，b_1、b_2 为近标尺安置点，$I_1b_1 \approx I_2b_2$。其观测原理如下：

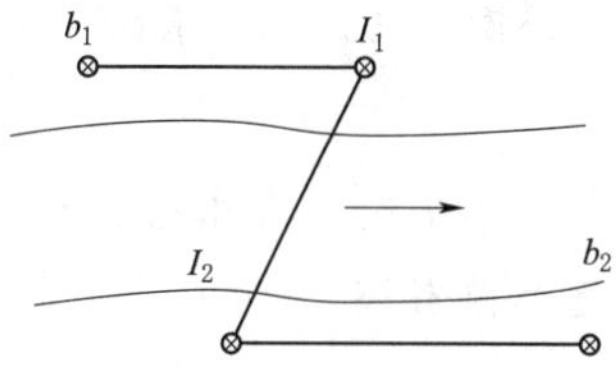

（1）先在 I_1 与 b_1 的中间且与 I_1、b_1 等距的点上整平水准仪，然后按一般测量程序，测定 I_1、b_1 的高差 $h_{I_1b_1}$。

图 2-52　跨河水准测量布设示意图

（2）安置仪器于 I_1 点，精密整平仪器后，照准本岸 b_1 点上的近标尺，用中丝读取标尺读数 B_1。将仪器转向对岸 I_2 点上的标尺，调焦后立即用胶布将调焦螺旋固定，按中丝读取标尺读数两次，取平均为 A_1。则 $h_{b_1I_2}=B_1-A_1$。

（3）在确保调焦螺旋不受触动的要求下，将仪器搬到对岸 I_2 点上，同时 b_1 点上的标尺也移到 I_1 点上。待精密整平仪器后，首先照准对岸 I_1 点上的远标尺，用中丝读取标尺读数两次，取平均为 B_2，再照准本岸 b_2 点上的近标尺，用中丝读数 A_2。则 $h_{I_1b_2}=B_2-A_2$。

（4）将仪器搬到 I_2 与 b_2 的中间，整平水准仪后，测定 I_2、b_2 的高差 $h_{I_2b_2}$。

先分别计算上、下半测回高差 $h'_{b_1 b_2}$ 和 $h''_{b_1 b_2}$：

$$h'_{b_1 b_2} = h_{b_1 I_1} + h_{I_1 b_2} \qquad\qquad (2-30)$$

$$h''_{b_1 b_2} = h_{b_1 I_2} + h_{I_2 b_2} \qquad\qquad (2-31)$$

取上、下半测回高差的平均值作为跨河高差：

$$h_{b_1 b_2} = \frac{h'_{b_1 b_2} + h''_{b_1 b_2}}{2} \qquad\qquad (2-32)$$

三、跨河水准测量的观测方法

（一）光学测微法

若跨越障碍的距离在 500m 以内，但看不清标尺分划时，可用光学测微法进行观测。如图 2-53 所示，觇板可用铝板制作，涂成黑色或白色，在其上画有一个白色或黑色的矩形标志线。矩形标志线的宽度按所跨越障碍物的距离而定，一般取跨越障碍距离的 1/25000，如跨越距离为 250m，则矩形标志线的宽度为 1cm，矩形标志线的长度约为宽度的 5 倍。在读河对岸标尺读数时，指挥立尺员上下移动觇板，待标志线到望远镜楔形丝中央时，再读取觇板指标线在水准尺上的读数。

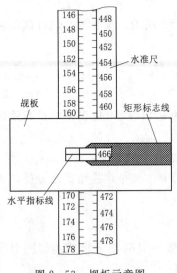

图 2-53　觇板示意图

（二）倾斜螺旋法

当跨越障碍的距离很大（500m 以上甚至 1～2km），上述光学测微法就受到限制，此时可以采用倾斜螺旋法进行观测。基本原理是：通过观测对岸水准标尺上觇板的 4 条标志线，并根据倾斜螺旋的分划值来确定标志线之间的夹角，然后通过计算的方法求得相当于水平视线在对岸水准标尺上的读数，而本岸水平视线在水准标尺上的读数可用一般的方法读取。具体内容参考相关文献，在此不再赘述。

本　章　小　结

本章对水准测量的原理、水准仪的构造、水准仪的使用步骤、水准测量外业及内业成果计算、水准仪的检校和水准测量误差来源及处理方法做了较详细的阐述。本章的教学目标是使读者掌握水准测量的基本原理、水准测量仪器的操作方法和水准测量与计算过程。

重点应掌握的公式如下：

（1）高差计算公式：$h_{AB} = a - b$。

（2）高程计算公式：$H_B = H_A + h_{AB} = H_A + \sum a - \sum b$。

（3）闭合水准路线高差闭合差的计算公式：$\Delta h = \sum h_{测}$。

（4）附合水准路线高差闭合差的计算公式：$\Delta h = \sum h_{测} - (H_{终} - H_{始})$。

思 考 与 练 习

1. 什么是高差？其值的正负说明什么？
2. 视差的定义是什么？试述视差产生的原因与消除的办法。
3. 为什么要把水准仪安装在前、后尺大概等距处观测？
4. 粗平与精平各自的目的是什么？怎样才能实现？
5. 什么是转点？转点的作用是什么？
6. 怎样进行计算校核、测站校核和路线校核？
7. 自动安平水准仪为什么能在视线微倾的情况下获得水平视线的读数？
8. 试述电子水准仪的自动读数原理。
9. 将图 2-54 所示水准路线中的各有关数据填入表 2-9，并计算各测站的高差和 B 点的高程。

作业 2-1

作业 2-2

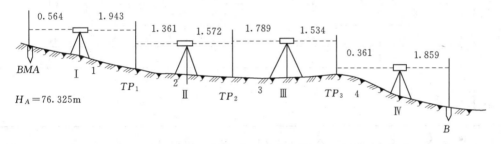

图 2-54　水准路线示意图

表 2-9　　　　　　　　　　水 准 测 量 计 算 表　　　　　　　　　　单位：m

测站	测点	水准尺读数		高　差		高程	备注
		后视	前视	+	−		
I	BM_A TP_1						
II	TP_1 TP_2						
III	TP_2 TP_3						
IV	TP_3 B						
计算校核							

10. 表 2-10 为四等水准测量的记录手簿，试完成表中各种计算和计算校核。

表 2 - 10　　　　　　　　　　四等水准测量的记录手簿

点号	后尺 下丝 / 上丝 / 后距/m / 视距差/m	前尺 下丝 / 上丝 / 前距/m / 累积差/m	方向及 尺号	标尺读数/m 黑面	标尺读数/m 红面	K+黑－红 /mm	高差中数 /m	备注
A — TP_1	1.402	1.343	后 1	1.289	6.073			
	1.173	1.100	前 2	1.221	5.910			
			后一前					
TP_1 — TP_2	1.460	1.950	后 2	1.260	5.950			$K_1=4.787$
	1.050	1.560	前 1	1.761	6.549			$K_2=4.687$
			后一前					
TP_2 — TP_3	1.660	1.795	后 1	1.412	6.200			
	1.160	1.295	前 2	1.540	6.225			
			后一前					
每页校核计算								

11. 图 2-55 所示为一闭合水准路线，A 为已知水准点，其高程为 136.827m，其观测成果如图中所示，试在表 2-11 中完成水准测量成果计算。

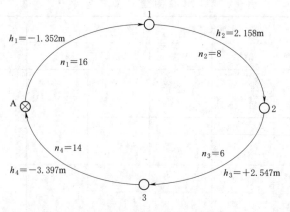

图 2-55　闭合水准路线示意图

12. 在水准点 BM_1 和 BM_2 和之间进行水准测量，所测得的各测段的高差和水准路线长如图 2-56 所示。已知 BM_1 的高程为 65.612m，BM_2 的高程为 66.182m。试在表 2-12 中完成水准测量成果计算。

表 2-11　　　　　　　　　　闭合水准路线成果计算表

点号	测站数	实测高差/m	改正数/mm	改正后高差/m	高程/m	备注
A						
1						
2						
3						
A						
Σ						
计算检核						

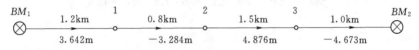

图 2-56　附合水准路线示意图

表 2-12　　　　　　　　　　附合水准路线成果计算表

点名	距离/km	实测高差/m	改正数/m	改正后高差/m	高程/m	备注
BM_1						
1						
2						
3						
BM_2						
Σ						
计算检核						

第三章

角度测量

角度测量是测量工作的三要素之一。角度测量包括水平角测量和竖直角测量。其中水平角主要用于方位角推算，进而计算点的坐标；竖直角一方面用于倾斜距离改化为平距，另一方面用于三角高程测量中的高差计算。目前，测量角度的常用仪器有经纬仪和全站仪。

课件 3-1

第一节 角度测量原理

一、水平角测量原理

如图 3-1 所示，设有从 O 点出发的 OA、OB 两条方向线，分别过 OA、OB 的两个铅垂面与水平面 P 的交线 oa 和 ob 所夹的 $\angle aob$，即为 OA、OB 间的水平角 β。因此**水平角**是指从空间一点出发的两个方向线在水平面上投影的夹角，其范围是 $0°\sim360°$。

为了测定水平角值，设想在 O 点处水平放置一个带有刻度的圆盘，即水平度盘，并使圆盘的中心位于过 O 点的铅垂线上，两方向线 OA 与 OB 在水平度盘上的投影读数分别为 a 和 b，如果度盘刻划的注记是按顺时针方向由 $0°$ 递增到 $360°$，那么 OA 与 OB 两方向线所夹的水平角就能计算出来，即

$$\beta=b-a \qquad (3-1)$$

视频 3-1

二、竖直角测量原理

在同一铅垂面内，观测目标的视线（方向线）与水平线的夹角称为**竖直角**。如图 3-2 所示，视线在水平线上方时称为仰角，角值为正，取值范围为 $0°\sim+90°$；视线在水平线下方时称为俯角，角值为负，取值范围为 $-90°\sim0°$。

目标方向与天顶方向所夹的角称为天顶距，如图 3-2 中的 Z_A、Z_C，角值范围为 $0°\sim180°$，没有负值。

为了测量竖直角，需在 B 点上设置一个铅垂放置且带有刻划的**竖直度盘**（竖盘）。因此，竖直角就等于瞄准目标时倾斜视线的读数与水平视线读数的差值。正常状态时，视线水平时的竖盘读数应是 $90°$ 的整倍数。

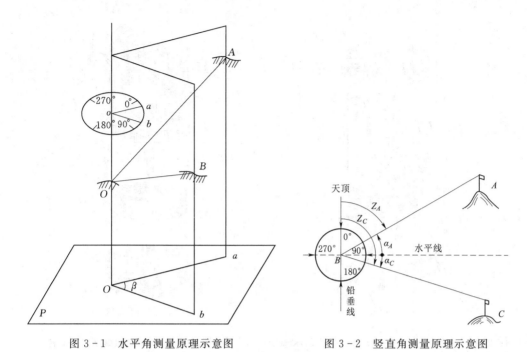

图 3-1 水平角测量原理示意图   图 3-2 竖直角测量原理示意图

第二节 经 纬 仪

一、经纬仪概述

经纬仪是角度测量的主要仪器。按其结构和读数方式，可分为光学经纬仪和电子经纬仪。根据测角精度的不同，我国的经纬仪系列包括 DJ_{07}、DJ_1、DJ_2、DJ_6、DJ_{15} 等型号；D 和 J 分别为"大地测量"和"经纬仪"汉语拼音的第一个字母，下标 07、1、2、6、15 分别为该仪器的精度指标，即该仪器水平方向一测回方向观测中误差，单位为 s。目前，光学经纬仪的使用越来越少。

二、光学经纬仪

（一）光学经纬仪的构造

如图 3-3 所示，光学经纬仪主要由照准部、水平度盘和基座三部分组成。

1. 照准部

经纬仪基座上部能绕竖轴旋转的整体，称为照准部，包括望远镜、横轴、竖直度盘、读数显微镜、照准部水准管及竖轴等。其水平方向的转动由水平制动螺旋和水平微动螺旋控制；望远镜绕横轴转动，由竖盘制动螺旋和竖盘微动螺旋控制。竖直度盘固定在横轴上，以横轴为中心随望远镜一起在竖直面内转动。照准部水准管用于精确整平仪器，从而使水平度盘处于水平位置。

2. 水平度盘

水平度盘是用光学玻璃制成的圆环。水平度盘上按顺时针方向刻有 $0°\sim360°$ 的分

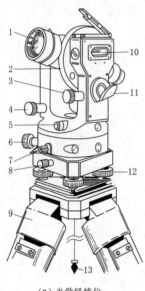

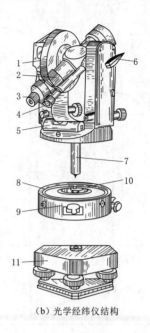

（a）光学经纬仪　　　　　　　　　　　　　（b）光学经纬仪结构

1—物镜；2—竖直度盘；3—竖盘指标水准管微动螺旋；　1—竖直度盘；2—目镜调焦螺旋；3—目镜；
4—望远镜微动螺旋；5—光学对中器；6—水平微动螺旋；　　4—读数显微镜；5—照准部水准管；
7—水平制动扳手；8—轴座连接螺旋；9—三脚架；　6—望远镜制动扳手；7—竖轴；8—水平度盘；
10—竖盘指标水准管；11—反光镜；12—脚螺旋；13—垂球　9—复测器扳手；10—度盘轴套；11—基座

图 3-3　光学经纬仪组成

划，安置在竖轴轴套外围，不与竖轴接触，不随照准部的转动而转动。有时需要水平度盘和照准部一起旋转，以便设定水平度盘在某一读数上。控制水平度盘与照准部相对转动的装置一般采用位置变换手轮，有两种形式：一种是使用时拨下保险手柄，将手轮压进去并转动，水平度盘亦随之转动，待转至需要位置后，将手松开，手轮推出，再拨上保险手柄；另一种是使用时拨开护盖，转动手轮，待水平度盘转至需要位置后，停止转动，再盖上护盖。

3. 基座

基座起着支承仪器照准部并与三脚架连接的作用，它主要由轴座、脚螺旋和底板组成。轴座是将仪器竖轴与基座连接固定的部件，它通过轴座固定螺旋进行固定。连接底板通过连接螺旋将仪器固定在三脚架上。圆水准气泡位于基座上，通过脚螺旋的调节用于粗略整平仪器。

（二）光学经纬仪的读数系统

测量中常用的光学经纬仪一般是 DJ$_6$ 和 DJ$_2$ 两种型号，下面以 DJ$_6$ 型光学经纬仪为例进行讲解。

DJ$_6$ 型光学经纬仪的读数装置分为分微尺测微器和单平行玻璃测微器两种。目前我国生产的大部分 DJ$_6$ 型光学经纬仪都是采用分微尺测微器进行读数的。

图 3-4 为 DJ$_6$ 型经纬仪分微尺读数窗，上面 H 表示水平度盘刻划，下面 V 表示竖直度盘刻划。度盘分划线的间隔为 1°，分微尺全长正好与度盘分划影像 1°的间隔相

等，并分为 60 小格，每一小格的值为 1′，可估读到一小格的 1/10，即 6″。图 3-4 中水平度盘读数为 165°03′48″，竖直度盘读数为 88°57′36″。

三、电子经纬仪

随着光电技术及计算机技术的发展和综合运用，20 世纪 60 年代出现了电子经纬仪，它是集光、机、电、计算为一体的自动化、高精度的光学仪器，是在光学经纬仪的电子化、智能化基础上，采用了电子细分、控制处理技术和滤波技术，实现测量读数的智能化。

电子经纬仪的照准部、水准器和基座等部件与光学经纬仪类似，最主要的不同是读数系统，电子经纬仪采用微处理器控制的电子测角

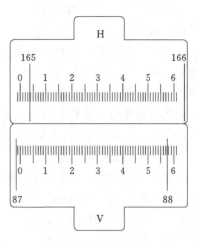

图 3-4　分微尺读数窗

系统代替了光学度盘和光学读数系统，实现了读数的数字化和自动化。电子经纬仪的测角系统主要有编码度盘测角系统、光栅度盘测角系统和动态测角系统三种。下面对后两种测角进行介绍。

（一）光栅度盘测角系统

在径向均匀地刻有许多等间隔线条的玻璃圆盘称为光栅度盘，如图 3-5（a）所示。光栅度盘测角系统通常要由两个光栅度盘组成，其中一个称为主光栅，另一个称为指示光栅，但两度盘的光栅方向形成一个很小的角度 θ，如图 3-5（b）所示。若两个间隔相同的光栅成很小的交角相重叠，在它们相对移动时可以看到明暗相间的干涉条纹，称之为莫尔干涉条纹，简称莫尔条纹。设 ω 为莫尔条纹在径向的移动量，d 为主光栅相对于指示光栅移动的栅距，θ 为两光栅的交角，则近似可得

$$\omega = d \times \cot\theta \qquad (3-2)$$

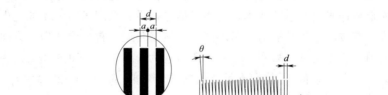

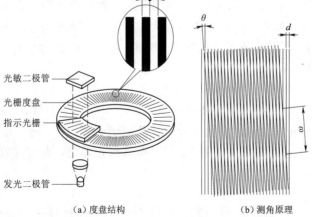

（a）度盘结构　　　　　　（b）测角原理

图 3-5　光栅度盘测角系统

由式（3-2）可知，只要两光栅的交角 θ 较小，很小的光栅移动量就会产生很大的条纹移动量。

若发光管、指示光栅、光电管的位置固定，当度盘随照准部转动时，发光管发出的光信号，通过莫尔条纹落到光电管上。度盘每转动一条光栅，莫尔条纹就移动一周期。莫尔条纹的光信号强度变化一周期，光电管输出的电流也变化一周期。莫尔条纹的光信号被光电二极管接收，经整形电路转换成矩形信号，计数器记录信号周期数，通过总线系统输入到存储器，再经计算由显示屏以度、分、秒的格式显示出来。

（二）动态测角系统

如图 3-6 所示，动态测角系统的度盘仍为环状度盘，每一分划由一对黑白条纹组成，白的透光，黑的不透光，相当于栅线和缝隙，其栅距设为 ϕ_0。光栏 L_S 固定在基座上，称固定光栏（也称光闸），相当于光学度盘的零分划；光栏 L_R 在度盘内侧，随照准部转动，称活动光栏，相当于光学度盘的指标线，它们之间的夹角即为要测的角度值。这种方法称为绝对式测角系统。

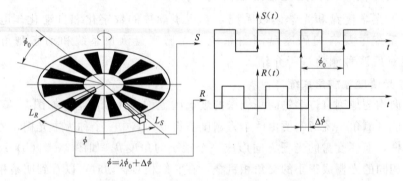

图 3-6　动态测角原理图

光栏上装有发光二极管和光电二极管，分别处于度盘上、下侧。发光二极管发射红外光线，通过光栏孔隙照到度盘上。当微型马达带动度盘旋转时，因度盘上明暗条纹而形成透光量的不断变化，这些光信号被设置在度盘另一侧的光电二极管接收，转换成正弦波的电信号输出，用以测角。测量角度，首先要测出各方向的方向值，有了方向值，角度就可以得到了。方向值表现为 L_R 与 L_S 间的夹角 ϕ。由图可知，角 ϕ 的值为 n 个整周期的 ϕ_0 值和不足整周数的分划值 $\Delta\phi$ 之和，即 $\phi = n\phi_0 + \Delta\phi$。它们分别由粗测和精测求得。

1. 粗测

测定通过 L_S 和 L_R 给出的脉冲计数（nT_0）求得 ϕ_0 的个数 n。在度盘径向的外、内缘上设有两个标记 a 和 b。度盘旋转时，从标记 a 通过 L_S 时，计数器开始计取整分划间隔 ϕ_0 的个数，当标记 b 通过 L_R 时计数器停止计数，此时计数器所得到数值即为 n。

2. 精测

即测量 $\Delta\phi$。由通过光栅 L_S 和 L_R 产生的两个脉冲信号 S 和 R 的相位差（ΔT）求得。精测开始后，当某一分划通过 L_S 时精测计数开始，计取通过的计数脉冲个数，一个脉冲代表一定的角值，而另一分划继而通过 L_R 时停止计数，通过计数器中所计的数值即可求得 $\Delta\phi$。

粗测、精测数据由微处理器进行衔接处理后即得角度值。

第三节　全　站　仪

全站仪是全站型电子速测仪的简称，它是由电子测角系统、光电测距系统、电子计算和数据存储单元等组成的三维坐标测量系统，也是一种集水平角、垂直角、距离（斜距、平距）、高差测量功能于一体的测量仪器系统。

课件 3 - 2

一、全站仪的结构

全站仪主要由电子测角系统、光电测距系统、自动补偿系统、数据存储设备、显示器微处理器和输入输出单元组成，其结构如图 3 - 7 所示。

微处理器是全站仪的核心装置，主要由中央处理器、随机储存器和只读存储器等构成，测量时，微处理器根据键盘或程序的指令控制各分系统的测量工作。数据存储设备相当于全站仪的数据库，能够存储测量数据和相关测量程序；而且容量越来越大，从以前只存储几百个点的坐标数据或测量数据，发展到现在储存上万个点的坐标数据或观测数据。另外，全站仪已实现了"三轴"补偿功能（补偿器的有效工作范围一般为 $\pm 3'$），从而保证观测得到的是在正确的轴系关系条件下的结果。

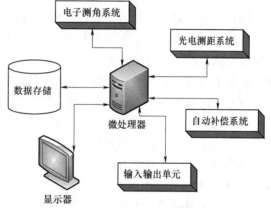

图 3 - 7　全站仪结构图

二、全站仪的分类

全站仪按测量功能分成以下四类。

1. 经典型全站仪

经典型全站仪也称为常规全站仪，它具备全站仪电子测角、电子测距、数据自动记录与计算等基本功能，有的还可以运行厂家或用户自主开发的机载测量程序。

2. 机动型全站仪

在经典型全站仪的基础上安装轴系步进电机，可自动驱动全站仪照准部和望远镜的旋转。在计算机的在线控制下，机动型全站仪可按计算机给定的方向值自动照准目标，并可实现自动正、倒镜测量。

3. 无合作目标型全站仪

无合作目标型全站仪又称免棱镜全站仪，是指在无反射棱镜的条件下，可对一般目标直接测距的全站仪。因此，对不便安置反射棱镜的目标进行测量，免棱镜全站仪具有明显优势。

4. 智能型全站仪

智能型全站仪又称为"测量机器人"。它在机动型全站仪的基础上，安装自动目标识别与照准功能，在相关软件的控制下，自动完成多个目标的识别、照准与测量，实现了全站仪的智能化。

三、全站仪的功能及设置

全站仪一般具有角度测量、距离测量、坐标测量、应用程序储存与运行、数据管理及其常规模式设置等功能。

（一）角度测量与设置

全站仪具有与电子经纬仪一样的测角系统，可以自动显示角度值，通过一定的观测方法完成水平角和竖直角测量。

1. 水平角测量模式设置

（1）水平角测量左、右角模式。水平角右角（HR）模式是指全站仪在当前盘位顺时针转动（右转）时，水平角读数增大，反之水平角减小。水平角左角（HL）模式是指全站仪在当前盘位逆时针转动（左转）时，水平角读数增大，反之水平角减小。测量中一般选择水平角右角（HR）模式。

（2）方向值置零、置盘和锁定模式。水平角测量时需要把某个方向（如起始方向）设置为指定读数值，包括三个设置：①把当前方向值设为0，即置零；②设置为观测者任意输入的数值，即置盘；③设置为当前显示的读数，即锁定，则读数不随照准部的转动而变化，直至解除锁定为止。

2. 竖直角测量模式设置

（1）天顶距模式。天顶方向为零标准方向，当望远镜水平时竖直角显示为90°，任意方向竖直角屏幕显示的读数为天顶距角，竖直角需要通过相应的公式进行计算。

（2）高度角模式。水平方向为零标准方向，当望远镜水平时竖直角显示为0°，任意方向竖直角的屏幕显示读数就是竖直角（高度角），不需要再通过公式计算。

（3）坡度（％）模式。坡度即 Tan（垂直角），用百分比表示。水平方向为零标准方向，屏幕显示水平方向读数为0。

不同品牌的全站仪水平角、竖直角配置的模式会有差异，屏幕显示也会有所不同，具体参照仪器使用说明书。

（二）距离测量与设置

全站仪具有光电测距系统，除了能测量仪器至反射棱镜之间的距离（斜距）外，具有免棱镜测距功能的全站仪还可以在一定距离内测量仪器至测量目标之间的距离。

1. 测距模式设置

全站仪一般有单次精测、N 次精测、连续精测和跟踪测量等测距模式。跟踪测量精度稍低，但是测量速度快。

2. 合作目标设置

具有免棱镜测距功能的全站仪测距前应对合作目标进行设置，选择有合作目标（反射棱镜）测量时测程更远；选择无合作目标（免棱镜）测量时测程变小，测距精度相对前者稍低。

3. 参数设置

（1）棱镜常数设置。在有合作目标的情况下测距，应首先设置棱镜常数，每种型号的仪器都有其固定的棱镜常数，可以查阅其使用说明书获得相关数据。

（2）气象改正参数设置。距离测量时，距离值会受测量时大气条件（主要是气温和气压）的影响，为了顾及大气条件的影响，距离测量时须使用气象改正参数进行改正。通过传感器测定气温和气压，然后仪器根据改正公式求得大气改正值。

（3）回光信号设置。回光信号功能显示测距的回光信号强度，一旦接收到来自棱镜的反射光，仪器即发出蜂鸣声，可以在较恶劣的条件下得到尽可能理想的瞄准效果。

（三）坐标测量与设置

全站仪能够直接测定点的坐标和高程。首先进行测站设置，输入测站点的坐标、高程和仪器高；然后瞄准定向点，输入定向点的坐标、高程和目标高，或者是定向方向的方位角，完成定向；最后瞄准待定点，输入目标高，点击坐标测量键即可获得点的坐标和高程。

（四）应用程序

目前，全站仪都带有工程测量中常用的应用程序，可进行数据采集、放样、悬高测量、对边测量、后方交会、点到直线的测量、面积及周长计算等，部分型号的全站仪还有专门针对道路放样的程序。

（五）数据管理

测量数据存储在仪器内存或扩展存储器，可实时查询、修改、删除数据，导入或导出数据，还可以对文件进行维护、导入、导出等。

四、全站仪的基本操作

目前全站仪的种类很多，国外的品牌主要有徕卡、天宝和拓普康，国产的品牌有南方、中海达和华测等。不同全站仪的外部结构和操作界面都有所不同，在使用仪器前应仔细阅读使用说明书。

（一）南方 NTS－332RM 系列全站仪

南方 NTS－332RM 系列全站仪是一款免棱镜仪器，其测角精度有 $1''$、$2''$ 和 $5''$ 三种，精测模式下测距精度为 $\pm(1+1\times10^{-6}D)$mm 和 $\pm(2+2\times10^{-6}D)$mm 两种，普通模式下最大测程为 4000m，无棱镜最大测程为 600m。

1. 部件功能

南方 NTS－332RM 系列全站仪部件功能如图 3－8 所示。

2. 操作面板

南方 NTS－332RM 系列全站仪的操作面板及显示屏与按键功能如图 3－9 所示，各按键的功能见表 3－1，显示屏显示符号的含义见表 3－2。

3. 星键设置★

按下星键后出现如图 3－10 所示界面，进入快捷设置模式。每一项的功能如下。

（1）合作目标：选择后出现如图 3－11 所示界面，按 ［◀］ 或者 ［▶］ 进行切换

仪器说明书
3－1

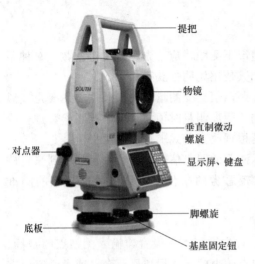

图 3-8 南方 NTS-332RM 系列全站仪
部件功能图

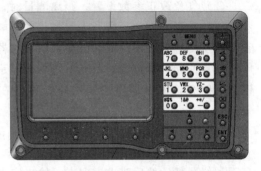

图 3-9 南方 NTS-332RM 系列全站仪
操作面板、显示屏与按键功能

表 3-1   南方 NTS-332RM 系列全站仪面板按键功能表

按键	名　称	功　能
∠	角度测量键	进入角度测量模式
⊿	距离测量键	进入距离测量模式
⊾	坐标测量键	进入坐标测量模式
⊠	退格键	删除光标前字符
▲▼	方向键	上、下移键
◀▶	方向键	左、右移键
ESC	退出键	返回上一级状态或返回测量模式
ENT	回车键	对所做操作进行确认
MENU	菜单键	进入菜单模式
α	转换键	字母与数字输入转换
★	星键	快捷设置
⏻	电源开关键	电源开关
F1~F4	软键（功能键）	对应于显示的软键信息
0~9	数字字母键盘	输入数字或其上注记的字母和符号
—	负号键	输入负号、加号、乘号、除号
·	点号键	输入小数点等字符

表 3-2   南方 NTS-332RM 系列全站仪显示符号含义

符号	含　义	符号	含　义
V%	垂直角（坡度显示）	PPM	大气改正值
R/L	切换水平右/左角		

三种合作目标，分别为棱镜、反射板和无合作模式，选择一个模式后按确认即可返回
上一界面。在棱镜模式下可以更改棱镜常数。

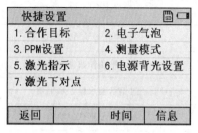

图 3-10　全站仪星键功能

图 3-11　合作目标设置

视频 3-2

（2）电子气泡：进入该界面可以调整电子气泡整平。

（3）PPM 设置：进入气象改正设置，如图
3-12 所示。如果 TP 自动显示"关"则需要预先
测得测站周围的温度和气压，输入这个温度及气
压并按确认就可以了；如果显示为"开"，则下面
显示的温度、气压为仪器测量得到结果。

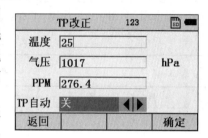

图 3-12　气象改正设置

（4）测量模式：进入界面后按［◀］或者
［▶］可以在连续精测、跟踪、精测三个模式之间
进行转换，选择完按确定结束。

（5）激光指示：开启测距头激光指示。

（6）激光下对点开关以及对点器的亮度，如图 3-13 所示。

4. 角度测量

按下角度测量键，进入角度测量模式，出现如图 3-14 所示界面。每一项的功能
见表 3-3。

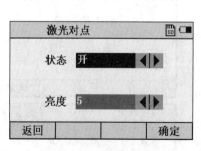

图 3-13　激光下对点设置

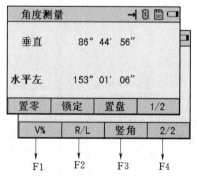

图 3-14　角度测量显示界面

（1）水平角的设置。在仪器处于角度测量模式下进行以下操作，完成角度值的
设置。

1）通过置零角度值进行设置，见表 3-4。

2）通过锁定角度值进行设置，见表3-5。

表 3-3　　　　　　　　　　　角度测量功能显示符号含义

页数	软键	显示符号	功　　能
1/2	F1	置零	水平角置为 0°0′0″
	F2	锁定	水平角读数锁定
	F3	置盘	通过键盘输入设置水平角
	F4	1/2	显示第 2 页软键功能
2/2	F1	V%	垂直角显示格式（绝对值/坡度）的切换
	F2	R/L	水平角（右角/左角）模式之间的转换
	F3	竖角	高度角/天顶距的切换
	F4	2/2	显示第 1 页软键功能

表 3-4　　　　　　　　　　　置 零 角 度 值 设 置

操　作　过　程	操作	显　　示
①照准目标 A	照准 A	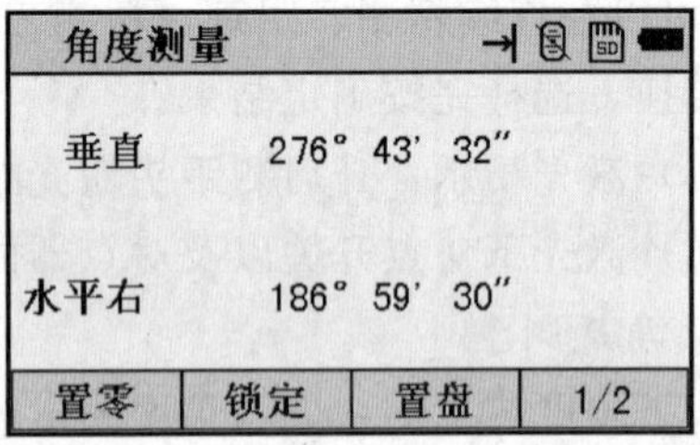 角度测量 ⊣🔋 垂直　　276°43′32″ 水平右　186°59′30″ 置零　锁定　置盘　1/2
②设置目标 A 的水平角为 0°00′00″；按 F1（置零）键和 F4（确定）键	F1 F4	 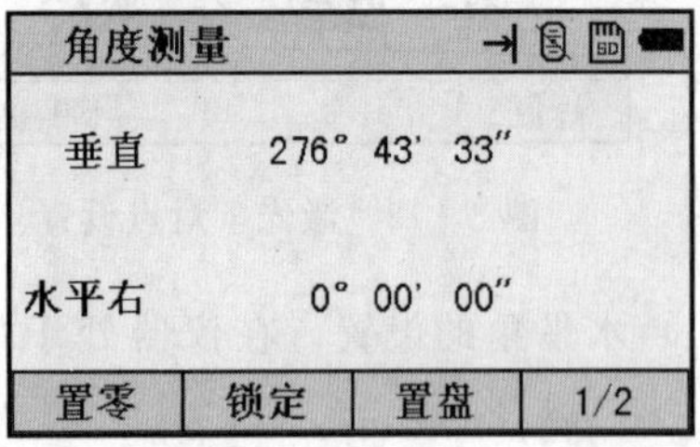 置零 ⊣🔋 确认置零吗？ 取消　　　　　确定 角度测量 ⊣🔋 垂直　　276°43′33″ 水平右　　0°00′00″ 置零　锁定　置盘　1/2

表 3-5　　　　　锁定角度值设置

操作过程	操作	显示
①用水平微动螺旋转到所需的水平角	显示角度	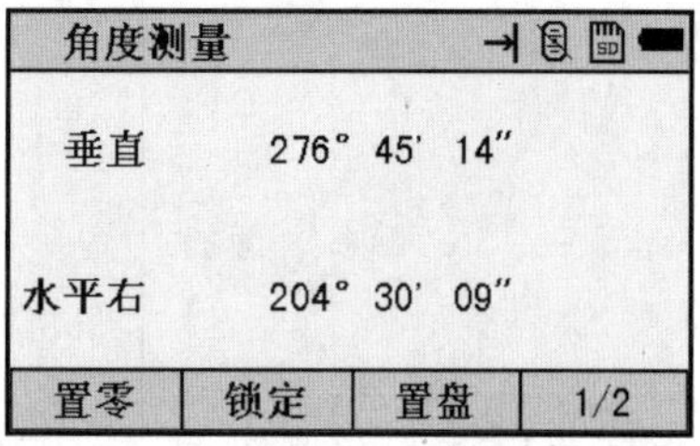 角度测量 →🔋📱💾▪ 垂直　　276° 45′ 14″ 水平右　　204° 30′ 09″ 置零 | 锁定 | 置盘 | 1/2
②按 F2（锁定）键	F2	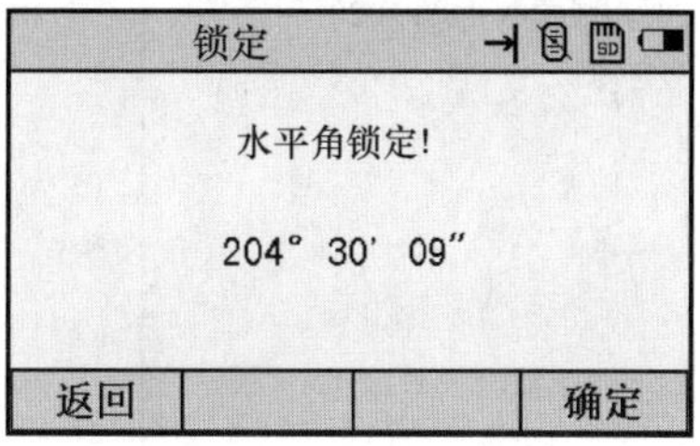 锁定 →🔋📱💾▪ 水平角锁定! 204° 30′ 09″ 返回 |　|　| 确定
③照准目标	照准	
④按 F4（确定）键完成水平角设置，显示窗变为正常的角度测量模式	F3	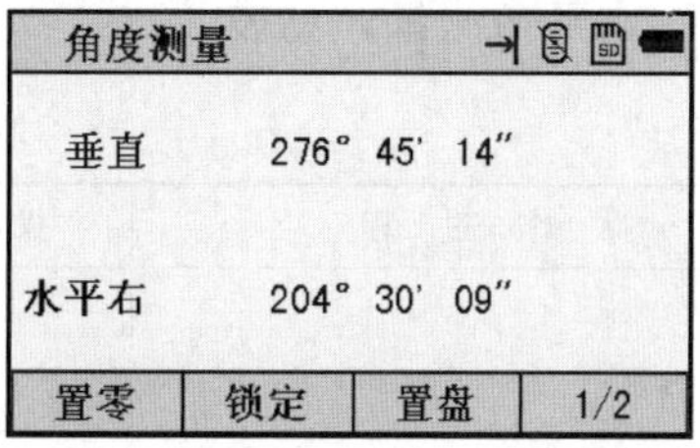 角度测量 →🔋📱💾▪ 垂直　　276° 45′ 14″ 水平右　　204° 30′ 09″ 置零 | 锁定 | 置盘 | 1/2

3）通过键盘输入进行设置，见表 3-6。

表 3-6　　　　　键盘输入设置

操作过程	操作	显示
①照准目标	照准	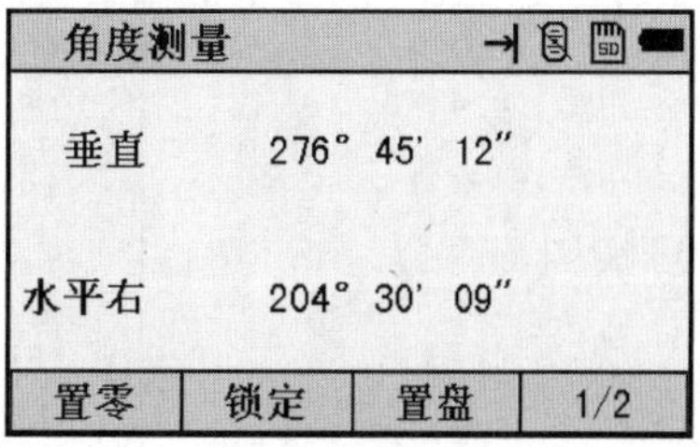 角度测量 →🔋📱💾▪ 垂直　　276° 45′ 12″ 水平右　　204° 30′ 09″ 置零 | 锁定 | 置盘 | 1/2
②按 F3（置盘）键	F3	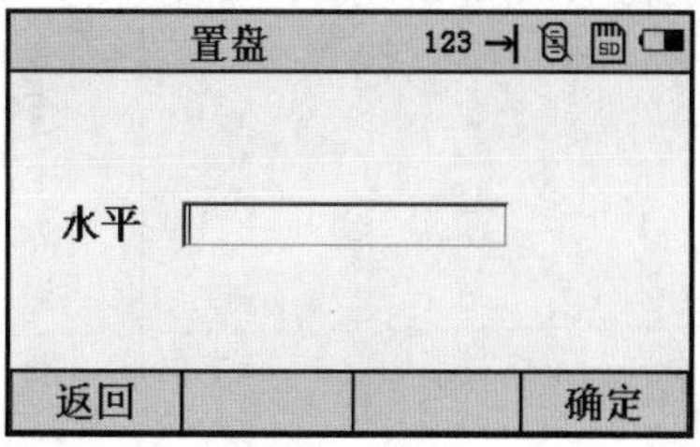 置盘　　123 →🔋📱💾▪ 水平 [　　　　　] 返回 |　|　| 确定

操　作　过　程	操作	显　示
③通过键盘输入所要求的水平角，如 150°10′20″，则输入 150.1020	150.1020 F4	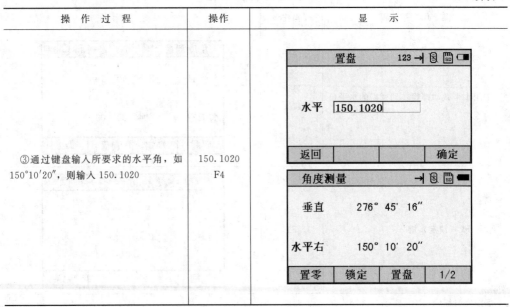

（2）水平角测量，见表 3-7。

表 3-7　　　　　水 平 角 测 量

操　作　过　程	操作	显　示
①照准第一个目标 A	照准 A	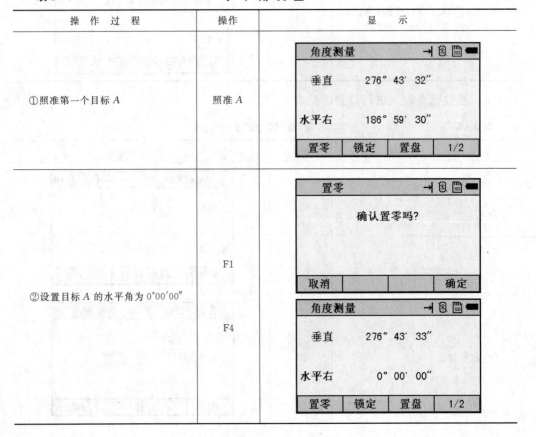
②设置目标 A 的水平角为 0°00′00″	F1 F4	

续表

操作过程	操作	显示
③照准第二个目标 B，显示目标 B 的水平角	照准目标 B	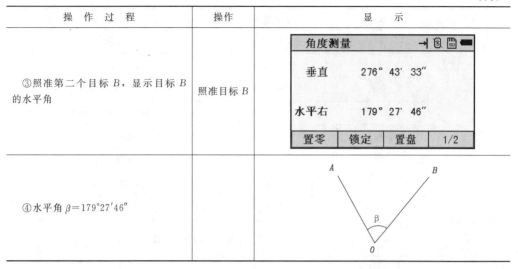
④水平角 $\beta=179°27'46''$		

5. 距离测量

距离测量界面如图 3-15 所示，界面中 F1～F4 三个功能键的含义见表 3-8。

表 3-8　　　　　　　　　　　距离测量功能显示符号含义

页数	软键	显示符号	功　能
1/1	F1	测量	启动测量
	F2	模式	设置测距模式
	F3	放样	距离放样模式

6. 坐标测量

坐标测量界面如图 3-16 所示，界面中 F1～F4 四个功能键的含义见表 3-9。

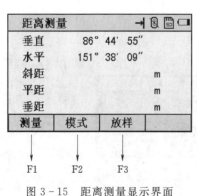

图 3-15　距离测量显示界面

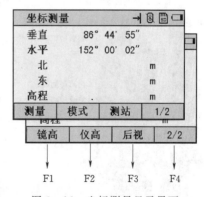

图 3-16　坐标测量显示界面

7. 主菜单

南方 NTS-332RM 系列全站仪的测量程序都在主菜单中，包括测站设置、数据采集、放样、计算、道路测量程序和数据管理等功能，如图 3-13 所示。使用中参照相关仪器使用说明书。

表 3-9　　　　　　　　　　　坐标测量功能显示符号含义

页数	软键	显示符号	功　　能
1/2	F1	测量	启动测量
	F2	模式	设置测距模式
	F3	测站	设置测站坐标
	F4	1/2	显示第 2 页软键功能
2/2	F1	镜高	设置棱镜高度
	F2	仪高	设置仪器高度
	F3	后视	设置后视点坐标
	F4	2/2	显示第 1 页软键功能

图 3-17　主菜单界面

（二）南方 NTS-382R 系列全站仪

南方 NTS-382R 系列全站仪其测角精度 $2''$，棱镜精测模式下测距精度为 $\pm(2+2\times10^{-6}D)$ mm，单棱镜最大测程 5000m，其免棱镜测程从 400m 到 1200m 不等。其部分功能和操作界面与南方 NTS-332RM 系列相似。

1. 部件功能

南方 NTS-382R 系列全站仪部分部件功能如图 3-18 所示。

2. 操作面板

南方 NTS-382R 系列全站仪的操作面板及显示屏与按键功能如图 3-19 所示，各按键的功能见表 3-10，显示屏显示符号的含义见表 3-11。

仪器说明书
3-2

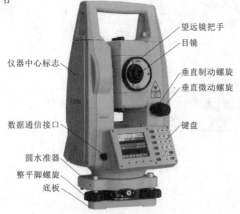

图 3-18　南方 NTS-382R 系列全站仪
部件功能图

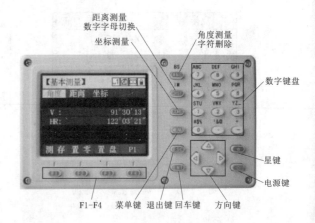

图 3-19　南方 NTS-382R 系列全站仪操作面板

表 3 - 10　　　　　　　南方 NTS - 382R 系列全站仪面板键盘功能表

按　键	键　名	功　能
★	星键模式键	用于仪器若干常用功能的操作
ANG	角度模式键	进入角度测量模式
DIST	距离模式键	进入距离模式
CORD	坐标模式键	进入坐标模式
MENU	菜单模式键	进入菜单模式
ESC	退出键	取消前一操作，返回到前一个显示屏或前一个模式
ENT	回车键	确认数据输入或存入该行数据并换行
Ⓟ	电源开关键	打开或关闭电源
F1～F4	功能键	功能参见所显示的信息
0～9	数字键	输入数字和其上注记的字母符号或选取菜单项

表 3 - 11　　　　　　　南方 NTS - 382R 系列全站仪显示屏显示符号含义

符　号	含　义	符　号	含　义
V(%)	竖直角（坡度）	E	横坐标（Y）
HR	水平角（右角）	Z	高程
HL	水平角（左角）	*	EDM（电子测距）正在进行
HD	水平距离	m	以米为单位
SD	倾斜距离	ft	以英尺为单位
VD	高差	fi	以英尺与英寸为单位
.N	纵坐标（X）		

3. 基本功能键

南方 NTS - 382R 系列全站仪基本功能包括角度测量、距离测量和坐标测量，操作界面如图 3 - 20 所示，内含功能及其操作同 NTS - 332RM 系列。

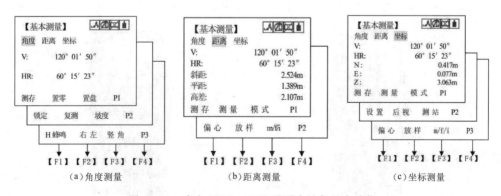

图 3 - 20　南方 NTS - 382R 系列全站仪基本功能

4. 主菜单

南方 NTS - 382R 系列全站仪的测量程序都在【菜单】中，如图 3 - 21 所示；包

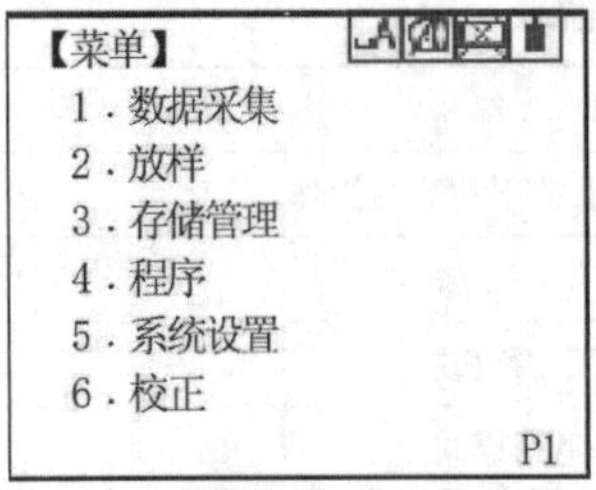

【菜单】
1. 数据采集
2. 放样
3. 存储管理
4. 程序
5. 系统设置
6. 校正
　　　　　　　　P1

图 3-21　南方 NTS-382R
系列全站仪主菜单界面

仪器说明书
3-3

括数据采集、放样、存储管理、程序和系统设置等功能，相应的功能界面如图 3-22 所示。

（三）华测 CTS-112R 全站仪

华测 CTS-112R 全站仪是一款免棱镜仪器，其测角精度为 $2''$，棱镜精测模式下测距精度为 $\pm(2+2\times 10^{-6}D)$mm，单棱镜最大测程为 4000m，无棱镜最大测程为 800m。

1. 部件功能

华测 CTS-112R 全站仪部件功能如图 3-23 所示。

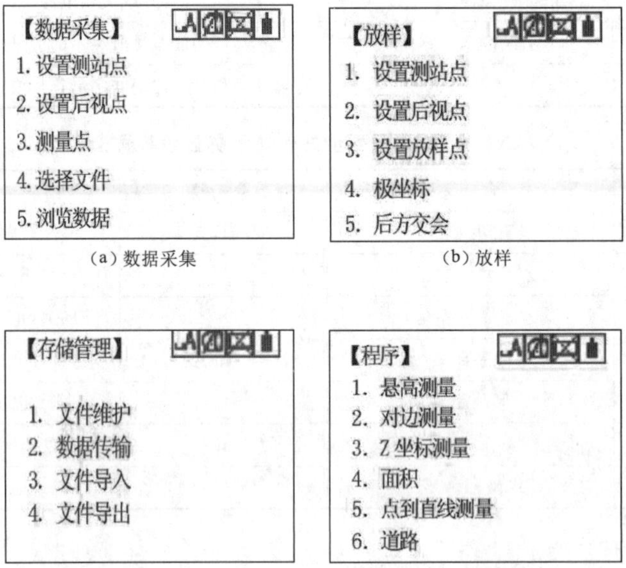

【数据采集】
1. 设置测站点
2. 设置后视点
3. 测量点
4. 选择文件
5. 浏览数据

（a）数据采集

【放样】
1. 设置测站点
2. 设置后视点
3. 设置放样点
4. 极坐标
5. 后方交会

（b）放样

【存储管理】
1. 文件维护
2. 数据传输
3. 文件导入
4. 文件导出

（c）存储管理

【程序】
1. 悬高测量
2. 对边测量
3. Z 坐标测量
4. 面积
5. 点到直线测量
6. 道路

（d）程序

图 3-22　南方 NTS-382R 系列全站仪菜单功能界面

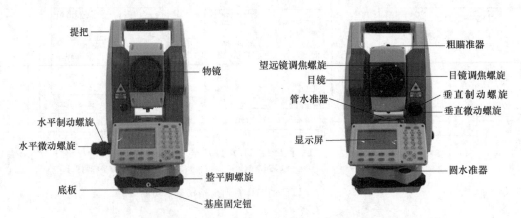

图 3-23　华测 CTS-112R 全站仪部件功能图

2. 操作面板

华测 CTS - 112R 全站仪的操作面板、显示屏与按键功能如图 3 - 24 所示，各按键的功能见表 3 - 12，显示屏显示符号含义见表 3 - 13。

3. 基本功能键

华测 CTS - 112R 全站仪基本功能包括角度测量、距离测量和坐标测量，操作界面如图 3 - 25 所示，内含功能及其操作与 NTS - 332RM 系列相似。

图 3 - 24 华测 CTS - 112R 全站仪操作面板、显示屏与按键功能

表 3 - 12 华测 CTS - 112R 全站仪面板键盘功能表

按 键	键 名	功 能
★	星键模式键	进入星键模式
ANG	角度模式键	进入角度模式
DIST	距离模式键	进入距离模式
CORD	坐标模式键	进入坐标模式
MENU	菜单模式键	进入菜单模式
ESC	退出键	返回上级菜单
ENT	回车键	在输入值之后按此键
⏻	电源开关键	打开或关闭电源
F1~F4	功能键	键功能提示显示于屏幕底部
0~9	数字键	输入数字或其上面注记的字母、符号
◀▶▲▼	光标移动键	输入数字/字母时用于移动光标

表 3 - 13 华测 CTS - 112R 全站仪显示屏显示符号含义

符 号	含 义	符 号	含 义
V	竖直角	VD	高差
HR	水平角（右角）	N	纵坐标（X）
HL	水平角（左角）	E	横坐标（Y）
HD	水平距离	Z	高程
SD	倾斜距离	m	以米为单位

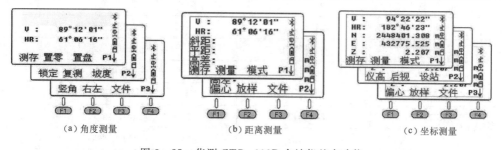

图 3 - 25 华测 CTS - 112R 全站仪基本功能

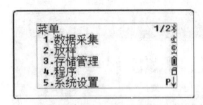

图 3-26　华测 CTS-112R 全站仪主菜单

4. 主菜单

华测 CTS-112R 全站仪的测量程序都在【菜单】中，如图 3-26 所示，包括数据采集、放样、存储管理、程序和系统设置等功能，相应的功能参考仪器使用说明书。

（四）中海达 ZTS-121 系列全站仪

中海达 ZTS-121 系列全站仪是一款免棱镜仪器，其测角精度为 $2''$，单棱镜精测模式下测距精度为 $\pm(2+2\times10^{-6}D)$mm，单棱镜最大测程为 5000m，无棱镜最大测程为 600m。

1. 部件功能

中海达 ZTS-121 系列全站仪部件功能如图 3-27 所示。

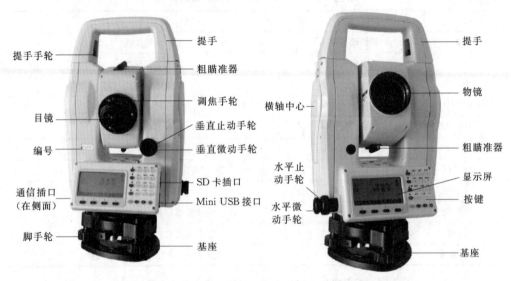

图 3-27　中海达 ZTS-121 系列全站仪部件功能图

仪器说明书
3-4

2. 操作面板

中海达 ZTS-121 系列全站仪的操作面板、显示屏与按键功能如图 3-28 所示，各按键的功能见表 3-14，显示屏显示符号含义见表 3-15。

表 3-14　　　　中海达 ZTS-121 系列全站仪面板键盘功能表

按　键	键　名	功　能
★	星键模式键	进入星键模式
ANG	角度模式键	进入角度模式
DIST	距离模式键	进入距离模式
CORD	坐标模式键	进入坐标模式
MENU	菜单模式键	进入菜单模式
ESC	退出键	返回上级菜单

按　键	键　名	功　能
ENT	回车键	在输入值之后按此键
⏻	电源开关键	打开或关闭电源
F1～F4	功能键	键功能提示显示于屏幕底部
0～9	数字键	输入数字或其上面注记的字母、符号
◀▶▲▼	光标移动键	输入数字/字母时用于移动光标

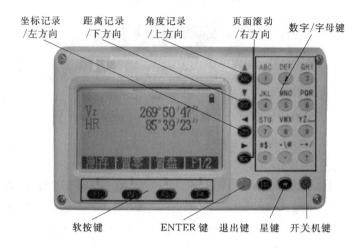

图 3-28　中海达 ZTS-121 系列全站仪操作面板、显示屏与按键功能

表 3-15　　　　　　　中海达 ZTS-121 系列全站仪显示屏显示符号含义

符号	含　义	符号	含　义
Vz	天顶距模式	VD	高差
V0	正镜时的望远镜水平时为 0 的垂直角显示模式	N	纵坐标（X）
Vh	竖直角模式（水平时为 0，仰角为正，俯角为负）	E	横坐标（Y）
V(%)	竖直角（坡度）	Z	高程
HR	水平角（右角）	*	EDM（电子测距）正在进行
HL	水平角（左角）	m	以米为单位
HD	水平距离	ft	以英尺为单位
SD	倾斜距离	fi	以英尺与英寸为单位

3. 基本功能键

中海达 ZTS-121 系列全站仪基本功能包括角度测量、距离测量和坐标测量，操作界面分别如图 3-29～图 3-31 所示，内含功能及其操作与 NTS-332RM 系列相似。

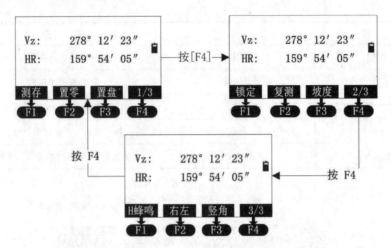

图 3 - 29　中海达 ZTS - 121 系列全站仪角度测量界面

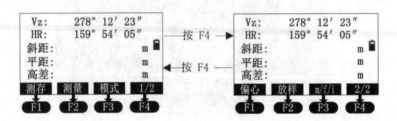

图 3 - 30　中海达 ZTS - 121 系列全站仪距离测量界面

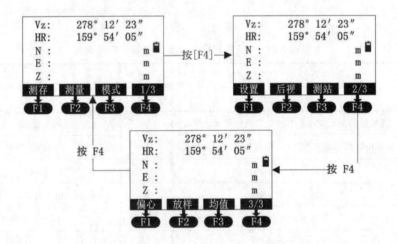

图 3 - 31　中海达 ZTS - 121 系列全站仪坐标测量界面

4. 主菜单

中海达 ZTS - 121 系列全站仪的测量程序都在【菜单】中，如图 3 - 32 所示，包括数据采集、放样测量、文件管理、程序和参数设置等功能，相应的功能参考仪器使用说明书。

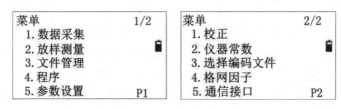

图 3-32　中海达 ZTS-121 系列全站仪主菜单

第四节　水 平 角 测 量

课件 3-3

一、全站仪的安置

在进行角度测量之前，必须把仪器安置在设有地面测量标志的测站上。全站仪安置工作包括对中和整平。

（一）对中

对中的目的是使仪器的水平度盘中心与测站点位于同一条铅垂线上。对中有三种方法，即垂球对中、光学对中器对中和激光对中器对中。当精度要求不高的时候可以采用垂球对中，目前使用较少，在此不再赘述。

1. 光学对中器对中

打开三脚架，调整脚架高度适中，将脚架放置在站点上，并使架头大致水平；将仪器放置在脚架架头上，旋紧中心连接螺栓。调整对中器目镜焦距，使对中器的圆圈标志和测站点影像清晰。踩实一条架腿，两手紧握另两条架腿，眼睛通过对中器的目镜寻找测站点标志，直至测站点标志中心落在对中器的圆圈中央，放下手握的两架腿踩实即可。一般光学对中误差应小于 1mm。

2. 激光对中器对中

打开三脚架，调整脚架高度适中，将脚架放置在站点上，并使架头大致水平；将仪器放置在脚架架头上，旋紧中心连接螺栓。通过全站仪操作面板上的★键打开激光对中器，地面会出现一个红色激光斑点。踩实一条架腿，两手紧握另两条架腿移动，眼睛观察地面的激光斑点，直至激光斑点落在测站点标志中心，放下手握的两架腿踩实即可。一般激光对中误差应小于 1mm。

（二）整平

整平的目的是使仪器的竖轴处于铅垂位置，从而使水平度盘处于水平位置。整平可分为粗略整平和精确整平。

1. 粗略整平

利用上述方法对中后，松开三脚架架腿的固定螺旋，通过伸缩脚架使圆水准器气泡大致居中，再用脚螺旋使圆水准器气泡精确居中，使仪器粗平。

2. 精确整平

如图 3-33 所示，转动照准部，使照准部管水准器轴与任意两个脚螺旋的连线平行，图 3-33（a）为管水准器轴与 1 号、2 号脚螺旋的连线平行，按照左手大拇指法

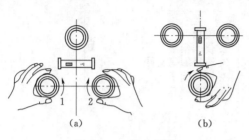

图 3 - 33　精确整平

则旋转 1 号、2 号脚螺旋，使照准部管水准器气泡居中；转动照准部 90°，使管水准器轴垂直于 1 号、2 号脚螺旋的连线，如图 3 - 33（b）所示，旋转 3 号脚螺旋使管水准器气泡居中。观察光学对中器圆圈中心（或激光对中器的激光斑点）与测站点标志是否重合，一般会有微小偏移，这时松开（但不是完全松开）仪器中心连接螺旋，在架头上平行移动仪器，使光学对中器圆圈中心（或激光对中器激光斑点）与测站标志点重合。因为平行移动仪器的过程对整平会有一定影响，所以需要重新转动脚螺旋使水准管气泡居中，如此反复几次，直到对中、整平都满足要求为止。

（三）安置过程中的注意事项

安置全站仪的过程中需要注意以下事项：

（1）对中时如果有平移仪器操作，则对中后应及时固紧连接螺旋并固定三脚架腿。

（2）根据测量工程精度要求，检查对中偏差应在规定限差之内。

（3）在平滑地面上设站时，应将脚架固定好（如用细绳绑牢），以防架腿滑动。

（4）在有坡度的地方设站时，应使脚架的两条腿在下坡，一条腿在上坡，以保证仪器稳定、安全。

（5）精平时转动脚螺旋不可过猛，否则气泡不易稳定。

（6）整平时气泡移动的方向与左手拇指的运动方向相同，右手则相反。

（7）当旋转第三个脚螺旋时，不可再转动前两个脚螺旋。

二、照准目标

全站仪测量时，照准点上应设立照准标志，即觇标。测角时的觇标一般是标杆、测钎、悬吊的垂球或觇牌，如图 3 - 34 所示。

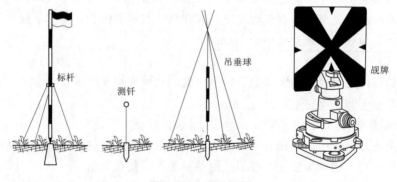

图 3 - 34　照准标志

照准的目的是使照准目标点的影像与十字丝交点重合。望远镜的十字丝一般设计成单丝和双丝的组合，有些全站仪没有十字丝交点，这时就用十字丝的中心部位照准目标。照准时将望远镜对向明亮背景，转动目镜调焦螺旋，使十字丝清晰。松开照准部与望远镜的制动螺旋，转动照准部，利用望远镜上的照门和准星对准目标，然后旋紧照准部的制动螺旋。旋转物镜调焦螺旋，进行物镜对光，使目标成像清晰，并消除视差。最后转动照准部微动螺旋，使十字丝精确照准目标。不同的角度（如水平角与竖直角）测量所用的十字丝是不同的。

在水平角测量中，应用十字丝的竖丝照准目标，当所照准的目标较小时，常用单丝重合，如图 3 - 35（a）所示；当目标倾斜时，应照准目标的根部以减弱照准误差的影响，如图 3 - 35（b）所示；若照准的目标较粗，则常用双丝对称夹住目标，如图 3 - 35（c）所示。

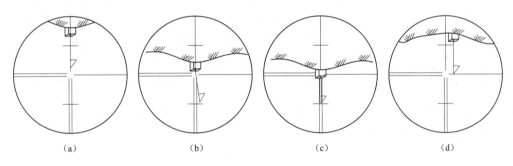

（a）　　　　　　　（b）　　　　　　　（c）　　　　　　　（d）

图 3 - 35　望远镜照准目标

用中丝法进行竖直角测量时，应用十字丝的中丝切准目标的顶部或特殊部位，如图 3 - 35（d）所示；用三丝法测量竖直角时，应用上、中、下横丝分别切准目标的顶部或特殊部位，在记录时一定要注记照准位置。

为了减少仪器的隙动误差，使用微动螺旋精确照准目标时，一定要用旋进方向。测水平角时，照准部一定要按规定的方向旋转，以减少仪器的度盘带动误差与脚螺旋隙动差。

三、水平角测量方法

水平角测量最常用的方法有测回法与方向观测法。实际测量时通常都要用盘左和盘右各观测一次，取平均值作为观测结果，这样可以消除仪器本身的一些误差。所谓的"盘左"就是用望远镜照准目标时，竖直度盘在望远镜的左边，又称为正镜；"盘右"就是用望远镜照准目标时，竖直度盘在望远镜的右边，又称为倒镜。如果对一个角度只用盘左或盘右观测一次，称为半测回；如果对一个角度用盘左和盘右各观测一次，称为一个测回。

（一）测回法

当所测的角度只有两个方向时，通常用测回法观测，如图 3 - 36 所示。

（1）在测站点 O 上安置全站仪，进行对中、整平。

（2）盘左位置，照准目标 A，配置度盘读数，并记录读数

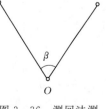

图 3 - 36　测回法测量水平角

视频 3 - 3

81

为 $a_左$；顺时针旋转望远镜，瞄准目标 B，读数并记录 $b_左$；计算水平角 $\beta_左 = b_左 - a_左$。以上称为上半测回。

（3）盘右位置，先照准目标 B，读数并记录 $b_右$；逆时针旋转望远镜，瞄准目标 A，读数并记录 $a_右$；计算水平角 $\beta_右 = b_右 - a_右$。以上称为下半测回。

（4）计算一测回角值。若两个半测回角值之差不超过规定限值（6″级仪器不超过40″），取平均值

$$\beta = \frac{1}{2}(\beta_左 + \beta_右) \tag{3-3}$$

自测 3-1

观测数据的记录格式与计算见表 3-16。

当测角精度要求较高时，需要在一个测站上观测若干测回，各测回观测角值之差称为测回差。为了减少度盘刻划不均匀误差的影响，各测回零方向的起始数值应变换 $180°/n$（n 为测回数）。如果测回差不超限，则取多个测回的平均值作为最后结果。

表 3-16　　　　　　　水平角观测记录表（测回法）

测站	测回	目标	竖盘位置	水平度盘读数 /(° ′ ″)	半测回角值 /(° ′ ″)	一测回角值 /(° ′ ″)	各测回平均角值 /(° ′ ″)
O	1	A	左	0 01 04	85 44 14	85 44 12	85 44 11
		B		85 45 18			
		A	右	180 01 16	85 44 10		
		B		265 45 26			
	2	A	左	90 00 30	85 44 12	85 44 10	
		B		175 44 42			
		A	右	270 00 41	85 44 08		
		B		355 44 49			

（二）方向观测法

当一个测站上需观测的方向数多于两个时，应采用方向观测法（又称为全圆方向法），如图 3-37 所示。

1. 观测步骤

（1）在测站点 O 上安置全站仪，进行对中、整平。

视频 3-4

自测 3-2

（2）盘左位置，瞄准起始方向 A 点，配置度盘并记录。然后顺时针旋转照准部，依次瞄准 B、C、D 点，最后又瞄准 A 点，称为归零。每次观测读数分别记入表 3-17。

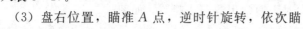

图 3-37　方向法测量水平角

（3）盘右位置，瞄准 A 点，逆时针旋转，依次瞄准 D、C、B 点，最后又瞄准 A 点，将各点的读数分别记入表 3-17。下半测回结束，归零差应满足规定。

表3-17　　　　　　　　　水平角观测记录表（全圆方向法）

测站	测回	目标	水平度盘读数/(° ′ ″)		2C /(″)	平均方向值 /(° ′ ″)	归零方向值 /(° ′ ″)	各测回平均归零方向值 /(° ′ ″)
			盘左	盘右				
O	1	A	0　01　12	180　01　02	+10	(0　01　10) 0　01　07	0　00　00	0　00　00
		B	45　40　42	225　40　36	+6	45　40　39	45　39　29	45　39　28
		C	120　30　54	300　30　44	+10	120　30　49	120　29　39	120　29　34
		D	160　24　36	340　24　24	+12	160　24　30	160　23　20	160　23　20
		A	0　01　18	180　01　08	+10	0　01　13		
	2	A	90　02　12	270　02　06	+6	(90　02　10) 90　02　09	0　00　00	
		B	135　41　40	315　41　36	+4	135　41　38	45　39　28	
		C	210　31　44	30　31　36	+8	210　3140	120　29　30	
		D	250　25　34	70　25　28	+6	250　25　31	160　23　21	
		A	90　02　14	270　02　08	+6	90　02　11		

2. 计算步骤。

（1）计算半测回归零差：半测回归零差等于起始方向两次读数之差。其值应满足限差要求（表3-18），否则应重测。

表3-18　　　　　　　　　全圆方向法观测水平角限差

仪器级别	半测回归零差	一测回2C互差	同一方向各测回互差
DJ_2	8″	13″	9″
DJ_6	18″		24″

注　参考《城市测量规范》（CJJ/T 8—2011）。

（2）计算两倍照准误差2C值：2C＝盘左读数－（盘右读数±180°）。对于同一仪器，在同一测回内各方向的2C值应为一个定数。若有变化，2C互差不能超过表3-18中规定的范围。

（3）计算各方向盘左、盘右读数的平均值：平均读数＝$\frac{1}{2}$[盘左读数＋（盘右读数±180°）]。由于起始方向OA有两个平均读数，应再取平均记入表格的括号中，作为OA方向的方向值。

（4）计算归零方向值。将各方向平均读数减去起始方向的两次平均值（括号内的值），即得到各方向归零方向值。

（5）计算各测回归零方向平均值。

第五节　竖直角测量

一、竖盘的构造

经纬仪的竖直度盘（竖盘）部分一般由竖盘、竖盘指标、竖盘指标水准管和竖盘

课件3-4

指标水准管微动螺旋组成。竖盘垂直固定在望远镜横轴的一端，其刻划中心与横轴的旋转中心重合。竖盘可以随着望远镜上下转动，另外有一个固定的竖盘指标，以指示竖盘转动在不同位置时的读数，这与水平度盘是不同的。竖盘指标与竖盘指标水准管一同安置在微动架上，不能随望远镜转动，只能通过调节指标水准管微动螺旋，使水准管气泡居中，这时竖盘指标处于正确位置。目前很多仪器安装了竖盘指标自动补偿装置，代替竖盘指标水准管和竖盘指标水准管微动螺旋。

竖直度盘的刻划也是在全圆周上刻划 360°，竖盘注记形式有两种：一种是顺时针注记，另一种是逆时针注记。经纬仪竖盘注记形式如图 3-38 所示。

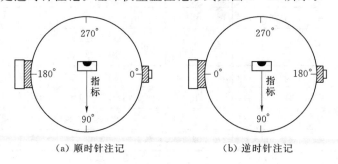

（a）顺时针注记　　　　　　　（b）逆时针注记

图 3-38　经纬仪竖盘注记形式

视频 3-5

二、竖直角计算公式

竖盘注记形式不同，竖直角计算的公式也不同。以下以顺时针注记的竖盘为例，推导竖直角计算的基本公式。

如图 3-39 所示，当望远镜处于盘左位置，视线水平，竖盘指标水准管气泡居中（或竖盘指标自动补偿器打开）时，读数指标处于正确位置，竖盘读数正好为常数 90°；当望远镜逐渐上仰时，竖盘读数逐渐减小。则竖直角 α 等于视线水平时的读数 90° 减去瞄准目标时的读数 L，即盘左的竖直角为

$$\alpha_{左} = 90° - L \tag{3-4}$$

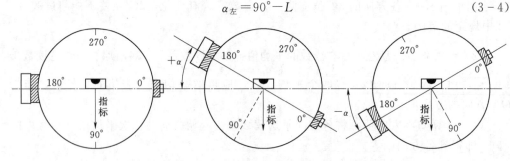

图 3-39　竖直角计算示意图（盘左）

图 3-40 所示为盘右位置，当视线水平时竖盘读数为 270°；当望远镜上仰时，视线与水平线之间的夹角为仰角，读数为 R，则盘右的竖直角为

$$\alpha_{右} = R - 270° \tag{3-5}$$

由于观测中不可避免地存在误差，盘左、盘右所获得的竖直角不完全相同，所以

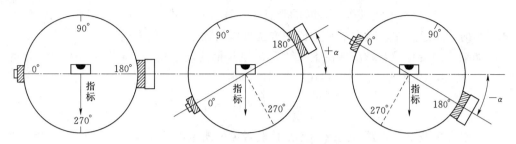

图 3-40　竖直角计算示意图（盘右）

应当取盘左、盘右竖直角的平均值作为最终结果，即

$$\alpha = \frac{1}{2}(\alpha_{左} + \alpha_{右}) = \frac{1}{2}[(R-L) - 180°] \tag{3-6}$$

同理，当竖盘为逆时针注记时，可以推导出此时的竖直角公式如下：

$$\alpha_{左} = L - 90° \tag{3-7}$$

$$\alpha_{右} = 270° - R \tag{3-8}$$

在实际工作中，可以通过将望远镜抬高（上仰），观测竖盘读数是增大还是减小，来判断使用哪套公式。

三、竖盘指标差

理论上，当竖盘水准管气泡居中时，竖盘指标应为 90°和 270°。但是实际上竖盘指标在水准管气泡居中时并不能指向正确位置，而是有一个偏角 x，这个偏角就是竖盘指标差，如图 3-41 所示。当指标偏离方向与竖盘注记方向一致时，读数增大了 x，且 x 为正；反之，当指标偏离方向与竖盘注记相反时，读数减小，x 为负。

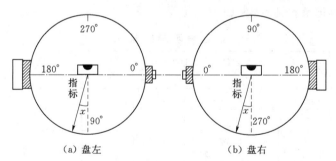

（a）盘左　　　　　　（b）盘右

图 3-41　竖盘指标差

如图 3-41 所示，盘左视线水平时的读数为 90°+x，盘右视线水平时的读数为 270°+x。当存在指标差时，竖直角的计算公式为

$$\alpha_{左} = (90° + x) - L \tag{3-9}$$

同理，盘右位置时的竖直角为

$$\alpha_{右} = R - (270° + x) \tag{3-10}$$

由此得到

$$\alpha = \frac{1}{2}(\alpha_{左} + \alpha_{右}) = \frac{1}{2}[(R-L) - 180°] \tag{3-11}$$

式（3-11）与无竖盘指标差时的竖直角计算公式［式（3-6）］相同，说明观测竖直角时，通过盘左、盘右取平均值的方法可以消除指标差的影响。

如果观测没有误差，从理论上来讲，盘左测得的竖直角 $\alpha_{左}$ 与盘右测得的竖直角 $\alpha_{右}$ 应该相等，则由式（3-9）和式（3-10）可得

$$x = \frac{1}{2}\left[(R+L)-360°\right] \tag{3-12}$$

在竖直角测量中，常常用指标差来检验观测的质量，即在观测的不同测回中或观测不同的目标时，指标差的较差应不超过规定的限值，对 DJ_6 仪器而言一般应不超过 $\pm25''$。

四、竖直角观测与计算

竖直角的观测方法有两种：一种是中丝法，另一种是三丝法。实际工作中常用的是中丝法。中丝法指用十字丝的中丝切准目标进行竖直角观测的方法。其操作步骤如下：

（1）将仪器安置于测站点上（对中、整平）。

（2）盘左位置照准目标，固定照准部和望远镜，使十字丝的中丝精确切准目标的特定位置。

（3）如果仪器竖盘指标为自动归零装置，则直接读取读数 L；如果采用的是竖盘指标水准管，应先调整竖盘指标水准管微动螺旋，使指标水准管气泡居中，再读取竖盘读数 L，记入记录手簿。

（4）盘右精确照准同一目标的同一部位。重复步骤（3）的操作并读数与记录。

（5）根据相应的计算公式，计算竖直角和指标差。

竖直角观测记录表见表 3-19。

自测 3-3

表 3-19　　　　　　　　　　　竖 直 角 观 测 记 录 表

测回	测站	目标	竖盘位置	竖盘读数 /(° ′ ″)	半测回竖直角 /(° ′ ″)	指标差 /(″)	一测回竖直角 /(° ′ ″)	各测回的平均值 /(° ′ ″)
1	O	A	左	85 45 24	+4 14 36	-1	+4 14 35	+4 14 34
			右	274 14 34	+4 14 34			
2	O	A	左	85 45 28	+4 14 32	+2	+4 14 34	
			右	274 14 36	+4 14 36			

五、竖盘指标自动归零装置

测量作业过程中，仪器在架设、精确整平以后，由于受作业条件、地面疏松、各种气象等因素的影响，仪器整平会发生变化，也就是仪器的竖轴存在一定的倾斜，进而产生竖盘读数误差。大部分光学经纬仪采用竖盘指标水准管气泡居中后再读数的方法，来消除或减弱由于仪器倾斜带来的竖盘读数误差，也有部分仪器的竖盘指标采用了自动归零装置。所谓自动归零装置，就是当仪器有个微小倾斜时，这种装置会自动地调整光路使读数为正确读数。自动归零装置对光学经纬仪、电子经纬仪和全站仪而言，其结构和补偿原理是不同的。早期的光学经纬仪、电子经纬仪和全站仪，采用单

轴补偿器（又称竖直度盘自动归零装置）来补偿仪器竖轴倾斜对竖直角带来的误差；随着 CCD 技术和微处理技术在全站仪中的不断应用，在近代的电子经纬仪和全站仪中，采用双轴补偿器来补偿竖轴倾斜对水平方向和竖直角带来的误差。目前已经出现了具有三轴补偿功能的全站仪。

（一）光学经纬仪

不同厂家的光学经纬仪，采用的自动补偿器可能也不同。以下介绍一种采用平板玻璃的自动补偿器。

如图 3-42（a）所示，在读数系统的像方光路中设置平板玻璃。现将读数光路展直，如图 3-42（b）所示。当仪器竖轴没有倾斜时，O 点为十字丝分划板中心位置，物方光轴在竖盘分划面上的 A 点；当仪器竖轴有微小倾斜 ε 时，则十字丝分划板中心移到 O' 点，物方光轴移到 A' 点。如果平板玻璃依竖轴相同的方向倾斜 ε 角，则来自度盘 A 点的光线经倾斜后的平板玻璃折射并成像在 O' 处，即得到 A 点的正确读数。

（二）全站仪

随着 CCD 技术和微处理技术在全站仪中的不断运用，有些全站仪生产厂商采用液体补偿器和线性 CCD 阵列解决双轴的补偿问题，使液体补偿器安装在水平度盘中心上方的垂直轴线上，即使照准部快速旋转，补偿器液体镜面也可瞬间平静如常。

如图 3-43 所示，棱镜上的三角线状刻划板被发光二极管（LED）照明，在液体表面上经过两次反射后经成像透镜在线性 CCD 阵列上形成影像。通过三角线状分划板影像线间距的变化信息求得纵向倾斜量，横向倾斜量则由分划板影像中心在线性 CCD 阵列中的位移变化而求得。

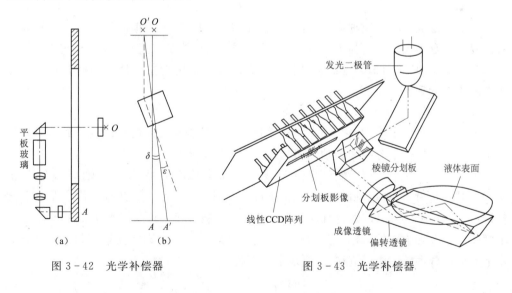

图 3-42 光学补偿器　　　　　　　图 3-43 光学补偿器

第六节　水平角测量误差及其消减方法

在水平角测量中，由于仪器的缺陷、观测的局限以及外界环境的影响，测量的结果会含有误差。需要研究这些误差产生的原因、性质和大小，以便设法减少其对成果的影响。

水平角测量误差来源于仪器误差、观测误差和外界条件的影响三个方面。

一、仪器误差

仪器虽经过检验及校正，但总会有残余的误差存在，如视准轴误差、横轴误差、竖轴误差、照准部偏心误差等。仪器误差的影响，一般都是系统性的，可以在工作中通过一定的方法予以消除或减小。

1. *视准轴误差*

视准轴不垂直于横轴而引起的误差，称为视准轴误差。如图 3-44 所示，OA 是垂直于横轴的视准轴，由于存在视准轴误差 c，视准轴实际瞄准在 A' 点，A 和 A' 在水平面上的投影分别为 a 和 a'，竖直角为 α。$\angle aOa' = x_c$ 即为视准轴误差 c 引起的目标 A 的读数误差。

由于 c 和 x_c 比较小，因此

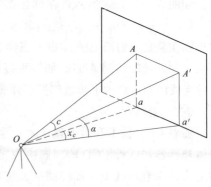

图 3-44　视准轴误差

$$c = \frac{AA'\rho''}{OA'}, \quad x_c = \frac{aa'\rho''}{Oa'}$$

式中：ρ'' 为一常数，$\rho'' = 206265''$

由图 3-44 可知，$AA' = aa'$，$Oa' = OA'\cos\alpha$，则

$$x_c = \frac{c}{\cos\alpha} \tag{3-13}$$

一般规定盘左时视准轴物镜端向左偏斜的 c 值为正，向右偏斜的为负，观测同一目标时，若盘左观测时 c 为正（负），则盘右观测时即为负（正），而 α 角不变，故盘左、盘右的 x_c 值绝对值相等而符号相反。因此可以采用盘左、盘右观测取平均的方法消除视准轴误差。

2. *横轴误差*

横轴误差是由于横轴与竖轴不严格垂直而引起的水平方向读数误差。横轴误差主要是由于仪器支架不等高和横轴两端轴径不相同等原因产生的。

如图 3-45 所示，如果没有横轴误差，在竖轴垂直状态下横轴应该处于水平（H_1H_1 位置），视准轴瞄准的目标为 H，此时 HOh 为一竖直面。若存在一个横轴误差 i（A_1A_1 位置），则竖直面 HOh 将随之倾斜一个 i 角为 $\angle AOh$，A 点即为横轴倾斜时视准轴瞄准的目标，其水平投影为 a。$\angle hOa = x_i$ 即为横轴倾斜 i 角引起的水平方向读数误差。由于 i 和 x_i 都很小，因此

$$i = \frac{HA\rho''}{Hh}, \quad x_i = \frac{ha\rho''}{Oa}$$

由图 3-45 可知，$HA = ha$，$Hh = Aa$，$\tan\alpha = \frac{Aa}{Oa}$，则

$$x_i = i\tan\alpha \tag{3-14}$$

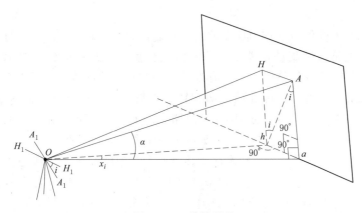

图 3-45　横轴误差

由式（3-14）可以看出，横轴误差引起的水平方向误差随竖直角的增大而增大，当竖直角为 0 时，横轴误差对水平角无影响。由于盘左、盘右观测同一目标时 x_i 的大小相等、符号相反，因此，可以采用盘左、盘右观测值取平均的方法消除横轴误差。

3. 竖轴误差

竖轴误差是由于水准管轴不垂直于竖轴所引起的误差。如图 3-46 所示，OT 为处于竖直状态下的竖轴，若横轴垂直于竖轴，则横轴必在水平面 P 上。若竖轴倾斜了一个 V 角至 OT' 位置，则横轴必在倾斜面 P' 上。当横轴与 O_1O_2 重合时，不论竖轴倾斜多大，横轴始终保持水平，对水平方向读数没有任何影响。除此之外，其他任何情况下横轴都会有倾斜，其中以垂直于 O_1O_2 的 ON' 方向倾斜角最大。

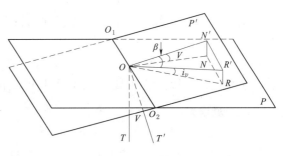

图 3-46　竖轴误差

现假设横轴位于 OR' 处，其倾斜角为 i_v。作 $R'N'$ 垂直于 ON'，$\angle R'ON'=\beta$，将 R'、N' 投影到水平面 P 上得 N、R 两点。由图 3-46 可知：

$$\sin i_v = \frac{R'R}{OR'}, \quad \sin V = \frac{N'N}{ON'}, \quad \cos\beta = \frac{ON'}{OR'}$$

由于 $R'R=N'N$，且 i_v 和 V 都比较小，则

$$i_v = V\cos\beta \tag{3-15}$$

结合式（3-14）和式（3-15），竖轴倾斜引起的水平方向误差为

$$x_i = V\cos\beta\tan\alpha \tag{3-16}$$

这种误差不能通过盘左、盘右取平均的方法来消除。为此，观测前应严格校正仪器，观测时保持照准部水准管气泡居中，如果观测过程中气泡偏离，其偏离量不得超过一格，否则应重新进行对中整平。

4. 照准部偏心误差

度盘刻划线的几何中心称为度盘的刻线中心，而度盘旋转轴的中心称为度盘的旋转中心，由于制造或装配的误差，它们不能完全重合，此不重合偏差称为度盘偏心差；度盘的旋转中心在制造时也因为有误差而和照准部的旋转中心不重合，此不重合偏差称为度盘转轴偏心差，因此照准部旋转中心与度盘刻划中心也将不重合。所以，照准部偏心误差是指水平度盘分划中心与照准部旋转中心不重合而产生的误差。

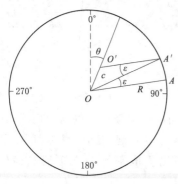

图 3-47 照准部偏心误差

如图 3-47 所示，O 为度盘分划中心，O' 为照准部旋转中心，二者的互差 e 为偏心差，偏心方向 OO' 与 0 方向的夹角为 θ。A 为无照准部偏心时的正确读数，A' 为有偏心时的读数，A、A' 两个读数之差 ε 即为照准部偏心差引起的水平角读数误差。

根据正弦定理，在 $\triangle OO'A'$ 中有

$$\frac{e}{\sin\varepsilon}=\frac{O'A'}{\sin\angle O'OA'} \tag{3-17}$$

由于 e、ε 非常小，则 $O'A'\approx OA=R$，$\sin\varepsilon\approx\varepsilon$，$\angle O'OA'=A'-\theta$，式（3-17）可以写成

$$\varepsilon=\frac{e\rho}{R}\sin(A'-\theta) \tag{3-18}$$

由式（3-18）可知，照准部偏心引起的误差与方向观测值有关，且当照准方向与偏心方向垂直时误差最大。

因 $\sin(A'-\theta)=-\sin(180°+A'-\theta)$，可知在度盘相差 180°的两个方向的 ε，其绝对值相等，符号相反。因此盘左、盘右读数取平均可以消除照准部偏心误差的影响。

二、观测误差

1. 仪器对中误差

如图 3-48 所示，O 为测站点，A、B 为两目标点；由于仪器存在对中误差，仪器中心偏离至 O' 点，OO' 的距离称为测站偏心距，通常用 e 表示；β 为没有对中误差时的正确角度，β' 为有对中误差时的实际角度；测站 O 至 A、B 的距离分别为 D_1，D_2，则对中偏差所引起的角度误差为 $\Delta\beta=\beta-\beta'=\varepsilon_1+\varepsilon_2$。

由于 ε_1 和 ε_2 很小，则有

$$\varepsilon_1=\frac{e\sin\theta}{D_1}\rho \tag{3-19}$$

$$\varepsilon_2=\frac{e\sin(\beta'-\theta)}{D_1}\rho \tag{3-20}$$

因此，仪器对中误差对水平角的影响值为

$$\Delta\beta=\beta-\beta'=\varepsilon_1+\varepsilon_2=e\rho\left[\frac{\sin\theta}{D_1}+\frac{\sin(\beta'-\theta)}{D_2}\right] \tag{3-21}$$

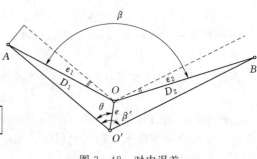

图 3-48 对中误差

由式（3-21）可知，对中误差对水平角测量的影响与偏心距成正比，与距离成反比，同所测角度大小也有关系，β越接近180°，影响越大。因此，需要特别注意，在观测目标较近或水平角接近180°时，应严格对中。

2. 目标偏心误差

测量水平角时，望远镜所瞄准的目标标志应处于铅垂位置。如果标志发生倾斜，瞄准目标标志的上部时，就产生目标偏心误差。与对中误差相似，该误差对观测方向的影响与目标偏心距成正比，与距离成反比。因此，在水平角观测时，照准标志应竖直，并尽量照准目标根部。

3. 照准误差

照准误差主要是受到人眼分辨能力和望远镜放大率的影响。通常情况下，人眼可以分辨两个点的最小视角为60″，因此望远镜的照准误差为

$$m_V = \pm \frac{60''}{V} \tag{3-22}$$

其中V是望远镜的放大率，一般全站仪的望远镜放大率为30，故照准误差为2.0″。同时，照准误差还与目标的形状、亮度、颜色和大气情况等有关。

三、外界条件的影响

影响水平角观测精度的外界因素有很多，如风力造成仪器不稳定、大气温度的变化导致仪器轴系关系的改变、晴天地面辐射的影响使瞄准目标的影像会产生跳动、地面土质松软造成仪器沉降、大气折光与旁折光使视线偏折等。这些因素的影响无法完全避免，只能通过某些措施，如选择有利观测时间、置稳仪器、打伞等，使其对观测的影响降至最低。

第七节 全站仪的检验与校正

课件 3-5

一、全站仪应满足的几何条件

全站仪的几何轴线有望远镜视准轴CC、横轴HH、照准部水准管轴LL和仪器竖轴VV。在测量水平角时各轴线应满足下列条件：

（1）照准部水准管轴垂直于竖轴（$LL \perp VV$）。

（2）十字丝竖丝垂直于横轴（竖丝$\perp HH$）。

（3）视准轴垂直于横轴（$CC \perp HH$）。

（4）横轴垂直于竖轴（$HH \perp VV$）。

仪器在使用过程中，由于经过长途运输或环境变化，仪器的光机结构参数的微量变化在所难免，其轴线之间的关系会发生变化，因此在作业开始之前必须对全站仪进行检验和校正。

二、全站仪的检验与校正方法

（一）照准部水准管轴垂直于竖轴的检验与校正方法

1. 检验方法

将全站仪整平，转动照准部使水准管平行于一对脚螺旋的连线，并转动该对脚螺

旋使气泡居中。然后，将照准部旋转180°，若气泡仍然居中，说明条件满足。如果偏离量超过1格应进行校正。

2. 校正方法

先用与长水准器平行的脚螺旋进行调整，使气泡向中心移近一半的偏离量。剩余的一半用校正针转动水准器校正螺丝（在水准器右边）进行调整，直至气泡居中。

（二）十字丝竖丝垂直于横轴的检验与校正方法

1. 检验方法

（1）如图3-49所示，整平仪器后在望远镜视线上选定一目标点A，用分划板十字丝中心照准A并固定水平和垂直制动手轮。

（2）转动望远镜垂直微动手轮，使A点移动至视场的边沿（A′点）。

（3）若A点是沿十字丝的竖丝移动，即A′点仍在竖丝之内，则十字丝不倾斜不必校正。如果A′点偏离竖丝中心，则十字丝倾斜，需对分划板进行校正。

2. 校正方法

（1）首先取下位于望远镜目镜与调焦手轮之间的分划板座护盖，便看见4个分划板座固定螺丝，如图3-50所示。

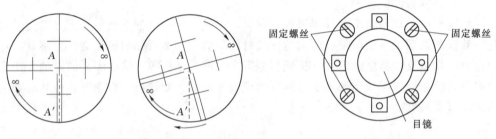

图3-49　十字丝竖丝的检验　　　　　　图3-50　十字丝竖丝的校正

（2）用螺丝刀均匀地旋松该4个固定螺丝，绕视准轴旋转分划板座，使A′点落在竖丝的位置上。

（3）均匀地旋紧固定螺丝，再用上述方法检验校正结果。

（4）将护盖安装回原位。

（三）视准轴垂直于横轴的检验与校正方法

1. 检验方法

（1）距离仪器同高的远处设置目标A，精确整平仪器并打开电源。

（2）在盘左位置将望远镜照准目标A，读取水平角（例：水平角$L=10°13'10''$）。

（3）松开垂直及水平制动手轮旋转望远镜，旋转照准部盘右照准同一A点，照准前应旋紧水平及垂直制动手轮并读取水平角（例：水平角$R=190°13'40''$）。

（4）$2C=L-(R±180°)=-30''$，$|2C|>20''$，需校正。

2. 校正方法

（1）用水平微动手轮将水平角读数调整到消除C后的正确读数：$R+C=190°13'40''-15''=190°13'25''$。此时十字丝交点与A点不重合。

（2）取下位于望远镜目镜与调焦手轮之间的分划板座护盖，如图3-51所示，调整分划板上水平左右 2 个十字丝校正螺丝，先松一侧后紧另一侧的螺丝，移动分划板使十字丝中心照准目标 A。

（3）重复检验步骤，校正至 $|2C| < 20''$ 符合要求为止。

（4）将护盖安装回原位。

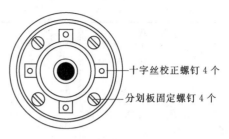

十字丝校正螺钉 4 个

分划板固定螺钉 4 个

图 3-51 视准轴垂直于横轴的校正

（四）竖盘指标差的检验和校正方法

1. 检验方法

（1）安置整平好仪器后开机，将望远镜照准任一清晰目标 A，得竖直角盘左读数 L。

（2）转动望远镜再照准 A，得竖直角盘右读数 R。

（3）若竖直角天顶为 $0°$，则 $i = (L + R - 360°)/2$；若竖直角水平为 $0°$ 则 $i = (L + R - 180°)/2$。

（4）若 $|i| \geqslant 10''$，则需校正——对竖盘指标零点重新设置。

2. 校正方法

全站仪竖盘指标差校正操作过程见表 3-20。

表 3-20 竖盘指标差校正操作

操 作 过 程	操作	显 示
①整平仪器后，进入校准模式	整平 校准	**校正** 1. 补偿器 2. 垂直角基准 3. 测距加常数 返回
②盘左状态下转动仪器精确照准与仪器同高的远处任一清晰稳定目标 A	按 2 键	**置 i 角** 1 正镜 盘左照准目标 V: 86° 22′ 13″ 退出　　　　　　确定
③旋转望远镜，盘右精确照准同一目标 A	按 F4 键	**置 i 角** 1 正镜 盘左照准目标 V: 86° 22′ 14″ 2 倒镜 盘右照准目标 V: 266° 32′ 48″ 退出　　　　　　确定

续表

操作过程	操作	显 示
④按 F4 键，显示新 *i* 角，再按 F4 键（确定）完成	按 F4 键	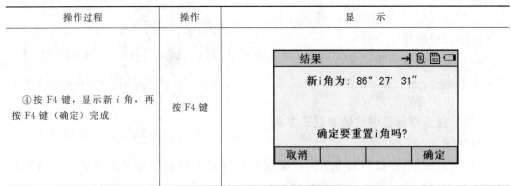

（五）视准轴与发射电光轴平行度的检验与校正方法

1. 检验方法

（1）如图 3-52 所示，在距仪器 50m 处安置反射棱镜。

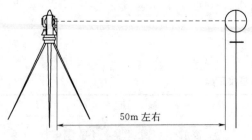

（2）用望远镜十字丝精确照准反射棱镜中心。

（3）打开电源进入测距模式按 MEAS 键作距离测量，左右旋转水平微动手轮，上下旋转垂直微动手轮，进行电照准，通过测距光路畅通信息闪亮的左右和上下的区间，找到测距的发射电光轴的中心。

（4）检查望远镜十字丝中心与发射

图 3-52 视准轴与发射电光轴的平行度的检验

电光轴照准中心是否重合，如基本重合即可认为合格。

2. 校正方法

如望远镜十字丝中心与发射电光轴中心偏差很大，则须送专业修理部门校正。

（六）激光对点器的检验与校正方法

1. 检验方法

（1）将仪器安置到三脚架上，在一张白纸上画一个十字交叉点并放在仪器正下方的地面上。

（2）打开激光对点器，移动白纸使十字交叉点位于光斑中心。

（3）转动脚螺旋，使对点器的光斑与十字交叉点重合。

（4）旋转照准部，每转 90°，观察对点器的光斑与十字交叉点的重合度。

（5）如果照准部旋转时，激光对点器的光斑一直与十字交叉点重合，则不必校正。否则需按下述方法进行校正。

2. 校正方法

（1）将激光对点器护盖取下。

（2）固定好画有十字交叉点的白纸并在纸上标记出仪器每旋转 90°时对点器的光斑落点 *A*、*B*、*C*、*D*，如图 3-53 所示。

（3）用直线连接对角点 AC 和 BD，两直线交点为 O。

（4）用内六角扳手调整对点器的 4 个校正螺丝，使对中器的中心标志与 O 点重合。

（5）重复检验步骤（4），检查校正至符合要求。

（6）将护盖安装回原位。

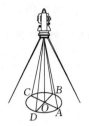

——对中器校正螺丝(4个)

图 3-53 激光对点器的检验与校正

本 章 小 结

本章主要对角度的测量原理、全站仪的结构与使用、水平角测量、竖直角测量、全站仪的检验与校正，以及角度测量误差等内容做了较详细的阐述。本章的教学目标是使读者掌握全站仪的使用，水平角和竖直角的观测、记录和计算过程，角度测量误差来源以及消减方法；了解全站仪的检验与校正方法。

重点应掌握的公式如下：

（1）竖直角计算公式：$\alpha_{左}=L-90°$，$\alpha_{右}=270°-R$。

（2）指标差计算公式：$\alpha=\dfrac{1}{2}[(R-L)-180°]$。

思 考 与 练 习

1. 什么叫水平角？什么叫竖直角？竖直角的正负是如何规定的？

2. 观测角度时，对中的目的是什么？整平的目的是什么？

3. 简述用测回法和方向观测法测量水平角的操作步骤及各项限差要求。

4. 测回法观测水平角时，各测回间为何要变换始读数？如何变换？

5. 表 3-21 为测回法观测水平角的记录，试完成角度计算。

作业 3-1

作业 3-2

表 3-21　　　　　　　　　测回法观测水平角记录表

测站	测回	目标	竖盘位置	水平度盘读数 /(° ′ ″)	半测回角值 /(° ′ ″)	一测回角值 /(° ′ ″)	各测回平均角值 /(° ′ ″)
O	1	A	左	0　01　12			
		B		76　18　36			
		A	右	180　01　06			
		B		256　18　26			
	2	A	左	90　01　18			
		B		166　18　38			
		A	右	270　01　36			
		B		346　18　58			

6. 表 3 - 22 为方向观测法观测水平角的记录，试完成角度计算。

表 3 - 22　　　　　　　　　方向观测法观测水平角记录表

测站	测回	目标	水平度盘读数/(° ′ ″)		2C /(″)	平均方向值 /(° ′ ″)	归零方向值 /(° ′ ″)	各测回平均归零方向值 /(° ′ ″)
			盘左	盘右				
O	1	A	0　01　12	180　01　02				
		B	45　40　42	225　40　36				
		C	120　30　54	300　30　44				
		D	160　24　36	340　24　24				
		A	0　01　18	180　01　08				
	2	A	90　02　12	270　02　06				
		B	135　41　40	315　41　36				
		C	210　31　44	30　31　36				
		D	250　25　34	70　25　28				
		A	90　02　14	270　02　08				

7. 什么叫指标差？指标差对竖直角有何影响？

8. 表 3 - 23 为竖直角的观测记录，试完成角度计算。

表 3 - 23　　　　　　　　　竖 直 角 观 测 记 录 表

测站	目标	竖盘位置	竖盘读数 /(° ′ ″)	半测回竖直角 /(° ′ ″)	指标差 /(″)	一测回竖直角 /(° ′ ″)	备注
O	A	左	85　45　46				竖盘为顺时针注记
		右	274　15　06				
	B	左	86　00　34				
		右	273　59　30				

9. 全站仪有哪些主要轴线？它们之间应满足什么条件？

10. 在观测水平角和竖直角时，采用盘左、盘右观测，可以消除哪些误差？

第四章

距离测量

两点间连线投影在水平面上的长度称为水平距离，水平距离是确定地面点空间相对位置的基本要素之一。距离测量就是测量地面上两点之间的水平距离。距离测量的方法很多，本章重点介绍钢尺量距、视距测量和电磁波测距。

第一节 钢 尺 量 距

课件 4 - 1

钢尺量距是一种传统的距离测量方法，适用于地势平坦且距离较短的量测。目前在光电测距使用较普遍的情况下，钢尺量距使用越来越少。

一、钢尺量距的工具

（一）钢尺

钢尺是指采用宽 10～15mm、厚 0.2～0.4mm 的薄钢制成的带状尺，长度有20m、30m 及 50m 等多种，其基本分划为厘米，最小分划为毫米。在每分米和每米的分划线处，有相应的注记，因而可根据注记数字及分划线读出米、分米、厘米及毫米值。钢尺根据零点的位置不同分为端点尺和刻线尺两种。端点尺是以尺的最外端作为尺长的零点，如图 4-1 （a）所示；刻线尺是以尺前端的一刻划线作为尺长的零点，如图 4-1 （b）所示；在距离测量时应以方便为原则，选择不同的钢尺，如从建筑物竖直面开始丈量时，使用端点尺较为方便。

（二）辅助工具

钢尺量距中使用的辅助工具主要有标杆、测钎、垂球、温度计和拉力器等。标杆是红白色相间（每段 20cm）的木杆或铝合金、玻璃钢圆杆，全长 1～3m，如图 4-2 （a）所示，主要用于标志点位与直线定线。测钎用粗钢丝制成，形状如图 4-2 （b）所示，上端成环状，下端磨尖，用时插入地面，主要用来标志尺段端点位置和计算整尺段数。垂球是在倾斜地面量距的投点工具，如图 4-2 （c）所示。

视频 4 - 1

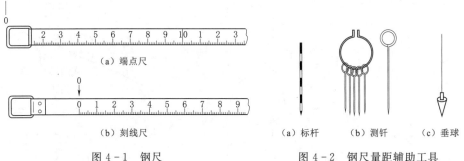

图 4-1 钢尺

图 4-2 钢尺量距辅助工具

二、钢尺量距的一般方法

（一）平坦地面的量距方法

一般方法量距至少由 2 人进行，通常是边定线边量距。从 A 点至 B 点依次量出 n 个整尺段长度 l，再量出至 B 点不足整尺段的长度 l'，则 A、B 两点之间的水平距离 D 可按下式计算：

$$D = nl + l' \tag{4-1}$$

为防止出错并提高精度，一般要往、返各量一次，返测时要重新定线和测量。钢尺量距的精度常用相对误差 K 来衡量：

$$K = \frac{|D_{往} - D_{返}|}{D_{平均}} = \frac{1}{\dfrac{D_{平均}}{|D_{往} - D_{返}|}} \tag{4-2}$$

式中：$D_{往}$、$D_{返}$ 分别为往测、返测所得的距离量值；$D_{平均}$ 为往、返距离的平均值，$D_{平均} = \dfrac{1}{2}(D_{往} + D_{返})$。

在平坦地区，钢尺量距的相对误差不应大于 1/3000；如果满足这个要求，则取往测和返测的平均值作为该两点间的水平距离，即

$$D = D_{平均} = \frac{1}{2}(D_{往} + D_{返}) \tag{4-3}$$

（二）倾斜地面的量距方法

1. 平量法

如图 4-3 所示，依次用垂球在地面上定出各中间点，放平钢尺丈量各段长度，则

$$D = \sum_{i=1}^{n} l_i \tag{4-4}$$

2. 斜量法

如图 4-4 所示，如果地面上两点 A、B 间的坡度较均匀，可先用钢尺量出 A、B 两点间的倾斜距离 L，再测量出 A、B 两点高差 h，则 A、B 两点间的水平距离 D 可由下式计算：

$$D = \sqrt{L^2 - h^2} \tag{4-5}$$

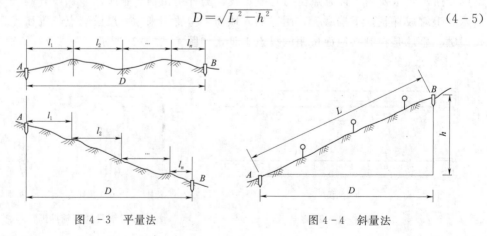

图 4-3　平量法　　　　　　　　图 4-4　斜量法

三、钢尺量距的精密方法

钢尺量距的一般方法，其量距精度只能达到 $1/5000\sim1/1000$，而在很多的测量工作中，量距精度往往要求在 $1/10000$ 以上，这就需要采用钢尺量距的精密方法。

（一）钢尺的检定

因刻划误差、丈量时温度变化和拉力不同的影响，钢尺的实际长度往往不等于尺上所注的长度（即名义长度）。因此，丈量时应对钢尺进行检定，求出在标准温度和标准拉力下（比如 30m 钢尺标准拉力为 100N）的实际长度，以便对丈量结果加以改正。在一定的拉力下，钢尺长度 l_t 和温度 t 之间的函数关系称为尺长方程式，其一般形式为

$$l_t = l_0 + \Delta l + \alpha(t - t_0)l_0 \tag{4-6}$$

式中：l_t 为温度为 t 时的实际长度，m；l_0 为钢尺的名义长度，m；α 为钢尺的线膨胀系数，一般取 $\alpha = 1.25 \times 10^{-5}/℃$；$t$ 为量距时的实际温度，℃；t_0 为钢尺检定时的标准温度，一般取 $t_0 = 20℃$；Δl 为检定温度下钢尺的尺长改正数，m。

（二）量距方法

精密量距一般由 5 人进行，其中 2 人分头拉尺，2 人分头读数，1 人指挥并记录、测温度。后尺手挂弹簧秤于钢尺的零端，前尺手持尺的末端，2 人同时拉紧钢尺，待尺子达到标准拉力且稳定后，指挥员发出读数口令，前后读尺员同时读数，估读到 0.5mm，记录员（即指挥员）将数据记入手簿。每段丈量 3 次，每次都要变换钢尺读数的位置（2~3cm），3 次丈量的长度之差不应超过 3mm，则取其平均值作为该段的丈量值。每测完一段应测温度一次，估读到 0.1℃，以便进行温度改正计算。依次逐段丈量至终点，即为往测；待往测结束，按相同的方法应立即返测。

（三）成果计算

对任一尺段，将测得的尺段长度经过尺长改正、温度改正和倾斜改正，算得改正后的水平距离，将各段改正后的水平距离求和可得到往测和返测的水平距离，如精度满足要求，则取往测和返测的平均值作为最终结果。

第二节 视 距 测 量

视距测量是利用测量仪器上望远镜的视距装置，按几何光学原理同时测定两点间水平距离和高差的一种方法。这种方法具有操作方便、速度快、不受一般地面起伏限制等优点，但精度较低，主要用于地形测量的碎部测量和精度要求不高的其他测量工作中。

一、视距测量原理

（一）视准轴水平时的视距测量原理

如图 4-5 所示，要测出地面上 P_1、P_2 两点间的水平距离 D，在 P_1 点安置全站仪，在 P_2 点竖立视距尺，当视线水平时视准轴垂直于视距尺。

图 4-5 中 f 为物镜焦距，p 为视距丝间距，c 为物镜至仪器中心的距离，n 为

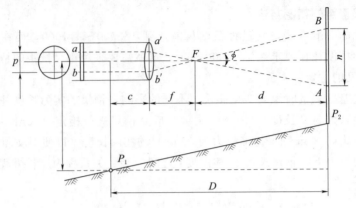

图 4-5　视准轴水平时的视距测量

A、B 两读数差（称为尺间隔）。由图中相似三角形 $a'b'F$ 与 ABF 可得 $\dfrac{d}{n}=\dfrac{f}{p}$，$d=\dfrac{f}{p}n$。因此，仪器到标尺的水平距离为

$$D=d+f+c=\frac{f}{p}n+(f+c) \tag{4-7}$$

令 $f/p=K$，称 K 为视距乘常数，在仪器设计时一般使 $K=100$。式（4-7）中 $(f+c)$ 值称为外对光望远镜的加常数。目前国内外生产的仪器均为内对光望远镜，$(f+c)$ 值趋近于 0，因此内对光望远镜计算水平距离的公式为

$$D=Kn=100n \tag{4-8}$$

（二）视准轴倾斜时的视距测量原理

式（4-8）仅适用于视准轴水平，即视准轴垂直于视距尺的情况。在地形起伏较大的地区进行视距测量时，必须使视线倾斜才能读取尺面上的读数，上下丝的读数分别为 a、b，视距间隔 $l=a-b$，由于视线与视距尺尺面不垂直，因此式（4-8）不再

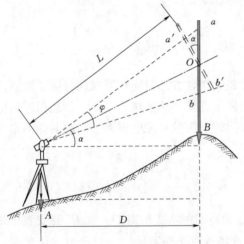

图 4-6　视准轴倾斜时的视距测量

适用。对此，设想将标尺以中丝 O 点为中心转动 α 角，使标尺仍与视线相垂直，如图 4-6 所示。这时上、下视距丝的读数分别为 a'、b'，视距间隔 $l'=a'-b'$，则倾斜距离为

$$L=Kl' \tag{4-9}$$

将其化为水平距离，则有

$$D_{AB}=L\cos\alpha=Kl'\cos\alpha \tag{4-10}$$

由于通过视距丝的两条光线的夹角 φ 很小，$\angle aa'O\approx 90°$，则有

$$l'=l\cos\alpha \tag{4-11}$$

代入式（4-10），得到视准轴倾斜时水平距离的计算公式为

$$D_{AB} = Kl\cos^2\alpha \qquad\qquad (4-12)$$

【例 4 - 1】　如图 4 - 6 所示，望远镜照准 B 点标尺，上丝、下丝读数分别为 $a=$ 1.468m，$b=1.146$m，$\alpha=4°30'$，试求 A、B 两点间的水平距离。

解：（1）求尺间距：

$$l = a - b = 1.468 - 1.146 = 0.322(\text{m})$$

（2）求水平距离：

$$D = Kl\cos^2\alpha = 100 \times 0.322 \times \cos^2 4°30' = 32.1(\text{m})$$

二、视距测量的主要误差

1. 视距乘常数 K 的误差

仪器制造时设计视距乘常数 $K=100$，但视距丝间隔等制造误差以及仪器的使用与检校等因素影响，都会使 K 值不一定等于 100。K 值的误差对视距测量的影响较大，不能用一定的观测方法予以消除。因此，视距测量前应严格检验视距乘常数 K。

2. 用视距丝读取尺间隔的误差

视距丝的读数是影响视距测量精度的重要因素，视距丝的读数误差与尺子最小分划的宽度、距离的远近、成像清晰情况有关。读数时应注意消除视差，认真读数，并按照规范要求控制视线长度。

3. 标尺倾斜误差

视距计算的公式是在视距尺严格垂直的条件下得到的。若视距尺发生倾斜，将给测量带来不可忽视的误差影响，测量时立尺要尽量竖直。因此，测量过程中应采用带有水准器装置的视距尺，并使气泡严格居中。

4. 大气折光影响导致的误差

大气密度分布是不均匀的，特别在晴天接近地面部分密度变化更大，使视线弯曲，给视距测量带来误差。在观测时视线越接近地面大气折光的影响也越大。因此观测时应使视线离开地面至少 1m 以上。

5. 空气对流影响导致的误差

在晴天、视线通过水面上空和视线离地表太近时空气对流的现象较为突出，其主要表现是成像不稳定，造成读数误差增大，对视距精度影响非常大。因此，测量时应选择合适的观测时间。

第三节　电磁波测距

课件 4 - 2

钢尺量距受测量场地、测量长度等条件限制较多，视距测量测距短、精度低，目前主要应用于高程测量。电磁波测距是用电磁波作为载波传输测距信号来测量两点间距离的一种测距方法；与传统测距方法相比，它具有精度高、测程远、作业快、几乎不受地形条件限制等优点。电磁波测距仪按其所用的载波可分为用微波作为载波的微波测距仪、用激光作为载波的激光测距仪、用红外光作为载波的红外测距仪，后两者统称光电测距仪。本节主要介绍光电测距。

一、光电测距仪的分类

（1）按测程可分为：短程测距仪（≤3km）、中程测距仪（3～15km）、远程测距仪（15km以上）；

（2）按测量精度可分为：Ⅰ级（$|m_D|$≤5mm）、Ⅱ级（5mm<$|m_D|$≤10mm）和Ⅲ级（10mm<$|m_D|$≤20mm）测距仪，其中$|m_D|$为1km的测距中误差。

光电测距仪的标称精度公式为

$$m_D = \pm(A + B \times 10^{-6} \times D) \qquad (4-13)$$

式中：A为固定误差，mm；B为比例误差，mm；D为距离，km。

（3）按测定时间的方式分为：①直接测定光脉冲在测线上往返传播时间的仪器，称为脉冲式光电测距仪；②通过测量调制光在测线上往返传播所产生的相位移，间接测定时间的仪器，称为相位式光电测距仪。

二、光电测距原理

光电测距的原理是以电磁波（光波等）作为载波，通过测定光波在测点间的往返

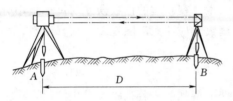

图4-7　光电测距原理

传播时间，以及光波在大气中的传播速度，来测量两点间距离的方法。如图4-7所示，若电磁波在测线两端往返传播的时间为t，光波在大气中的传播速度为c，则两测点间的水平距离D为

$$D = \frac{1}{2}ct \qquad (4-14)$$

视频4-2

从式（4-14）可知，由于光速c恒定，因此测距的精度主要取决于测定时间t的精度，时间的测定可采用直接方式（脉冲式测距），也可采用间接方式（相位式测距）。

（一）脉冲式光电测距

脉冲式光电测距就是直接测定仪器所发射的脉冲信号往返于被测距离的传播时间以获得距离。

图4-8是脉冲式光电测距仪工作原理图。测距时首先由光脉冲发射器发射一束光脉冲，经发射光学系统射向被测目标，同时一小部分光束进入光电接收器，转换为电脉冲（称为主波脉冲），把电子门打开；此时时标振荡器产生的具有一定时间间隔T的时标脉冲通过电子门进入计数系统。从目标反射回来的光脉冲也被光电接收器接收，转换为电脉冲（称为回波脉冲），并把电子门关闭，时标脉冲停止进入计数系统。假如在"开门"和"关门"之间有n个时标脉冲进入计数系统，则光脉冲在测距仪和目标之间的往返时间间隔为$t=nT$。由式（4-14）可以求出待测距离

$$D = \frac{1}{2}cnT$$

令$l = \frac{1}{2}cT$，则

$$D = nl \qquad (4-15)$$

　　由于计数器只能记录整数个时钟脉冲，不足一周期的时间被丢掉了，因此测距精度较低，为米级到分米级。随着电子技术的发展，采用细分时标脉冲的方法，测距精度可达到毫米级。

　　目前的脉冲式测距仪，一般用固体激光器发射高频率的光脉冲，在一定距离内不用合作目标（如反射镜）就能用漫反射进行测距，从而减轻了劳动强度，提高了作业效率。

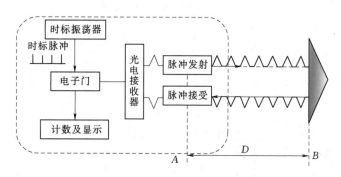

图 4 - 8　脉冲式光电测距仪工作原理

（二）相位式光电测距

　　相位式光电测距就是将测量时间变成测量光在测线中传播的载波相位差，通过测定相位差来测定距离。

　　相位法测距仪的工作原理如图 4 - 9 所示。光源灯的发射光管发出的光会随输入电流的大小发生相应的变化，这种光称为调制光。随输入电流变化的调制光射向测线另一端的反射镜，经反射镜反射后被接收器接收，然后由相位计将反射信号（又称参考信号）与接收信号（又称测距信号）进行相位比较，并由显示器显示出调制光在被测距离上往返传播所引起的相位差，将调制光在测线上的往程和返程展开后，得到如图 4 - 10 所示的波形。

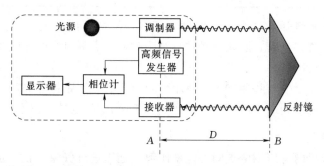

图 4 - 9　相位式光电测距仪工作原理

　　设光波的波长为 λ，如果整个过程光传播的整波长数为 N，最后一段不足整波长，其相位差为 $\Delta\varphi$（数值小于 2π），对应的整波长数为 $\Delta\varphi/2\pi$，可见图中 A、B 两点间的距离为全程的一半，即

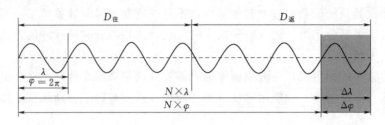

图 4 - 10　相位法测距的原理

$$D = \frac{1}{2}\lambda\left(N + \frac{\Delta\varphi}{2\pi}\right) \tag{4-16}$$

令 $\Delta N = \dfrac{\Delta\varphi}{2\pi}$，$u = \dfrac{\lambda}{2}$，则有

$$D = u(N + \Delta N) \tag{4-17}$$

　　式（4-17）为相位法测距的基本公式。这种测距方法实质上相当于用一把长度为 u 的尺子丈量待测距离，这把"尺子"称为"光尺"。

　　相位式光电测距仪只能测出不足 2π 的相位差 $\Delta\varphi$，测不出整波长数 N，距离 D 无法确定。

　　由式（4-17）可以看出，当测尺长度 u 大于待测距离 D 时，则 $N = 0$，此时可以求得确定的距离。为了扩大测程，应选择波长 λ 比较大的光尺，即降低调制频率。但光尺越长，误差越大。为了解决扩大测程和提高精度的矛盾，短程光电测距仪通常采用多个调制频率，即多种光尺进行组合测距，其中较低的测尺频率所对应的测尺称为粗测尺，较高的测尺频率所对应的测尺称为精测尺。具体关系见表 4-1。

表 4 - 1　　　　　　　　　　测尺频率与测量精度的关系

测尺频率	15MHz	1.5MHz	150kHz	15kHz	1.5kHz
测尺长度	10m	100m	1km	10km	100km
测距精度	1cm	10cm	1m	10m	100m

　　由于 c 值是大气压力、温度、湿度的函数，故在不同的气压、温度、湿度条件下，其值的大小略有变动。因此，在进行测距时，还需测出当时的气象数据，用来计算距离的气象改正数。

　　相位式光电测距仪与脉冲式光电测距仪相比，具有测距精度高的优势，目前精度高的光电测距仪能达到毫米级，甚至可达到 0.1mm，但也具有测程较短的缺点。

三、距离改正

　　光电测距获得的是所测两点间的倾斜距离，还需进行气象改正、加常数改正、乘常数改正、周期误差改正和倾斜改正，才能获得高精度的水平距离。

　　1. 气象改正

　　从电磁波测距仪的原理来看，距离测量精度与光速是有很大关系的，而光的传播速度又受大气状态（温度、气压、湿度等）的影响。仪器制造时只能选择某个大气状态（假定大气状态）来确定调制光的波长。实际工作过程中的大气状态一般与假定大气状态不一样，导致测尺长度发生变化，使所测距离成果中含有系统误差，因而必须进行气象改正。

大气改正数计算公式为

$$\Delta S_{tp}=\left(279-\frac{0.29p}{1+0.0037t}\right)S'\qquad(4-18)$$

式中：p 为气压，hPa，若使用的气压单位是 mmHg 时，按 1mmHg＝1.333hPa 进行换算；t 为大气温度，℃；ΔS_{tp} 为大气改正值，mm。

改正后的斜距 $S＝S'+\Delta S_{tp}$。

在仪器的使用说明书中一般会给出气象改正的计算公式，不同型号的测距仪，假定大气状态不同，气象改正公式中的系数也不同。如南方 NTS-332RM 系列全站仪，大气改正系数的计算公式为

自测 4-1

$$PPM＝273.8-\frac{0.2900p}{1+0.00366t}\qquad(4-19)$$

式中：PPM 为大气改正系数，mm/km；其他符号意义同前。

该式表示，在气压为 1013hPa、温度为 20℃大气状态下，PPM＝0。若气压为 1013hPa，温度为 27℃，则 PPM＝6.4mm/km。若斜距 $S'＝1500m＝1.5km$，则

$$\Delta S_{tp}=6.4\times1.5=9.6(mm)$$

2. 加常数改正

加常数是由发光管的发射面、接收面与仪器中心不一致，仪器在搬运过程中的震动、电子元件老化，反光镜的等效反射面与反光镜中心不一致，内光路产生相位延迟及电子元件的相位延迟等因素引起的。上述因素使得测距仪测出的距离值与实际距离值不一致，但其差值与所测距离的长短无关，故称该差值为测距仪的加常数，常用 k 表示。可用六段法或基线比较法测定加常数，一般与反射棱镜配套进行，不同型号的测距仪，其反光镜加常数是不一样的。因此在进行距离改正时也要注意用与棱镜配套的加常数改正。

3. 乘常数改正

仪器的测尺长度与仪器振荡频率有关，在测距时仪器的振荡频率与设计频率有偏移，产生与测试距离成正比的系统误差，其比例因子称为乘常数。乘常数改正值 ΔR 与所测距离成正比。

设 f 为标准频率，f_1 为实际工作频率，频率差值为

$$\Delta f＝f_1-f\qquad(4-20)$$

乘常数为

$$R=\frac{\Delta f}{f_1}\qquad(4-21)$$

乘常数改正值为

$$\Delta R=-R\times S'\qquad(4-22)$$

式中：S' 为实测距离，km；R 为乘常数，mm/km；ΔR 为乘常数改正值，mm。

现在的光电测距仪都具有设置仪器常数的功能，在测距前预先设计常数后，在测

距过程中将会自动改正。

4. 周期误差改正

周期误差是以仪器的精测尺尺长为变化周期重复出现的误差。周期误差的改正随所测距离的长短而变化，在改正时需对仪器的周期误差进行测定，求得周期改正值。

5. 倾斜改正

经过上述前几项改正后，得到的是测距仪几何中心到反射棱镜几何中心的斜距。要换算成水平距离还应进行倾斜改正。其计算的方法如下：

（1）根据上述各项改正后得到的斜距 S 和竖直角 α，直接计算水平距离：

$$D = S\cos\alpha \tag{4-23}$$

（2）当已知测站点与照准点高差为 h 时，可按照下式计算倾斜改正数：

$$\Delta D_h = -\frac{h^2}{2S} - \frac{h^4}{8S^3} \tag{4-24}$$

四、光电测距仪的使用

目前，光电测距仪都是集成在全站仪和测量机器人等仪器里面。以下以南方 NTS - 332RM 系列全站仪测量距离为例介绍光电测距仪的使用。

（一）安置仪器

在测站上架设全站仪，将仪器对中，整平；在目标点安置反射棱镜，对中，整平，并使镜面朝向主机。

（二）设置测距参数

1. 温度和气压设置

首先用温度计和气压计分别测量气温和气压，在仪器设置菜单中找到相应的项目，输入测量的气温值和气压值。有的仪器带有气温和气压自动测量装置，图 4 - 11 所示为南方 NTS - 332RM 系列全站仪气象改正设置界面。在温度气压自动补偿开关关闭时，输入气温和气压测量值，若打开自动补偿，则无须进行温度、气压设置，仪器自动检测温度、气压并进行 PPM 补偿。

2. 反射棱镜常数设置

国产棱镜常数一般为 -30mm，进口棱镜为 0mm，若使用的棱镜不是配套棱镜，则必须设置相应的棱镜常数，如图 4 - 12 所示。一旦设置了棱镜常数，则关机后该常数仍被保存。

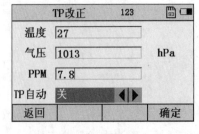

图 4 - 11　气象改正设置界面

图 4 - 12　棱镜常数设置界面

（三）距离测量

调节全站仪，使全站仪望远镜精确瞄准棱镜中心，可根据蜂鸣器声音来判断瞄准的程度，信号越强声音越大。上下左右微动全站仪，使蜂鸣器的声音达到最大，便完成了精确瞄准。完成精确瞄准后，轻按测距按钮，直到显示测距成果并记录。

第四节　光电测距误差的来源及分析

一、光电测距的误差来源

光电测距的精度与仪器性能、检定和测距时的操作方法、使用时的外界环境条件等有关，分析光电测距的各种误差来源、性质及其规律性，对提高测距的精度，正确使用、检定和维护仪器具有重要作用。

考虑到大气中光波的传播速度以及仪器加常数 K 的影响，相位式测距仪的基本测距公式可以写成：

$$D = N\frac{C}{2nf} + \frac{\Delta\varphi}{2\pi}\frac{C}{2nf} + K \tag{4-25}$$

式中：D 为水平距离；C 为真空中的光速；n 为大气的折射率；f 为光波的调制频率；N 为调制光在测线上往返传播的整波数；$\Delta\varphi$ 为往返传播的相位差；k 为加常数。

为求出这些变量中所包含的误差对测距的影响，将式（4-25）取全微分，转换成中误差表达式：

$$m_D^2 = \left[\left(\frac{m_c}{c}\right)^2 + \left(\frac{m_n}{n}\right)^2 + \left(\frac{m_f}{f}\right)^2\right]D^2 + \left(\frac{\lambda}{4\pi}\right)^2 m_\varphi^2 + m_k^2 \tag{4-26}$$

其中

$$\lambda = \frac{c}{f}$$

由此可知，测距的误差来源可分为两部分：一部分是由测相误差 m_φ 和仪器加常数误差 m_k 所引起的测距中误差，它与被测距离的长短无关，故称为固定误差；另一部分是由真空中的光速值误差 m_c、调制频率误差 m_f 和大气折射率误差 m_n 所引起的测距中误差，它与被测距离的长短成正比，故称为比例误差。

光电测距的误差来源，除式（4-26）所反映的各项误差外，还有由固定的电子和光信号串扰所产生的测定相位的周期误差 m_t，周期误差虽然在精测尺的尺长度范围内作周期性变化，但经过检定并在测距成果中加以改正后，其剩余部分也属于与距离无关的偶然误差，因而这项误差也可划入固定误差的范围。由此，式（4-26）又变化成：

$$m_D^2 = \left[\left(\frac{m_c}{c}\right)^2 + \left(\frac{m_n}{n}\right)^2 + \left(\frac{m_f}{f}\right)^2\right]D^2 + \left(\frac{\lambda}{4\pi}\right)^2 m_\varphi^2 + m_k^2 + m_t^2 \tag{4-27}$$

上式可缩写成：

$$m_D = A + BD \tag{4-28}$$

这个公式就是测距仪出厂时的标称精度公式。

二、光电测距的误差分析

1. 光速值误差 m_c

目前国际上通用的真空光速值 $c=(299792458\pm1.2)\text{m/s}$，其相对误差（即精度）为 $m_c/c=4\times10^{-9}$，如此光速值对于测距误差的影响微乎其微，故而可以忽略不计。

2. 调制频率误差 m_f

测距仪主控晶体振荡器的调制频率决定了光尺长度，调制频率的变化将引起光尺长度的变化，因而使测距结果产生误差。此项误差包括两方面：频率的校准误差（反映了频率的准确度）和频率的漂移误差（反映了频率的稳定度）。调制频率是由主控振荡器产生的，因此主控振荡器的频率稳定性是影响频率误差大小的根源。频率的漂移误差与主控振荡器的石英晶体的质量、老化过程及是否采用恒温措施密切相关，晶体在不加恒温措施的情况下，其频率稳定度为 $\pm1\times10^{-5}$，而精细测距的要求为 $\dfrac{m_f}{f}=0.5\times10^{-6}\sim1.0\times10^{-6}$，因此不能满足要求。所以，精细测距仪上的振荡器采用了恒温措施并采取稳压电源的供电方式，来确保频率的稳定，以减小频率的漂移误差。

频率误差的影响在精细远程测距中是不能忽视的，测距前后都必须及时进行频率校验，必要时还要确定晶体的温度偏频曲线，以便给以频率改正。

3. 大气折射率误差 m_n

大气折射率的变化将使光在大气中的传播速度发生变化，从而影响仪器的测尺长度，引起测距误差。此项误差是目前电磁波测距的一项主要误差，也是远距离测距精度提高的主要障碍。其误差主要表现在三个方面：气象参数的测定误差、气象参数的代表性误差、大气折射率计算公式本身的误差。

（1）气象参数（气压、温度、湿度）的测定误差。指的是气象仪表、干湿温度计与气压计的刻度误差、读数误差。为了减小此类误差，气象仪表必须经过检验，保证仪表本身的正确性。读定气象参素前，应使气象仪表反映的气象状态与实地大气的气象状态充分一致。

（2）气象参数的代表性误差。在计算折射率时所用的气象参数（气压、温度、湿度）值应当是光速所经过的沿测线气象参数平均值，但实际上是以测线两端点所测定的气象平均值代替，由此而引起的求定折射率误差即为气象参数的代表性误差。其影响较为复杂。它受到测线周围的地形、地物和地表情况以及气象条件诸多因素的影响。为了削弱这方面的影响，选择测距地点时，应该注意地形条件，尽量防止测线两端高差过大，防止视线接近水域。观测时，应该选择在空气能充分调和的天气或温度比较稳定的阴天。必要时，可以增加测线中间的温度。气象代表性误差的影响，在不同的时间、天气具有一定的偶然性，有互相抵消的作用。因此采取不同气象条件下的多次测量取平均值，能进一步削弱气象参数代表性的误差影响。

（3）大气折射率计算公式本身的误差。据有关资料介绍，当计算公式的精度不低于 1×10^{-7} 时，此项误差影响可忽略不计。

4. 测相误差 m_φ

在测相原理中，相位差的测量过程是调节移相器使指零表指零，然后在与移相器联动的计数器上读数。因此，测相误差包括移相器或数字相位计所引起的测相系统误差、信噪比误差、幅相误差和照准误差。这些误差都与所测距离长度无关，并且一般都具有偶然性。

（1）测相系统误差。测相系统误差与相位计灵敏度、检相电路的时间分辨率、噪声干扰、时标脉冲的频率与一次测相的平均次数等因素有关，提高仪器结构、元件的质量和电路的调整，采用屡次测量求平均值的方法，可以减弱此项误差。

（2）信噪比误差。信噪比误差是由于大气湍流和杂散光等的干扰使测距的回光信号附加随机相移而产生误差。噪声不能完全防止，但要求有较高的信噪比，因为信噪比越低，测距误差就越大。因此，在高温条件下测距时，需要注意通风散热并防止长时间的连续测距，高精度测距时，应该选择在阴天与大气清晰的气象条件操作。

（3）幅相误差。由信号幅度变化而引起的测距误差称为幅相误差。由于放大电路有畸变或检相电路有缺陷，当信号强弱不同时，移相量会发生变化而影响测距结果。要达到减小幅相误差的目的，有些测距仪电路中增加了自动增益控制单元，以控制电路的输出幅度保持在一定的范围内。此外，可以通过控制孔径光栏或减光板的大小将接收信号强度控制在固定的幅值。在进行精细测量时，应保证每次测量都控制在同一信号强度上。

（4）照准误差。当发射光束的不同部位照射反射镜时，测量结果将有所不同，这种测量结果的不一致而存在的偏差称为照准误差。由于发射光束的空间不均匀性、相位漂移以及大气的光束漂移而产生了此项误差。照准误差是影响测相精度的主要来源，为减弱其影响，观测前，需要进行光电瞄准，使反射器处于光斑中央，同时采用多次测量取平均值的方法对数据进行处理。

5. 仪器加常数误差 m_k

每台仪器制成后和测量前都需要测定出仪器常数，使得仪器常数在测距结果中表现为 0，但是由于在测定仪器常数时存在误差（即仪器加常数误差），此项误差会对测量结果产生影响，这就要求施测前必须对仪器的加常数进行严格检测，求出其常数的准确值。在测量中，将其常数值加入计算，以对所测中、长距离的边长进行修正；在短、中程测距时，采用在仪器上预置仪器加常数的方法予以消除。

6. 周期误差 m_t

周期误差主要来源于仪器内部固定信号（电信号和光信号）的串扰。它随所测距离的不同而作周期性变化，并以精测尺的尺长为周期，变化周期为半个波长，误差曲线为正弦曲线。为了减小周期误差的影响，采取的措施主要有加强屏蔽、合理隔离、减小发射和接收通道的耦合、加强电源滤波退偶等，以减小仪器内部的点串扰。

本 章 小 结

本章主要介绍了钢尺量距、视距测量和光电测距的基本原理及测量方法。本章的教学目标是使读者掌握视线水平和视线倾斜两种情况下视距测量的原理与方法；掌握脉冲式与相位式光电测距的基本原理以及测量操作步骤；掌握光电测距的误差来源及其对测距的影响。

重点应掌握的公式如下：

(1) 视线水平时视距测量计算公式：$D_{AB} = Kl = 100l$。

(2) 视线倾斜时视距测量计算公式：$D_{AB} = Kl\cos^2\alpha$。

(3) 光电测距基本计算公式：$D = \dfrac{1}{2}ct$。

思 考 与 练 习

1. 视距测量中，已知仪器常数 $K = 100$，尺间隔 $n = 1.006\text{m}$，竖盘为顺时针注记，读数为 $77°42'$，试计算两点间的水平距离 D。

2. 试述相位式光电测距仪测距的基本原理。

3. 丈量 AB 线段，往测的结果为 245.456m，返测的结果为 245.448m，计算 AB 的长度并评定其精度。

4. 光电测距过程中产生的误差有哪些？

5. 什么是测距仪的加常数和乘常数？

第五章

测量误差的基本理论

测量实践表明，在一定的外界条件下对某量进行多次观测时，尽管观测者使用非常精密的仪器和工具，采用合理的观测方法以及认真负责的工作态度，但观测结果之间往往还是存在差异。这种差异说明观测中存在误差，而且观测误差的产生是不可避免的。本章主要介绍产生误差的基本原因，分析误差的性质，确定观测成果质量的评判标准以及误差传播定律等。

第一节　测量误差概述

一、测量误差及其来源

任何观测值都包含误差。例如：闭合水准路线的高差闭合差往往不等于 0，观测水平角两个半测回测得的角值不完全相等，距离往返丈量的结果总有差异，这些都说明观测值中有误差存在。

观测对象客观存在的量，称为真值，通常用 X 表示。如三角形内角和的真值为 $180°$。每次观测所得的数值，称为观测值，通常用 L_i（$i=1,2,\cdots,n$）表示。观测值与真值的差值，称为真误差，也称为观测误差，通常用 Δ_i 表示，有

$$\Delta_i = L_i - X (i=1,2,\cdots,n) \tag{5-1}$$

产生观测误差的因素是多方面的，概括起来主要有三个。

1. 观测者

人眼能分辨的最小距离是 0.1mm，观测时由于观测者感觉器官的鉴别能力存在局限性，因此，在仪器的对中、整平、照准、读数等方面都会产生误差。同时，观测者的技术熟练程度、操作的规范程度和工作态度也会对观测结果产生一定影响。

2. 仪器

测量中使用的仪器和工具，在设计、制造、安装和校正等方面不可能十分完善，存在一定的剩余误差；在搬运和使用过程中，仪器的各种几何关系也会发生变化。另外，仪器的精度总是有限的，致使测量结果产生误差，比如，精度比较高的全站仪其一测回方向观测中误差才 0.5s，要获得更高的精度也比较困难。虽然随着科技的发展，测绘仪器会不断完善，但总会存在一定的测量误差。

3. 外界环境

观测过程中的外界条件，如温度、湿度、气压、风力、光照、大气折光，以及地表土质的软硬程度、辐射热强度等随时随地都在变化，必将对观测结果产生影响。比如，大气折光会改变视线的方向，气温的升高会使气泡发生变化等，都会带来测量

误差。

通常把上述的观测者、仪器、外界环境这三种因素综合起来称为观测条件。观测结果质量的好坏与观测条件的优劣存在密切关系，因此，测量中把观测条件相同的同类观测称为等精度观测，把观测条件不同的同类观测称为非等精度观测。

因受上述观测条件的影响，测量中存在误差是不可避免的。但是误差与粗差是不同的，粗差是指观测结果中出现的错误，如测错、读错、记错等，通常所说的"测量误差"不包括粗差。凡含有粗差的观测值应舍去不用，并重测。

二、测量误差的分类

视频 5-1

根据观测误差的性质不同，测量误差分为系统误差和偶然误差两类。

1. 系统误差

在相同观测条件下，对某观测量进行一系列观测，若出现的误差在数值、符号上保持不变或按一定的规律变化，这种误差称为系统误差。

系统误差是由仪器制造或校正不完善、观测者生理习性及观测时的外界条件等引起的。如用名义长度为 30m，而实际长度为 29.997m 的钢卷尺量距，每量一尺段就有将距离量长 3mm 的误差。这种量距误差，其数值和符号不变，且量的距离越长，误差越大。因此，系统误差在观测成果中具有累积性。

系统误差的特性表现为同一性、单向性和累积性。

系统误差在观测成果中的累积性，对成果质量影响显著，但它们的符号和大小又有一定的规律性。因此，如能找到规律，就可以在观测中采取相应措施予以消除或削弱系统误差的影响。

消除或削弱系统误差的方法如下：

（1）测量仪器误差，对观测结果加以改正。如进行钢尺检定，求出尺长改正数，对量取的距离进行尺长改正。

（2）测量前对仪器进行检校，以减少仪器校正不完善产生的影响。如水准仪的 i 角检校、圆气泡的检校等，可使系统误差的影响减到最小限度。

（3）采用合理观测方法，使系统误差消除或削弱。如水平角观测中，采用盘左、盘右观测，可消除视准轴误差、横轴误差、照准部偏心误差等；水准尺的零点误差可以通过偶数站到达来消除；水准测量中仪器尽量架设在两尺中间，可减少 i 角误差的影响。

2. 偶然误差

在相同观测条件下，对某观测量进行一系列观测，若出现的误差在数值、符号上有一定的随机性，从表面看并没有明显的规律性，但从大量误差总体来看，具有一定的统计规律，这种误差称为偶然误差。

偶然误差是人们所不能控制的偶然因素（如人眼的分辨能力、仪器的极限精度、外界条件的时刻变化等）共同影响的结果，如用全站仪测角时的照准误差；水准测量中，在标尺上读数时的估读误差等。通过多次测量取平均值的方法可以削弱偶然误差的影响，但是并不能完全消除偶然误差的影响。因此，在测量工作中，要选择合适的仪器设备、合理的操作方法、较好的外界条件和认真负责的工作态度，尽量减少偶然误差的影响。

为了提高观测成果的质量，同时也为了发现和消除错误，在测量工作中，一般都要进行多于必要的观测，称多余观测。例如，测量一平面三角形的三个内角，只需要测得其中的任意两个角度，即可确定其形状，但也需要测出第三个角，以便检校内角和，从而判断结果的正确性。有了多余观测，观测值之间必然存在一定的差值（如闭合差、往返差），根据差值的大小，可以评定测量的精度。

三、偶然误差的特性

偶然误差产生的原因是随机性的，只有通过大量观测才能揭示其内在的规律，观测次数越多，这种规律性越明显。

假如在相同的观测条件下，对 358 个三角形独立地观测了其三个内角，每个三角形的内角之和本应等于它的真值 180°，但由于观测值存在误差而测得的三个内角之和往往不等于 180°。根据式（5-2）可计算各三角形内角和真误差（在测量工作中称为三角形闭合差）。

$$\Delta_i = (L_1 + L_2 + L_3)_i - 180° \quad (i = 1, 2, \cdots, 358) \tag{5-2}$$

式中：$(L_1 + L_2 + L_3)_i$ 为第 i 个三角形内角观测值之和。

现取误差区间的间隔 $\mathrm{d}\Delta = 3''$，将这一组误差按其正负号与误差值的大小排列。出现在基本区间误差的个数称为频数，用 K 表示，频数除以误差的总个数 n 称为频率（K/n），也称相对个数。统计结果列于表 5-1。

表 5-1　　　　　　　　　　多次观测结果中偶然误差在区间出现个数统计表

误差区间	正 误 差		负 误 差		合　计	
	个数 K	相对个数 K/n（频率）	个数 K	相对个数 K/n（频率）	个数 K	相对个数 K/n（频率）
0～3	45	0.126	46	0.128	91	0.254
3～6	40	0.112	41	0.115	81	0.226
6～9	33	0.092	33	0.092	66	0.184
9～12	23	0.064	21	0.059	44	0.123
12～15	17	0.047	16	0.045	33	0.092
15～18	13	0.036	13	0.036	26	0.073
18～21	6	0.017	5	0.014	11	0.031
21～24	4	0.011	2	0.006	6	0.017
＞24	0	0	0	0	0	0
Σ	181	0.505	177	0.495	358	1.00

表 5-1 又称为误差分布表，从中可以看出：小误差出现的频率较大，大误差出现的频率较小；绝对值相等的正、负误差出现的频率相当；绝对值最大的误差不超过某一个定值。在其他测量结果中也显示出上述同样规律。因此，偶然误差具有如下特性：

（1）有限性。在一定的观测条件下，偶然误差的绝对值不会超过一定的限值，若有超过限值的误差出现，说明观测条件反常或观测存在粗差。

（2）单峰性。绝对值小的误差比绝对值大的误差出现的机会多，即偶然误差以 0 为中心，越靠近 0，误差出现的概率越大。

（3）对称性。绝对值相等的正负误差出现的机会相等或极为接近。若不存在对称性，则说明观测条件呈现某种倾向性，有系统误差的存在。

（4）抵偿性。偶然误差的算术平均值随观测次数的无限增加而趋向于 0，换言之，偶然误差的理论平均值为 0。即

$$\lim_{n \to \infty} \frac{\Delta_1 + \Delta_2 + \cdots + \Delta_n}{n} = \lim_{n \to \infty} \frac{[\Delta]}{n} = 0 \tag{5-3}$$

式中：$[\Delta]$ 为误差总和。

为了充分反映误差分布的情况，除了用上述表格（表 5-1）的形式表示，还可以用直观的图形来表示。例如，图 5-1 所示的频率直方图中以横坐标表示误差的大小，纵坐标表示各区间误差出现的相对个数除以区间的间隔值。这样，每一误差区间上方的长方形面积，就代表误差出现在该区间的相对个数。例如，图中有阴影的长方形面积就代表误差出现在 $+6''\sim+9''$ 区间内的相对个数 0.092。这种直方图的特点是能形象地反映出误差的分布情况。

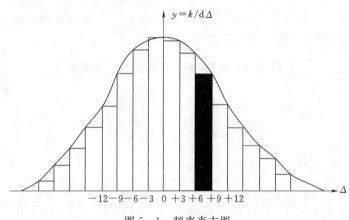

图 5-1　频率直方图

如果继续观测更多的三角形，即增加误差的个数，当 $n \to \infty$ 时，各误差出现的频率也就趋近于一个完全确定的值，这个数值就是误差出现在各区间的概率。此时如将误差区间无限缩小，那么图 5-1 中各长方形顶边所形成的折线将成为一条光滑的连续曲线，如图 5-2 所示。该曲线称为误差分布曲线，也称正态分布曲线。曲线上任一点的纵坐标 y 均为横坐标 Δ 的函数，其函数形式为

$$y = f(\Delta) = \frac{1}{\sqrt{2\pi}\sigma} e^{-\frac{\Delta^2}{2\sigma^2}} \tag{5-4}$$

式中：e 为自然对数的底，取 2.7183；σ 为观测值的标准差，其几何意义是分布曲线拐点的横坐标，其平方 σ^2 称为方差。

图 5-2 中有三条误差分布曲线 Ⅰ、Ⅱ、Ⅲ，代表不同标准差 σ_1、σ_2、σ_3 的三组

观测。图中曲线Ⅰ较高而陡峭，表明绝
对值较小的误差出现的概率大，分布密
集；曲线Ⅱ、Ⅲ较低而平缓，分布离散。
因此，前者的观测精度高，后两者则较
低。由误差分布的密集和离散程度，可
以判断观测的精度。但是求误差曲线的
函数式比较困难，通常由分布曲线的标
准差来比较精度。曲线越陡，标准差越
小，精度越高。如图中 $\sigma_1 < \sigma_2 < \sigma_3$，说
明曲线Ⅰ的精度最高，曲线Ⅱ的精度次
之，曲线Ⅲ的精度最低。

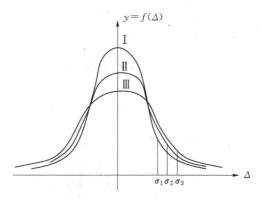

图 5-2 三组观测误差分布曲线

偶然误差削弱的方法有：①适当提高仪器等级；②增加多余观测，根据闭合差评
定测量精度和分配闭合差；③求最可靠值。

第二节 衡量精度的标准

为了衡量观测值的精度高低，可以把一组相同条件下得到的误差，用误差分布
表、频率直方图或误差分布曲线三种方法来比较。但实际工作中，这样做只能定性地
反映观测结果的好坏，无法定量精确表达。因此需要寻找衡量精度的定量标准，即评
定精度的指标，该指标能够反映误差分布离散度的大小，且易于得到。评定精度的指
标有多种，下面介绍几种常用的精度指标。

一、中误差

前面提到了观测误差的标准差 σ，其定义为

$$\sigma = \lim_{n \to \infty} \sqrt{\frac{[\Delta\Delta]}{n}} \qquad (5-5)$$

用式（5-5）求 σ 值要求观测数 n 趋近无穷大，实际上很难办到。在实际测量工作
中，观测数总是有限的，一般采用中误差作为观测精度指标：

$$m = \pm \sqrt{\frac{[\Delta\Delta]}{n}} \qquad (5-6)$$

式中：m 为中误差；$[\Delta\Delta]$ 为一组同精度观测误差自乘的总和；n 为观测数。

比较式（5-5）与式（5-6）可以看出，标准差 σ 与中误差 m 的不同在于观测个
数的区别，标准差为理论上的观测精度指标，而中误差则是观测数 n 有限时的观测精
度指标。所以，中误差实际上是标准差的近似值，统计学上又称估值，随着 n 的增
加，m 将趋近 σ。

由图 5-2 可以看出，曲线越陡，标准差越小。因此，用中误差 m 的大小来衡量
测量精度与前面三种方法完全一致，即中误差越小精度越高。

【例题 5-1】 设有两组人员观测同一个三角形，每组的三角形内角和观测成果见
表 5-2，各观测 10 次。试问哪一组观测成果精度高？

解：计算过程见表 5-2，先计算 Δ_i，再计算 Δ_i^2，然后求和。按照式（5-6）计算结果如下：

$$m_1 = \pm \sqrt{\frac{[\Delta\Delta]}{n}} = \pm \sqrt{\frac{\sum \Delta^2}{n}} = \pm \sqrt{\frac{61}{10}} = \pm 2.47(")$$

$$m_2 = \pm \sqrt{\frac{[\Delta\Delta]}{n}} = \pm \sqrt{\frac{\sum \Delta^2}{n}} = \pm \sqrt{\frac{87}{10}} = \pm 2.95(")$$

由此可以看出第一组观测值比第二组观测值的精度高。虽然两组观测值的平均误差相等，但是第二组的观测误差比较分散，存在有较大的误差，用平方能反应较大误差的影响。因此，测量工作中通常采用中误差作为衡量精度的标准。

表 5-2　　　　　　　　　　按观测值的真误差计算中误差

次序	第 一 组 观 测			第 二 组 观 测		
	观测值 $l/(°\ '\ ")$	$\Delta/(")$	$\Delta^2/(")^2$	观测值 $l/(°\ '\ ")$	$\Delta/(")$	$\Delta^2/(")^2$
1	180　00　02	+2	4	180　00　02	+2	4
2	180　00　02	+2	4	159　59　59	−1	1
3	179　59　59	−1	1	180　00　03	+3	9
4	179　59　56	−4	16	180　00　03	+3	9
5	180　00　01	+1	1	180　00　01	+1	1
6	180　00　02	+2	4	179　59　57	−3	9
7	180　00　03	+3	9	179　59　53	−7	49
8	179　59　57	−3	9	180　00　00	0	0
9	179　59　57	−3	9	179　59　58	−2	4
10	180　00　02	+2	4	180　00　01	+1	1
$\sum\|\ \|$		23	61		23	87

【例题 5-2】　某段距离用铟瓦基线尺丈量的长度为 40m，因丈量精度较高，可以视作真值，现用钢尺丈量该段距离 8 次，观测值列于表 5-3，试求其测量中误差。

表 5-3　　　　　　　　　　按观测值的真误差计算距离丈量中误差

次序	观测值/m	Δ/mm	Δ^2/mm^2	计　算
1	40.004	+4	16	
2	39.998	−2	4	
3	39.997	−3	9	
4	39.995	−5	25	
5	39.996	−4	16	$m = \pm \sqrt{\dfrac{115}{8}}$
6	40.006	+6	36	$= \pm 3.79(\text{mm})$
7	40.003	+3	9	
8	40.000	0	0	
$\sum$			115	

二、允许误差

中误差是反映误差分布的密集或离散程度的，它代表一组观测值的精度高低，不是代表个别观测值的质量。因此，要衡量某一观测值的质量以决定其取舍，还需要一个新的精度衡量标准——允许误差。允许误差又称为极限误差，简称限差。由偶然误差的特性可知，在一定条件下，误差的绝对值不会超过一定的界限。根据误差理论可知，在等精度观测的一组误差中，误差落在区间（$-\sigma$，$+\sigma$）、（-2σ，$+2\sigma$）、（-3σ，$+3\sigma$）的概率分别为

$$\begin{cases} P(-\sigma < \Delta < +\sigma) \approx 68.3\% \\ P(-2\sigma < \Delta < +2\sigma) \approx 95.4\% \\ P(-3\sigma < \Delta < +3\sigma) \approx 99.7\% \end{cases} \qquad (5-7)$$

自测 5-1

式（5-7）说明，绝对值大于 2 倍中误差的误差，其出现的概率为 4.6%，特别是绝对值大于 3 倍中误差的误差，其出现的概率仅 0.3%，已经是概率接近于 0 的小概率事件，或者说是实际上的不可能事件。因此在测量规范中，为确保观测成果的质量，通常规定 2 倍中误差为偶然误差的允许误差或限差，即

$$\Delta_{允}(\Delta_{限}) = 2m \qquad (5-8)$$

超过上述限差的观测值被认为是错误的，应舍去或返工重测。

三、相对误差

中误差和允许误差均与被观测量的大小无关，统称为绝对误差。在测量工作中，有时用绝对误差还不能完全表达观测结果的精度。例如，在例题 5-2 中用钢卷尺丈量 40m 的中误差为 ±3.79mm，如果丈量 100m 的中误差也是 ±3.79mm，显然不能认为两者的精度是相同的，因为量距的误差与其距离的长短有关。为此，采用相对中误差衡量观测值的精度。相对中误差是观测值的中误差与观测值的比值，通常用分子为 1 的分数形式表示。上述例子中，前者的相对中误差为 $\frac{0.00379}{40} \approx \frac{1}{10554}$，而后者则

为 $\frac{0.00379}{100} \approx \frac{1}{26385}$，后者分母大，比值小，量距精度高于前者。

在距离测量中，常采用往返观测的较差与观测值的平均值之比计算相对误差，来衡量精度，但是相对误差不能用作衡量角度观测的精度指标。

第三节 误 差 传 播 定 律

课件 5-2

上节介绍了根据一组等精度独立观测值的真误差能够直接计算观测值的中误差。但是在测量工作中，有些未知量往往不能直接测得，而是由某些直接观测值通过一定的函数关系间接计算而得。例如：水准测量中，测站的高差是由测得的前、后视读数求得的，即 $h = a - b$，式中高差 h 是直接观测值 a、b 的函数。由于观测值 a、b 客观上存在误差，h 必然也受其影响而产生误差。阐述观测值中误差与函数中误差之间关系的定律，称为误差传播定律。

一、观测值的函数

测量中常见的观测值的函数除前面提到的水准测量高差的计算以外，还有如三角高程测量中，高差 h 是由直接观测值水平距离、竖直角、仪器高、目标高推算得到，函数关系式如下为 $h=D\tan\alpha+i-v$。由该计算公式可以看出，水准测量计算高差的函数式为线性函数式，而三角高程测量计算高差的函数式为非线性函数式。两种函数的一般表达式如下。

1. 线性函数

线性函数的一般形式为

$$Z=k_1x_1\pm k_2x_2\pm\cdots\pm k_nx_n \tag{5-9}$$

视频 5-2

式中：x_1，x_2，$\cdots$，x_n 为独立观测值；k_1，k_2，$\cdots$，k_n 为常数。

2. 非线性函数

非线性函数即一般函数，其形式为

$$Z=f(x_1,x_2,\cdots,x_n) \tag{5-10}$$

对函数取全微分得

$$d_z=\frac{\partial f}{\partial x_1}dx_1+\frac{\partial f}{\partial x_2}dx_2+\cdots+\frac{\partial f}{\partial x_n}dx_n \tag{5-11}$$

因为真误差很小，可用真误差 Δ_{x_i} 代替 dx_i，得真误差关系式

$$\Delta_z=\frac{\partial f}{\partial x_1}\Delta_{x_1}+\frac{\partial f}{\partial x_2}\Delta_{x_2}+\cdots+\frac{\partial f}{\partial x_n}\Delta_{x_n} \tag{5-12}$$

式中：$\frac{\partial f}{\partial x_i}$（$i=1$，2，$\cdots$，$n$）是函数对各自变量所取的偏导数。

以观测值代入，所得的值为常数。式（5-12）就转换成了真误差的线性函数关系式。

二、函数的中误差

下面按线性函数与非线性函数两种情况分别进行讨论。

（一）线性函数的中误差

1. 倍数函数

设倍数函数 $z=kx$，式中，x 为观测量，z 为观测量函数，k 为函数。由于观测量含有真误差 Δ_x，因此函数含有真误差 Δ_z，即

$$z+\Delta_z=k(x+\Delta_x)$$

展开整理为

$$\Delta_z=k\Delta_x$$

若对观测量 x 进行了 n 次观测，则有

$$\Delta_{z_i}=k\Delta_{x_i}\quad(i=1,2,3,\cdots,n)$$

由中误差基本公式可得

$$m_z=\pm\sqrt{\frac{[\Delta_{z_i}\Delta_{z_i}]}{n}}$$

$$= \pm \sqrt{\frac{[k\Delta_{x_i} k\Delta_{x_i}]}{n}}$$

$$= \pm k \sqrt{\frac{[\Delta_{x_i} \Delta_{x_i}]}{n}}$$

即
$$m_z = \pm k m_x \qquad (5-13)$$

2. 和函数或差函数

设和或差函数 $z = x \pm y$ 式中，x、y 为观测量，z 为观测量函数。由于观测量含有真误差 Δ_x、Δ_y，因此函数含有真误差 Δ_z，即

$$z + \Delta_z = (x + \Delta_x) \pm (y + \Delta_y)$$

展开整理为

$$\Delta_z = \Delta_x \pm \Delta_y$$

若对观测量 x、y 进行了 n 次观测，则有

$$\Delta_{z_i} = \Delta_{x_i} \pm \Delta_{y_i} \qquad (i = 1, 2, 3, \cdots, n)$$

公式两边同时平方得

$$\Delta_{z_i}^2 = \Delta_{x_i}^2 + \Delta_{y_i}^2 \pm 2\Delta_{x_i}\Delta_{y_i}$$

根据方差的定义，两边自乘求和，并除以 n，可得

$$\frac{[\Delta_{z_i}^2]}{n} = \frac{[\Delta_{x_i}^2]}{n} + \frac{[\Delta_{y_i}^2]}{n} \pm 2\frac{[\Delta_{x_i}\Delta_{y_i}]}{n} \qquad (i = 1, 2, 3, \cdots, n)$$

根据偶然误差的特性，当 $n \to \infty$ 时

$$\frac{[\Delta_{x_i}\Delta_{y_i}]}{n} \approx 0$$

根据中误差的定义，有

$$m_z^2 = m_x^2 + m_y^2 \qquad (5-14)$$

3. 一般线性函数

线性函数的一般形式为

$$Z = k_1 x_1 \pm k_2 x_2 \pm \cdots \pm k_n x_n$$

其真误差关系式为

$$\Delta_Z = k_1\Delta_{x_1} + k_2\Delta_{x_2} + \cdots + k_n\Delta_{x_n}$$

若对 x_1，x_2，$\cdots$，k_n 均观测 n 次，则可得

$$\Delta_{Z_1} = k_1\Delta_{x_{11}} + k_2\Delta_{x_{21}} + \cdots + k_n\Delta_{x_{n1}}$$
$$\Delta_{Z_2} = k_1\Delta_{x_{12}} + k_2\Delta_{x_{22}} + \cdots + k_n\Delta_{x_{n2}}$$
$$\vdots$$
$$\Delta_{Z_n} = k_1\Delta_{x_{1n}} + k_2\Delta_{x_{2n}} + \cdots + k_n\Delta_{x_{nn}}$$

将上面式子平方后求和，再除以 n，则得

$$\frac{[\Delta_z^2]}{n} = \frac{k_1^2[\Delta_{x_1}^2]}{n} + \frac{k_2^2[\Delta_{x_2}^2]}{n} + \cdots + \frac{k_n^2[\Delta_{x_n}^2]}{n} + 2\frac{k_1 k_2[\Delta_{x_1}\Delta_{x_2}]}{n} + \cdots$$
$$+ 2\frac{k_{n-1}k_n[\Delta_{x_{n-1}}\Delta_{x_n}]}{n}$$

由于 Δ_{x_1}、Δ_{x_2}、$\cdots$、Δ_{x_n} 均为独立观测值的偶然误差，所以乘积 $\Delta_{x_i}\Delta_{x_{i+1}}$ 也必然呈现偶然性。设函数 Z 的中误差为 m_Z，根据偶然误差特性和中误差的定义，当 $n \to \infty$ 时，可得

$$m_Z = \pm \sqrt{k_1^2 m_1^2 + k_2^2 m_2^2 + \cdots + k_n^2 m_n^2} \tag{5-15}$$

式中：m_1、m_2、$\cdots$、m_n 分别为各观测量的中误差。

（二）非线性函数的中误差

非线性函数 $Z = f(x_1, x_2, \cdots, x_n)$ 的真误差关系式为

$$\Delta_Z = \frac{\partial f}{\partial x_1}\Delta_{x_1} + \frac{\partial f}{\partial x_2}\Delta_{x_2} + \cdots + \frac{\partial f}{\partial x_n}\Delta_{x_n}$$

其中偏导数 $\dfrac{\partial f}{\partial x_i}$（$i = 1, 2, \cdots, n$）为常数，因此，仿式（5-13）可得函数 Z 的中误差为

$$m_z = \pm \sqrt{\left(\frac{\partial f}{\partial x_1}\right)^2 m_1^2 + \left(\frac{\partial f}{\partial x_2}\right)^2 m_2^2 + \cdots + \left(\frac{\partial f}{\partial x_n}\right)^2 m_n^2} \tag{5-16}$$

式（5-15）和式（5-16）即称误差传播定律，相较而言式（5-16）更具通用性，使用该式求观测值函数的中误差时，基本可归纳为如下三个步骤：

第一步，按问题的要求写出函数式：

$$Z = f(x_1, x_2, \cdots, x_n)$$

第二步，对函数式求全微分，得出函数的真误差与观测值真误差的关系式：

$$\Delta_Z = \frac{\partial f}{\partial x_1}\Delta_{x_1} + \frac{\partial f}{\partial x_2}\Delta_{x_2} + \cdots + \frac{\partial f}{\partial x_n}\Delta_{x_n}$$

式中：$\dfrac{\partial f}{\partial x_i}$ 为用观测值代入求得的值。

第三步，写出函数中误差与观测值中误差之间的关系式：

$$m_z = \pm \sqrt{\left(\frac{\partial f}{\partial x_1}\right)^2 m_1^2 + \left(\frac{\partial f}{\partial x_2}\right)^2 m_2^2 + \cdots + \left(\frac{\partial f}{\partial x_n}\right)^2 m_n^2}$$

必须指出的是，只有自变量之间相互独立，即观测值必须是独立的观测值，才可以进一步写出中误差关系式；否则应作并项或移项处理，使其均为独立观测值为止。用数值代入式（5-16）时，注意各项的单位要统一。

三、应用实例

【例题 5-3】 在比例尺为 1:2000 的地形图上量取两点间的距离为 $d = 50\text{mm}$，图上量距中误差为 $m_d = \pm 0.2\text{mm}$，计算实地水平距离 D 及其中误差。

解： 实地水平距离是图上距离的倍数函数，即

$$D = 2000d = 2000 \times 50\text{mm} = 100\text{m}$$

$$m_D = 2000m_d = 2000 \times (\pm 0.2\text{mm}) = \pm 0.4\text{m}$$

【例题 5-4】 自水准点 BM_1 向水准点 BM_2 进行水准测量（图 5-3），设各段所测高差分别为 $h_1 = +1.836\text{mm} \pm 3\text{mm}$、$h_2 = +4.587\text{mm} \pm 4\text{mm}$、$h_3 = -3.579\text{mm} \pm 6\text{mm}$（其中，后缀 $\pm 3\text{mm}$、$\pm 4\text{mm}$、$\pm 6\text{mm}$ 为各段观测高差的中误差），求 BM_1、

BM_2 两点间的高差及中误差。

解：（1）列函数式。BM_1、BM_2 之间的高差 $h = h_1 + h_2 + h_3 = 2.844\text{m}$，即两点间的高差为 2.844m。

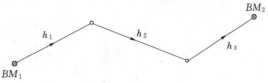

图 5-3　水准测量平差

（2）写出函数的真误差与观测值真误差的关系式：$\Delta_h = \Delta_{h1} + \Delta_{h2} + \Delta_{h3}$。可见各系数 k_1、k_2、k_3 均为 1。

（3）求高差中误差：

$$m_k = \pm\sqrt{m_{k_1}^2 + m_{k_2}^2 + m_{k_3}^2} = \pm\sqrt{3^2 + 4^2 + 6^2} = \pm 7.8(\text{mm})$$

【例题 5-5】 在一个三角形中，以同精度观测了三个内角 L_1、L_2、L_3，其中误差均为 $8''$，且各观测值之间互相独立，求将三角形闭合差平均分配后的角 A 的中误差。

解：（1）列函数式：闭合差 $W = L_1 + L_2 + L_3 - 180°$。

平均分配后的角 $A = L_1 - \dfrac{W}{3}$，由于 L_1 与 W 互相不独立，故对该式要进一步转换：

$$A = L_1 - \frac{1}{3}(L_1 + L_2 + L_3 - 180°)$$

$$= \frac{2}{3}L_1 - \frac{1}{3}L_2 - \frac{1}{3}L_3 + 60°$$

（2）写出函数的真误差与观测值真误差的关系式：

$$\Delta_A = \frac{2}{3}\Delta_1 - \frac{1}{3}\Delta_2 - \frac{1}{3}\Delta_3$$

（3）求高差中误差：

$$m_A = \pm\sqrt{\left(\frac{2}{3}\right)^2 m_1^2 + \left(\frac{1}{3}\right)^2 m_2^2 + \left(\frac{1}{3}\right)^2 m_3^2}$$

$$= \pm\sqrt{\left(\frac{2}{3}\right)^2 \times 8^2 + \left(\frac{1}{3}\right)^2 \times 8^2 + \left(\frac{1}{3}\right)^2 \times 8^2}$$

$$= \pm\sqrt{\frac{2}{3}} \times 8 = \pm 6.5('')$$

【例题 5-6】 在三角形（图 5-4）中，测得斜边 S 为 100.000m，其观测中误差为 6mm，观测得竖直角 v 为 $30°$，其测角中误差为 $6''$，求高差 h 的中误差。

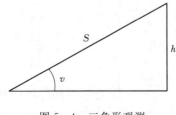

图 5-4　三角形观测

解：（1）列函数式：$h = S\sin v$。

（2）写出函数的真误差与观测值真误差的关系式。由于是非线性函数，则先写出全微分式

$$dh = \sin v \, dS + S\cos v \, dv$$

再写出真误差的关系式

$$\Delta_h = \sin v \Delta_s + S\cos v \Delta_v = (\sin 30°)\Delta_s + 100(\cos 30°)\Delta_v$$

（3）求高差中误差：

$$m_h^2 = \sin^2 v m_s^2 + S^2 \cos^2 v m_v^2$$

$$= \frac{1}{4} \times 6^2 + (100 \times 1000)^2 \times \frac{3}{4} \times \left(\frac{6}{206265}\right)^2$$

$$= 15.4 (\text{mm}^2)$$

则中误差为

$$m_h = \pm 3.92 \text{mm}$$

第四节　平差值的计算及精度评定

课件 5 - 3

一个观测量（如一个角度、一段距离、两点间的高差等）的真值是无法知道的，只有经过多次重复测量，经过平差计算才能得到近似于真值的"可靠值"，这个可靠值就称为平差值，也称为最或是值、最或然值，常用符号 $\hat{L}$ 表示。下面介绍等精度观测平差值计算及精度评定。

一、等精度观测的平差值计算

设在相同的观测条件下，对某未知量 X 进行了 n 次观测，观测值为 L_1，L_2，$\cdots$，L_n。有

$$\Delta_i = L_i - X \quad (i = 1, 2, \cdots, n) \tag{5-17}$$

式（5-17）求和后除以 n，得

$$\frac{[\Delta]}{n} = \frac{[L]}{n} - X \quad (i = 1, 2, \cdots, n)$$

当 $n \to \infty$ 时，根据偶然误差的特性，有

$$\lim_{n \to \infty} \frac{[\Delta]}{n} = 0$$

则

$$X = \lim_{n \to \infty} \frac{[L]}{n} = \lim_{n \to \infty} \frac{L_1 + L_2 + \cdots + L_n}{n}$$

即当 n 趋近无穷大时，算术平均值 $\hat{L} = \dfrac{L_1 + L_2 + \cdots + L_n}{n}$ 即为真值。

在实际工作中，观测次数总是有限的，所以算术平均值不可视为所求量的真值；但随着观测次数的增加，算术平均值趋近于真值，可认为是真值的最可靠值，即平差值。

结论：等精度观测的平差值等于这些观测值的算术平均值。

二、等精度观测的精度评定

（一）中误差的计算

前面给出了等精度观测的中误差计算公式 $m = \pm \sqrt{\dfrac{[\Delta\Delta]}{n}}$，其中 Δ 为观测值的真误差。真值 X 有时是知道的（例如，三角形三个内角之和的真值为 $180°$），但更多情

况下，真值是不知道的。因此，真误差也就无法知道，故不能直接用上式求出中误差。但是根据上面所述，观测值的平差值可以求得，平差值与观测值之差称为改正数 v_i，即

$$v_i = \hat{L} - L_i \quad (i = 1, 2, \cdots, n) \tag{5-18}$$

实际工作中可以利用观测值的改正数来计算观测值的中误差。下面介绍推导过程。

将式（5-17）和式（5-18）合并，得

$$\Delta_i + v_i = \hat{L} - X \quad (i = 1, 2, \cdots, n)$$

令

$$\hat{L} - X = \delta$$

则

$$\Delta_i + v_i = \delta$$

即

$$\Delta_i = \delta - v_i \tag{5-19}$$

式（5-19）等号两边平方求和再除以 n，得

$$\frac{[\Delta\Delta]}{n} = \frac{[vv]}{n} - 2\delta\frac{[v]}{n} + \frac{n\delta^2}{n}$$

由于 $[v] = 0$，因此可得

$$\frac{[\Delta\Delta]}{n} = \frac{[vv]}{n} + \delta^2 \tag{5-20}$$

其中 $\delta = \hat{L} - X = \frac{[L]}{n} - \left(\frac{[L]}{n} - \frac{[\Delta]}{n}\right) = \frac{[\Delta]}{n}$，则有

$$\delta^2 = \frac{1}{n^2}(\Delta_1 + \Delta_2 + \cdots + \Delta_n)^2 = \frac{[\Delta^2]}{n^2} + 2\frac{[\Delta_i\Delta_i]}{n^2} \tag{5-21}$$

当 $n \to \infty$ 时，式（5-21）右端第二项趋于 0，则有

$$\delta^2 = \frac{[\Delta^2]}{n^2} = \frac{1}{n}\frac{[\Delta^2]}{n} = \frac{1}{n}m^2 \tag{5-22}$$

将式（5-22）代入式（5-20）得

$$\frac{[\Delta\Delta]}{n} = \frac{[vv]}{n} + \frac{1}{n} \times m^2$$

$$m^2 = \frac{[vv]}{n} + \frac{1}{n} \times m^2$$

$$m^2\left(1 - \frac{1}{n}\right) = \frac{[vv]}{n}$$

$$m^2 = \frac{[vv]}{n}\frac{n}{n-1} = \frac{[vv]}{n-1}$$

即

$$m = \pm\sqrt{\frac{[vv]}{n-1}} \tag{5-23}$$

式（5-23）为等精度观测中用观测值的改正数计算观测值中误差的公式，称为白塞尔公式。

【例题 5-7】 对一段距离进行 5 次观测，其观测结果见表 5-4，求该组距离观

测值的中误差。

表 5 - 4　　　　　　　　　　　　　　距离观测及中误差计算

次序	观测值/m	改正数 v/mm	vv/mm²
1	123.457	−5	25
2	123.450	+2	4
3	123.453	−1	1
4	123.449	+3	9
5	123.451	+1	1
S	617.260	0	40

解: $\hat{L} = \dfrac{L_1 + L_2 + \cdots + L_5}{5} = 123.452$ m，各观测值的改正数 $v_i = \hat{L} - L_i$，具体数

值见表 5 - 4，由式（5 - 23）可得中误差为

$$m = \pm\sqrt{\frac{[vv]}{n-1}} = \pm\sqrt{\frac{40}{5-1}} = \pm 3.16(\text{mm})$$

（二）等精度观测平差值的精度评定

由前述可知，等精度观测的平差值就是算术平均值，要评定它的精度，可以把算术平均值看成是各个观测值的线性函数。

算术平均值 $\hat{L} = \dfrac{L_1 + L_2 + \cdots + L_n}{n}$，各观测值的中误差为 $m_1 = m_2 = \cdots = m_n = m$。

对算术平均值的表达式求全微分：

$$d_{\hat{L}} = \frac{1}{n}d_{L_1} + \frac{1}{n}d_{L_2} + \cdots + \frac{1}{n}d_{L_n}$$

根据误差传播定律，有

$$m_{\hat{L}} = \pm\sqrt{\left(\frac{1}{n}\right)^2 m_1^2 + \left(\frac{1}{n}\right)^2 m_2^2 + \cdots + \left(\frac{1}{n}\right)^2 m_n^2} = \pm\sqrt{\left(\frac{1}{n}\right)^2 m^2 \times n} = \pm\frac{m}{\sqrt{n}}$$

$$(5 - 24)$$

$$m_{\hat{L}} = \pm\sqrt{\frac{[vv]}{n(n-1)}} \qquad (5 - 25)$$

式（5 - 25）就是算术平均值（平差值）的中误差计算公式。

【例题 5 - 8】 已知各三角形内角和，见表 5.5，求测角中误差 m。

表 5 - 5　　　　　　　　　　　　三角形内角和观测值及中误差计算表

次序	观测值/(° ′ ″)	闭合差 Δ/(″)	$\Delta\Delta$/(″)²
1	180　00　10.3	−10.3	106.1
2	179　59　57.2	+2.8	7.8

续表

次序	观测值/(° ′ ″)	闭合差 Δ/(″)	ΔΔ/(″)²
3	179　59　49.0	+11.0	121
4	180　00　01.5	−1.5	2.6
5	180　00　02.6	−2.6	6.8
Σ		−0.6	244.3

解： 先计算出各三角形闭合差（表5−5），再利用真误差求三角形闭合差的中误差（即函数值的中误差），得

$$m_\Delta = \pm\sqrt{\frac{[\Delta\Delta]}{n}} = \pm\sqrt{\frac{244.3}{5}} = \pm 7.0(")$$

列函数式：真误差（闭合差）为

$$\Delta = A + B + C - 180°$$

其中三个内角 A、B、C 为等精度观测，则

$$m_A = m_B = m_C = m$$

根据误差传播定律得

$$m_\Delta^2 = 3m^2$$

现已算得 m_Δ 为 ±7.0″，需求出 m，即为传播定律的逆向使用。测角中误差为

$$m = \pm\frac{m_\Delta}{\sqrt{3}} = \pm\frac{7.0″}{\sqrt{3}} = \pm 4.0″$$

自测 5−2

【例题 5−9】 设对某距离丈量了 6 次，其结果为 140.324m、140.319m、140.320m、140.311m、140.301m、140.316m，见表 5−6。试求观测结果的平差值、平差值中误差及其相对中误差。

表 5−6　　　　　　　　平差值、平差值中误差及其相对中误计算表

次序	观测值 L/m	改正数 v/mm	vv/mm²
1	140.324	−8.83	78.028
2	140.319	−3.83	14.694
3	140.320	−4.83	23.361
4	140.311	4.17	17.361
5	140.301	14.17	200.694
6	140.316	−0.83	0.694
Σ	841.891	0.00	334.833

解： 首先计算平差值（算术平均值）：

$$x = \frac{[L]}{n} = \frac{140.324 + 140.319 + 140.320 + 140.311 + 140.301 + 140.316}{6} = 140.315(m)$$

算术平均值中误差：$M = \pm\sqrt{\frac{[vv]}{n(n-1)}} = \pm\sqrt{\frac{334.833}{6\times(6-1)}} = \pm 3.3(mm)$

相对中误差：$T = \dfrac{M}{x} = \dfrac{3.3}{140.315 \times 1000} \approx \dfrac{1}{42000}$

第五节 不等精度观测的最或是值计算及精度评定

一、权的概念

前面讨论的都是等精度观测，但在实际工作中，还会遇到不等精度观测的情况。所谓不等精度观测是指在不同条件下进行的观测。这时各观测值的可靠程度不同，即精度不同。因此不能采用算术平均值作为最终结果，需要引进"权"的概念。权是用来比较各观测值可靠程度的一个相对性数值，常用字母 P 表示。权越大表示精度越高。

例如，在相同条件下分两组对某一水平角进行观测，第一组观测 4 个测回，第二组观测 6 个测回。设一测回观测值的中误差 $m = \pm 2.0''$，则其算术平均值的中误差分别为

$$m_1 = \frac{m}{\sqrt{4}} = \pm \frac{2.0''}{2} = \pm 1.0''$$

$$m_2 = \frac{m}{\sqrt{6}} = \pm \frac{2.0''}{\sqrt{6}} = \pm 0.82''$$

可见，第二组平均值的中误差小，结果比较可靠，应有较大的权。因此可以根据中误差来规定观测结果的权。权的计算公式为

$$P_i = \frac{\lambda}{m_i^2} \quad (i=1,2,\cdots,n) \tag{5-26}$$

式中：λ 为任意常数。

选择适当的 λ，可使权成为便于计算的数，例如选第一组观测次数为 λ，即 $\lambda = 4$，则

$$P_1 = \frac{\lambda}{m_1^2} = \frac{4}{1} = 4$$

$$P_2 = \frac{\lambda}{m_2^2} = \frac{4}{\frac{2}{3}} = 6$$

在水准测量中，由于水准路线越长，误差越大，故观测值的权与水准路线的长度成反比。例如设每千米水准路线的观测中误差为 m，若观测长度 L（单位：km），其中误差为 $m\sqrt{L}$，设 $\lambda = m^2$，则其权为 $\dfrac{1}{L}$。

二、不等精度观测的平均值

对未知量 X 进行了 n 次不同精度观测，各观测值为 L_1、L_2、$\cdots$、L_n，其相应的权为 P_1、P_2、$\cdots$、P_n，按加权平均值的方法，求算未知量的最或然值为

$$X = \frac{P_1 L_1 + P_2 L_2 + \cdots + P_n L_n}{P_1 + P_2 + \cdots + P_n} = \frac{[PL]}{[P]} \tag{5-27}$$

三、单位权中误差与加权平均值的中误差

权是表示观测值的可靠性的相对指标，因此，可取任一观测值的权作为标准，以求其他观测值的权。如取 $\lambda = m_1^2$，则

$$P_1 = \frac{m_1^2}{m_1^2} = 1, \quad P_2 = \frac{m_1^2}{m_2^2}, \quad \cdots, \quad P_n = \frac{m_1^2}{m_n^2}$$

等于1的权称为单位权，它所对应的观测值中误差称为单位权中误差。设单位权中误差为 μ，则权与中误差的关系为

$$P_1 = \frac{\mu^2}{m_1^2}$$

如果用观测值改正数计算单位权中误差，可按下式计算：

$$\mu = \pm\sqrt{\frac{[PVV]}{n-1}} \tag{5-28}$$

在式（5-27）中 $\frac{P_1}{[P]}$、$\frac{P_2}{[P]}$、$\cdots$、$\frac{P_{n1}}{[P]}$ 均为常数，如已知各观测值 L_1、L_2、$\cdots$、L_n 的中误差分别为 m_1、m_2、$\cdots$、m_n，则根据误差传播定律，可推算出加权平均值的中误差为

$$m_X^2 = \frac{P_1^2}{[P]^2}m_1^2 + \frac{P_2^2}{[P]^2}m_2^2 + \cdots + \frac{P_n^2}{[P]^2}m_n^2 \tag{5-29}$$

因为 $P_i = \frac{\mu^2}{m_i^2}$，所以，$m_i^2 P_i = \mu^2$，代入式（5-29）得

$$m_X^2 = \mu^2 \frac{1}{[P]}$$

则加权平均值的中误差为

$$m_X = \frac{\mu}{\sqrt{[P]}} \tag{5-30}$$

【例题5-10】　某角度采用不同测回数进行3组观测，每组的观测值列于表5-7。试求该角度的加权平均值及其中误差。

表5-7　　　　　　　　　加权平均值及其中误差计算表

组别	观测值 /(° ′ ″)	测回数	权/P	V	PV	PVV
1	57 34 14	6	6	+2.17	+13.02	28.25
2	57 34 20	4	4	−3.83	−15.32	58.68
3	57 34 15	2	2	+1.17	+2.34	2.74
		Σ	12		0	89.67

解：加权平均值为

$$X = \frac{57°34'14'' \times 6 + 57°34'20'' \times 4 + 57°34'15'' \times 2}{6+4+2} = 57°34'16.17''$$

$$\mu = \pm\sqrt{\frac{[PVV]}{n-1}} = \pm\sqrt{\frac{89.67}{3-1}} = \pm 6.70('')$$

$$m_X = \frac{\mu}{\sqrt{[P]}} = \pm\frac{6.70''}{\sqrt{12}} = \pm 1.93''$$

本 章 小 结

　　本章对误差的来源、误差的分类、偶然误差的特性做了较详细的阐述，提出了评定观测质量好坏的精度指标，中误差、相对误差和允许误差，作为外业观测精度的衡量标准。本章的教学目标是使读者掌握如何用真误差来计算观测值的中误差，如何计算等精度观测量的平差值，以及如何用观测值改正数计算等精度观测值的中误差；掌握误差传播定律以及它的具体应用。

　　重点应掌握的公式如下：

　　(1) 等精度观测值中误差的计算公式：$m = \pm\sqrt{\dfrac{[\Delta\Delta]}{n}}$；$m = \pm\sqrt{\dfrac{[vv]}{n-1}}$。

作业 5 - 1

　　(2) 误差传播定律：$m_z = \pm\sqrt{\left(\dfrac{\partial f}{\partial x_1}\right)^2 m_1^2 + \left(\dfrac{\partial f}{\partial x_2}\right)^2 m_2^2 + \cdots + \left(\dfrac{\partial f}{\partial x_n}\right)^2 m_n^2}$。

　　(3) 等精度观测平差值中误差的计算公式：$m_{\bar{L}} = \pm\dfrac{m}{\sqrt{n}}$。

作业 5 - 2

思 考 与 练 习

一、填空题

1. 偶然误差服从于一定的_____规律。

2. 真误差为观测值与_____之差。

3. 测量误差大于_____时，被认为是错误，必须_____。

4. 对某一角度进行等精度观测多次，观测值之间互有差异，其观测精度是_____的，即它们具有相同的_____。

二、简答题

1. 什么是偶然误差？偶然误差的特性有哪些？

2. 什么是系统误差？系统误差如何消除？

2. 衡量测量精度的指标有哪些？分别是如何定义的？

3. 测量观测条件主要包括哪几方面？

4. 什么是误差传播定律？

三、计算题

1. 设在相同的观测条件下，对一距离进行了 6 次观测，其结果为 341.752m、341.784m、341.766m、341. 773m、341.795m、341.774m。试求其平差值、平差值中误差及相对中误差。

2. 测得某长方形建筑长 $a = 32.20\text{m}$，测得精度 $m_a = \pm 0.02\text{m}$，宽 $b = 15.10\text{m}$，测量精度为 $m_b = \pm 0.01\text{m}$，求建筑面积及精度。

3. 测得某圆的半径 $r = 100.01\text{m}$，观测中误差 $m_r = \pm 0.02\text{m}$，求周长及其中误差。

4. 若一方向的观测中误差为 $\pm 6''$，且每个角度都是由两个方向之差求得，求五边形中 5 个内角和的中误差。

5. x、y、z 的关系式为 $z = 3x + 4y$，现独立观测 x、y，它们的中误差分别为 $m_x = \pm 3\text{mm}$，$m_y = \pm 4\text{mm}$，求函数 z 的中误差 m_z。

6. 在等精度观测中，对某角观测 4 个测回，得其平均值的中误差为 $\pm 15''$，若使平均值的中误差小于 $\pm 10''$，至少应观测多少测回？

第六章

控制测量

测量工作必须遵循"从整体到局部""先控制后碎部"的原则。其含义就是在测区内先建立若干有控制意义的控制点，把这些点按照一定的规律和要求组成网状几何图形即测量控制网，用来控制全局，再根据控制网中的控制点测量周围的地物和地貌，或者进行工程施工放样工作。这样既保证整个测区有一个统一的测量精度，又能增加作业面，加快测量速度。控制测量的实质就是测量控制点的平面位置和高程。

第一节 控制测量概述

课件 6-1

任何测量过程均不可避免地存在着测量误差，随着测量范围（测区）的扩大，误差在测量数据的传递过程中形成累积，将越来越影响测量成果的准确性。如何使测量误差的累积得到控制，以保证图纸上所测绘的内容精度均匀，使相邻图幅之间正确衔接，以及施工放样点位的精度满足施工的要求，就需要先进行控制测量。

控制测量就是在测区内，按测量任务所要求的精度，对控制网进行布设、施测和计算，确定控制点平面位置和高程的工作。控制测量是各种测量的基础，起到控制全局和限制误差积累的作用。

控制测量分为平面控制测量和高程控制测量。测定控制点平面位置（x，y）的工作，称为平面控制测量。测定控制点高程（H）的工作，称为高程控制测量。在传统的测量工作中，平面控制网和高程控制网通常分别布设，传统平面控制网通常采用三角测量和导线测量等常规方法建立，目前建立平面控制网多采用全球导航卫星系统（global navigation satellite system，GNSS）。高程控制网主要通过水准测量和三角高程测量的方法建立。

一、平面控制测量

1. 国家平面控制网

在全国范围内建立的平面控制网，称为国家平面控制网。国家平面控制网提供全国统一的空间定位基准，是全国各种比例尺测图和工程建设的基本平面控制，也为空间科学技术的研究和应用提供重要依据；按照精度不同，分为一等、二等、三等、四等，由高级到低级逐步建立。目前提供使用的国家平面控制网含三角点、导线点共154348个，构成1954年北京坐标系、1980西安坐标系两套系统。

国家一等平面控制网主要沿着经线和纬线方向，采用纵横三角锁的形式布设，如图 6-1 所示。三角形边长在山区约 25km，在平原约 20km。在锁系交叉处精密测定起始边长，在起始边两端用天文测量的方法测定天文方位角，用来控制误差传播和提供起算数据。一等三角锁的主要作用是统一全国坐标系统，控制二等及以下各级三角网，为研究地球形状及大小提供精确资料。

国家二等平面控制网主要采用三角网布设，一般称为二等全面网。它是以连续三角网的形式布设在一等锁环内的地区，如图 6-2 所示。我国二等平面控制网平均边长在城市及经济发达地区为 9km 左右，在其他地区为 13km。由于一、二等锁网中要进行天文测量，所以常称之为国家天文大地网。

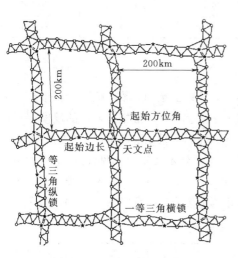

图 6-1 国家一等三角锁

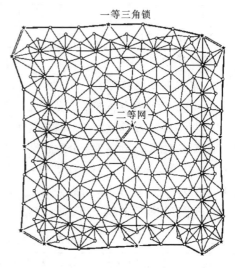

图 6-2 国家二等全面网

国家三、四等平面控制网是在二等全面网基础上，根据需要，采用插网方法布设。当受地形限制时，也可采用插点法进行施测。三等三角网边长可在 4～10km 范围变动，四等三角网边长可在 1～6km 范围变动。三、四等平面控制测量主要为地区测图提供首级控制。国家基本网布设规格及技术要求见表 6-1。

视频 6-1

表 6-1　　　　　　　　国家基本网布设规格及主要技术要求

等级	测角中误差/(″)	三角形最大闭合差/(″)	最弱边相对中误差	最弱边方位角中误差/(″)
一等	±0.7	±2.5	1：200000	±0.9
二等	±1.0	±3.5	1：120000	±1.5
三等	±1.8	±7.0	1：70000	±2.5
四等	±2.5	±9.0	1：40000	±4.5

注　资料来源于《国家三角测量规范》（GB/T 17942—2000）。

国家三、四等平面控制网除了采用三角网外，在地形复杂、通视困难及不易布设三角网的地区，通常布设三、四等导线，作为一、二等三角网的加密。其主要技术要求见表 6-2。

20 世纪 80 年代末，GPS 控制测量开始应用于国家平面控制网，目前已成为建立平面控制网的主要方法。应用 GPS 卫星定位技术建立的控制网称为 GPS 控制网，我国相继建立了 A、B 级网和 2000 国家 GPS 控制网。2000 国家 GPS 控制网由原国家测绘局布设的高精度 GPS A、B 级网，原总参测绘局布设的 GPS 一、二级网，以及中国地壳监测网络工程中的 GPS 基准网、基本网和区域网组成，并通过联合处理将其归于一个坐标参考框架，是我国新一代地心坐标系统的基础框架。

表 6-2 三、四等导线测量主要技术要求

等级	边长范围/km	测角中误差/(″)	测边相对中误差	导线全长相对闭合差	方位角闭合差/(″)
三等	3～10	±1.5	1∶150000	1∶60000	$\pm 3\sqrt{n}$
四等	1～5	±2.5	1∶100000	1∶40000	$\pm 5\sqrt{n}$

注 n 为导线转折角个数。

2. 城市平面控制网

国家等级平面控制网控制的范围大，密度小，不能满足相对较小范围的城市规划和建设的需要，为此需要建立城市平面控制网。城市平面控制网一般根据城市的规模在不同等级的国家平面控制网的基础上分级布设。城市平面控制网采用静态卫星定位网、边角组合测量方法，等级分为二、三、四等和一、二级，主要技术要求分别见表 6-3 和表 6-4；采用电磁波导线测量方法，等级分为三、四等和一、二、三级，主要技术要求见表 6-5。建立城市平面控制网的规定和要求均列于《城市测量规范》(CJJ/T 8—2011)。

表 6-3 静态卫星定位网的主要技术要求

等级	平均边长/km	固定误差/mm	比例误差系数/10^{-6}	最弱边相对中误差
二等	9	≤5	≤2	1∶120000
三等	5	≤5	≤2	1∶80000
四等	2	≤10	≤5	1∶45000
一级	1	≤10	≤5	1∶20000
二级	<1	≤10	≤5	1∶10000

表 6-4 边角组合网的主要技术要求

等级	平均边长/km	测角中误差/(″)	测距中误差/mm	测距相对中误差	最弱边边长相对中误差
二等	9	≤1.0	≤30	1∶300000	1∶120000
三等	5	≤1.8	≤30	1∶160000	1∶80000
四等	2	≤2.5	≤16	1∶120000	1∶45000
一级	1	≤5.0	≤16	1∶60000	1∶20000
二级	0.5	≤10.0	≤16	1∶30000	1∶10000

表 6-5 城市电磁波测距导线的主要技术要求

等级	闭合环或附合导线长度/km	测距中误差/mm	测角中误差/(″)	导线全长相对闭合差
三等	15	18	1.5	1∶60000
四等	10	18	2.5	1∶40000

续表

等级	闭合环或附合导线长度/km	测距中误差/mm	测角中误差/(″)	导线全长相对闭合差
一级	3.6	15	5	1∶14000
二级	2.4	15	8	1∶10000
三级	1.5	15	12	1∶6000

对于城市平面控制网，中小城市一般以国家三、四等网作为首级控制网，面积较小（小于 $10km^2$）的城市可用四等及四等以下的三角网或一级导线网作为首级控制。与国家等级网相似，城市平面控制测量可采用卫星定位测量、导线测量和边角组合测量等方法，可布设成 GNSS 网、精密导线网和三角网。

3. 工程平面控制网

工程平面控制网是为满足各类工程建设、施工放样、安全监测等而布设的控制网。按用途分为测图控制网和专用控制网两大类。测图控制网是在各项工程建设的规划设计阶段，为测绘大比例尺地形图而建立的控制网；专用控制网是为工程建筑物的施工放样或变形观测等专门用途而建立的控制网。工程控制网一般根据工程的规模大小、工程建设所处位置的地形、工程建筑的类别等布设成不同的形式，精度要求也不一样。

工程平面控制网一般采用卫星定位测量、导线测量和三角形网测量方法。采用卫星定位测量、三角形网测量方法时，其等级分为二、三、四等和一、二级，主要技术要求分别见表6-6和表6-7；采用导线及导线网测量方法时，其等级分为三、四等和一、二、三级，主要技术要求见表6-8。详细要求参考《工程测量标准》（GB 50026—2020）。

表6-6　　　　卫星定位测量控制网的主要技术要求

等级	平均边长/km	固定误差/mm	比例误差系数/(mm/km)	约束点间的边长相对中误差	约束平差后最弱边相对中误差
二等	9	≤10	≤2	1∶250000	1∶120000
三等	4.5	≤10	≤5	1∶150000	1∶70000
四等	2	≤10	≤10	1∶100000	1∶40000
一级	1	≤10	≤20	1∶40000	1∶20000
二级	0.5	≤10	≤40	1∶20000	1∶10000

表6-7　　　　三角形网测量的主要技术要求

等级	平均边长/km	测角中误差/(″)	测边相对中误差	最弱边边长相对中误差	三角形最大闭合差/(″)
二等	9	1	1∶250000	1∶120000	3.5
三等	4.5	1.8	1∶150000	1∶70000	7
四等	2	2.5	1∶100000	1∶40000	9
一级	1	5	1∶40000	1∶20000	15
二级	0.5	10	1∶20000	1∶10000	30

表 6-8
导线测量的主要技术要求

等级	导线长度 /km	平均边长 /km	测距中误差 /mm	测角中误差 /(″)	测距相对中误差	导线全长相对闭合差
三等	14	3	20	1.8	1:150000	1:55000
四等	9	1.5	18	2.5	1:80000	1:35000
一级	4	0.5	15	5	1:30000	1:15000
二级	2.4	0.25	15	8	1:14000	1:10000
三级	1.2	0.1	15	12	1:7000	1:5000

4. 小区域平面控制网

在测区小于 $10km^2$ 的范围内布设的平面控制网，称为小区域平面控制网。在这个范围内，水准面可以看成水平面，采用平面直角坐标系。小区域平面控制网应尽可能地与附近的国家平面控制网或城市平面控制网进行联测，将国家或城市高级控制点坐标作为小区域平面控制网的起算和校核数据。如测区内没有可利用的高级控制点，或者联测较为困难，也可建立测区独立平面控制网，采用假定坐标系统。

5. 图根平面控制网

直接为测图而建立的平面控制网称为图根控制网，对于独立测区，也可建立测区独立平面控制网。目前图根平面控制网的建立方法主要有 GNSS 测量和导线测量等形式。

在测区范围内建立的统一的、精度最高的平面控制网，称为首级平面控制网。图根平面控制网一般是在首级平面控制网的基础上进行加密，控制点称为图根控制点，简称图根点。图根点有两个作用：一是直接作为测站点，进行碎部测量；二是作为临时增设测站点的依据。图根点的密度是由测图比例尺和地形条件的复杂程度决定的。平坦开阔地区的密度不应低于表 6-9 的规定。对于地形复杂以及城市建筑区，可适当加大图根点的密度。

表 6-9
图根点的密度

比例尺	每平方千米的控制点数/个	每幅图的控制点数/个
1:5000	4	20
1:2000	15	15
1:1000	40	10
1:500	120	8

二、高程控制测量

1. 国家高程控制网

国家高程控制网是各种比例尺测图和工程建设的基本高程控制，也为地球形状和大小、平均海水面变化、地壳垂直运动等科学研究工作提供精确的高程资料。

国家高程控制网主要采用精密水准测量的方法建立，又称为国家水准网。国家高程控制网分为一、二、三、四等水准网，精度依次逐级降低，国家高程控制网布设示意如图6-3所示。一等水准网是国家高程控制网的骨干。二等水准网布设于一等水准环内，是国家高程控制网的全面基础。三、四等水准网为国家高程控制网的进一步加密，直接为地形图测绘和工程建设提供高程依据。各等级水准测量的技术指标见表6-10。

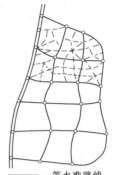

——一等水准路线
- - 二等水准路线
- - - 三等水准路线
----- 四等水准路线

图6-3 国家高程控制网布设示意图

2. 城市高程控制网

城市高程控制网主要是水准网，等级依次分为二、三、四等。各等级水准测量的技术指标见表6-11。城市首级高程控制网不应低于三等水准，光电测距三角高程测量可代替四等水准测量。城市高程控制网的首级网应布设成闭合环线，加密网可布设成附合路线、结点网和闭合环，一般不允许布设成水准支线。

表6-10 国家高程控制网测量技术指标

等级	水准网环线周长 /km	附合线路长度 /km	每千米高差中数/mm		线路闭合差 /mm
			偶然中误差	全中误差	
一等	1000~2000	—	±0.5	±1.0	$\pm 2\sqrt{L}$
二等	500~750	—	±1.0	±2.0	$\pm 4\sqrt{L}$
三等	200	150	±3.0	±6.0	$\pm 12\sqrt{L}$
四等	100	80	±5.0	±10.0	$\pm 20\sqrt{L}$

注 L 为线路长度，km。

表6-11 城市高程控制网水准测量主要技术指标

等级	每千米高差中误差/mm	附合路线长度 /km	测段往返测高差不符值/mm	附合路线或环线闭合差/mm
二等	±2	400	$\pm 4\sqrt{R}$	$\pm 4\sqrt{L}$
三等	±6	45	$\pm 12\sqrt{R}$	$\pm 12\sqrt{L}$
四等	±10	15	$\pm 20\sqrt{R}$	$\pm 20\sqrt{L}$

注 R 为测段长度，L 为附合或环线长度，km。

3. 工程高程控制网

工程高程控制测量精度等级的划分，依次为二、三、四、五等，各等级高程控制宜采用水准测量，四等及以下等级可采用电磁波测距三角高程测量，五等也可采用GNSS拟合高程测量。各等级水准测量的主要技术指标见表6-12。首级高程控制网的等级，应根据工程规模、控制网的用途和精度要求合理选择。首级网应布设成环形网，加密网宜布设成附合路线或结点网。在已有高程控制网的地区测量时，可沿用原有的高程系统；当小测区联测有困难时，也可采用假定高程系统。

表6-12　　　　　　　　　　　工程高程控制网水准测量主要技术指标

等级	每千米高差全中误差/mm	路线长度/km	水准仪型号	观测次数		往返较差、附合或环线闭合差/mm	
				与已知点联测	附合或环线	平地	山地
二等	±2	—	DS₁	往返各一次	往返各一次	$±4\sqrt{R}$	—
三等	±6	≤50	DS₁	往返各一次	往一次	$±12\sqrt{R}$	$±4\sqrt{n}$
			DS₃		往返各一次		
四等	±10	≤16	DS₃	往返各一次	往一次	$±20\sqrt{R}$	$±6\sqrt{n}$
五等	±10	—	DS₃	往返各一次	往一次	$±30\sqrt{R}$	—

注　R 为往返测段、附合或环线的水准路线长度，km；n 为测站数。

4. 小区域高程控制网

建立小区域高程控制网时，可根据测区范围的大小和工程项目的要求，采取分级布设的方法。通常是以国家或城市高等级水准点为基础，在测区内布设三、四等高程网。小区域高程控制测量通常采用水准测量和三角高程测量。

5. 图根高程控制网

图根高程控制网可以在国家四等水准网下直接布设，方法可采用等外水准、三角高程测量等。

三、控制测量的一般作业步骤

控制测量的一般作业包括技术设计、实地选点、标石埋设、观测和平差计算等步骤。

控制测量的技术设计主要包括确定精度指标和控制网网形的设计。控制网的等级和精度标准需根据测区范围大小和控制网的用途来确定。若范围较大时，为了既能使控制网形成一个整体，又能相互独立地进行工作，必须采用"从整体到局部、分级布网、逐级控制"的布网原则；若范围不大，则可布设成同级全面网。设计控制网网形时，首先应收集测区的地形图、已有控制点成果及测区的人文、地理、气象、交通、电力等技术资料，进行控制网的图上设计，选定控制点的位置；然后到实地踏勘，以判明图上标定的已有控制点是否与实地相符，并查明标石是否完好；查看预选的路线和控制点点位是否合适，通视是否良好；若有必要可作适当的调整并在图上标明。实地选点的点位一般应满足的条件为：点位稳定，等级控制点应能长期保存；便于扩展、加密和观测。经选点确定的控制点点位，要埋设标石，并绘制点之记图。

在常规的高等级平面控制测量中，若某些方向因受地形条件限制而使相邻控制点间不能直接通视时，必须在选定的控制点上建造测量标。当采用 GNSS 定位技术建立平面控制网时，因为不要求相邻控制点间一定要通视，所以选定控制点后一般不需要建立测量标。按照测量规范要求，根据控制网的等级，选用相应精度的仪器进行外业观测。

控制网中控制点的坐标或高程是由起算数据和观测数据经平差计算得到的。控制网中只有一套必要起算数据（三角网中已知一个点的坐标、一条边的边长和一边的坐标方位角；水准网中已知一个点的高程）的控制网称为独立网。如果控制网中多于一套必要起算数据，则称这种控制网为附合网。控制网中的观测数据因控制网的种类不同而不同，有水平角或方向、边长、高差以及三角高程的竖直角或天顶距等。外业观测工作结束后，应对观测数据进行检核，保证观测成果满足要求。根据控制网中的起算数据和观测数据进行平差计算。

本章所讲述的平面控制测量主要以图根导线测量为对象，同时简单介绍 GNSS 相关内容。由于等级水准测量在第二章已经讲述，因此高程控制测量仅介绍三角高程测量。

第二节 控制测量坐标计算原理

课件 6 - 2

一、坐标方位角推算

某条边的磁方位角可以用罗盘仪测定，而其真方位角可以用陀螺经纬仪或陀螺全站仪测定，唯独无法直接测定该边的坐标方位角。坐标方位角需要推算求得，分两种情况：①若已知该直线两端点的坐标，用坐标反算公式计算其坐标方位角，该部分内容后面再介绍；②起始边的坐标方位角已知，通过所测得的转折角 β，根据公式进行推算。

（一）共用顶点的坐标方位角推算

首先介绍左、右角的判别方法：测量人员站在测站上，面向路线前进方向，即面向待求点方向，所测转折角若在左手边则称为左角，若在右手边则称为右角。

如图 6-4 所示，由 AB 方位角推算 AC 方位角时（两方位角共用顶点 A 点），观测角 β 为左角，而由 AC 方位角推算 AB 方位角时，观测角 β 为右角。由图可知：

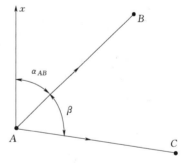

$$\alpha_{AC} = \alpha_{AB} + \beta \qquad (6-1)$$

$$\alpha_{AB} = \alpha_{AC} - \beta \qquad (6-2)$$

以上公式简称为"左加右减"。

（二）连续折线的方位角推算

进行连续折线方位角推算时，不仅要考虑转折角 β 是左角还是右角，还要考虑正反方位角的转

图 6-4 共用顶点方位角推算

视频 6 - 2

换（即原方位角要通过加或减 180°变为其反方位角，使推算前后的方位角共用顶点，再作推算）。如图 6-5（a）所示，α_{12} 为已知方位角，β_2 转折角为右角，推算 2—3 边的方位角为

$$\alpha_{23} = \alpha_{12} + 180° - \beta_2 \qquad (6-3)$$

如图 6-5（b）所示，α_{12} 为已知方位角，β_2 转折角为左角，推算 2—3 边的方位角为

$$\alpha_{23} = \alpha_{12} + 180° + \beta_2 \qquad (6-4)$$

式（6-3）和式（6-4）加 180°是为了将 α_{12} 转换为 α_{21}，则 α_{21} 与 α_{23} 共顶；若

将 α_{21} 转换为 α_{12} 则减 180°。

因此,连续折线方位角推算的通用公式如下:

$$\alpha_{前}=\alpha_{后}\pm180°+\beta_{左} \tag{6-5}$$

$$\alpha_{前}=\alpha_{后}\pm180°-\beta_{右} \tag{6-6}$$

式中：$\alpha_{后}$ 为转折前已知边的坐标方位角,(°)；$\alpha_{前}$ 为转折后待求边的坐标方位角,(°)；脚标"后"和"前"为前进方向的前后。

式(6-5)和式(6-6)中±180°的应用：若正方位角本身小于180°,转换为反方位角时加180°；若正方位角大于180°,转换为反方位角时减180°。

根据式(6-5)和式(6-6)推算出的方位角 $\alpha_{前}$,若大于360°,则应再减去360°；若小于0°,则应加上360°,因为方位角本身的值域为(0°~360°)。

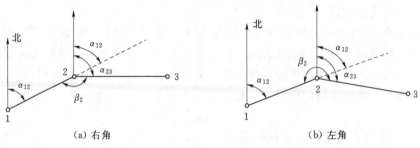

(a) 右角　　　　　　　　　　　　　(b) 左角

图 6-5　折线方位角推算

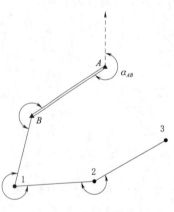

图 6-6　方位角推算

【例题 6-1】 如图 6-6 所示,已知：$\alpha_{AB}=226°20'$,$\beta_B=215°42'$,$\beta_1=281°08'$,$\beta_2=210°45'$。

求：α_{B1}、α_{12}、α_{23}。

解：当推算路线为 $AB—B1—12—23$ 时,则所有的角都是右角,根据公式(6-6)有

$$\begin{aligned}\alpha_{B1}&=\alpha_{AB}-180°-\beta_B\\&=226°20'-180°-215°42'+360°\\&=190°38'\end{aligned}$$

该式中 $\alpha_{AB}-180°$ 是为了转换为 α_{BA},先保证共顶再执行"左加右减"原则,后面+360°是因为计算出的值小于0°,加上360°之后确保其在方位角值域范围内。

$$\alpha_{12}=\alpha_{B1}-180°-\beta_1=190°38'-180°-281°08'+360°=89°30'$$

$$\alpha_{23}=\alpha_{12}+180°-\beta_2=89°30'+180°-210°45'=58°45'$$

二、坐标增量计算

地面上两点的坐标值之差称为坐标增量,用 Δx_{AB} 表示 A 点至 B 点的纵坐标增量,Δy_{AB} 表示 A 点至 B 点的横坐标增量。坐标增量有方向性和正负意义,Δx_{BA}、Δy_{BA} 则表示 B 点至 A 点的纵、横坐标增量,其符号与 Δx_{AB}、Δy_{AB} 相反。坐标增量的计算根据已知数据的不同,有两种计算方法。

自测 6-1

1. 根据两个点的坐标计算坐标增量

在图 6-7 中，设 A、B 两点的坐标分别为 $A(x_A，y_A)$、$B(x_B，y_B)$。则 A 至 B 点的坐标增量为

$$\begin{cases} \Delta x_{AB} = x_B - x_A \\ \Delta y_{AB} = y_B - y_A \end{cases} \tag{6-7}$$

而 B 至 A 点的坐标增量为

$$\begin{cases} \Delta x_{BA} = x_A - x_B \\ \Delta y_{BA} = y_A - y_B \end{cases} \tag{6-8}$$

很明显，A 点至 B 点与 B 点至 A 点的坐标增量，绝对值相等，符号相反。由于坐标方位角和坐标增量均带有方向性（由下标表示），因此务必注意下标的书写次序。

2. 根据直线的坐标方位角和边长计算坐标增量

在图 6-7 中，设 AB 的坐标方位角为 α_{AB}，边长为 D_{AB}。则 A 至 B 点的坐标增量为

$$\begin{cases} \Delta x_{AB} = D_{AB} \cos\alpha_{AB} \\ \Delta y_{AB} = D_{AB} \sin\alpha_{AB} \end{cases} \tag{6-9}$$

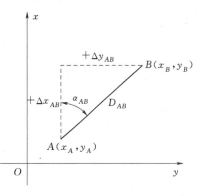

图 6-7　坐标增量计算

【例题 6-2】 已知两点 A、B 之间的距离 $D_{AB} = 200\text{m}$、AB 的方位角 $\alpha_{AB} = 292°34'56''$，求 AB 的坐标增量 x_{AB}、Δy_{AB}。

解： $\Delta x_{AB} = D_{AB} \cos\alpha_{AB} = 200 \times \cos292°34'56'' = +76.802$（m）

$\Delta y_{AB} = D_{AB} \sin\alpha_{AB} = 200 \times \sin292°34'56'' = -184.666$（m）

注意：坐标增量必须带 +、- 号

三、坐标正算

根据已知点的坐标、观测边的长度及其坐标方位角计算待求点的坐标，称为坐标正算。如图 6-8 所示，假设已知点 1 的坐标为 $(x_1，y_1)$ 和 1—2 边的坐标方位角 α_{12}，测得 1—2 边长 D_{12}，则点 2 的坐标 $(x_2，y_2)$ 计算公式为

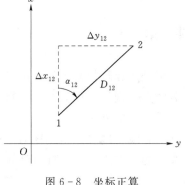

图 6-8　坐标正算

$$\begin{cases} x_2 = x_1 + \Delta x_{12} \\ y_2 = y_1 + \Delta y_{12} \end{cases} \tag{6-10}$$

式中：Δx_{12}、Δy_{12} 为 1—2 边坐标增量，采用公式 (6-9) 计算。

【例题 6-3】 如图 6-8 所示，已知 1—2 边长为 $D_{12} = 123.45\text{m}$，方位角为 $\alpha_{12} = 78°36'48''$，点 1 坐标为 (3145.67，4234.78)（单位：m），试求点 2 坐标。

解：

$$\begin{cases} x_2 = x_1 + \Delta x_{12} = 3145.67 + 123.45 \times \cos 78°36'48'' = 3170.04(\text{m}) \\ y_2 = y_1 + \Delta y_{12} = 4234.78 + 123.45 \times \sin 78°36'48'' = 4355.80(\text{m}) \end{cases}$$

四、坐标反算

根据直线两端点坐标计算直线的边长和坐标方位角，称为坐标反算。

由图 6-8 可知，假设点 1、2 坐标分别为 $(x_1，y_1)$、$(x_2，y_2)$，则可按以下步骤分别计算坐标方位角和边长。

首先由式（6-11）计算直线边的象限角，再根据坐标增量的符号判断其所在象限，按照表 6-13 方位角与象限角的关系计算其坐标方位角。然后按照式（6-12）计算边长。

$$R = \arctan \left| \frac{\Delta y_{12}}{\Delta x_{12}} \right| \tag{6-11}$$

$$D_{12} = \sqrt{(x_2 - x_1)^2 + (y_2 - y_1)^2} \tag{6-12}$$

表 6-13　　　　　　　　　　方位角、象限角与坐标增量的关系

象限	象限角 R 与方位角 α 的关系	Δx	Δy
I	$\alpha = R$	+	+
II	$\alpha = 180° - R$	−	+
III	$\alpha = 180° + R$	−	−
IV	$\alpha = 360° - R$	+	−

【例题 6-4】　已知点 1、2 坐标分别为 $(4342.99，3814.29)$、$(2404.50，525.72)$（单位：m），试计算 1—2 边长及其坐标方位角。

解： $D_{12} = \sqrt{(x_2 - x_1)^2 + (y_2 - y_1)^2}$

$$= \sqrt{(2404.50 - 4342.99)^2 + (525.72 - 3814.29)^2} = 3817.39(\text{m})$$

$$R_{12} = \arctan \left| \frac{\Delta y_{12}}{\Delta x_{12}} \right| = 59°28'56''$$

由于 $\Delta x_{12} < 0$，$\Delta y_{12} < 0$，判断为第三象限，则

$$\alpha_{12} = R_{12} + 180° = 239°28'56''$$

自测 6-2

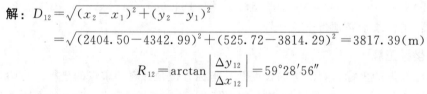

第三节　导　线　测　量

课件 6-3

导线测量是建立平面控制测量的一种常用方法，特别是在建筑物密集的城市以及带状区域建立控制网。其选点灵活，每点只需与前、后两点通视，工作效率高，特别是在光电技术普及使用的今天，导线测量不失为控制测量的有效方法。

将测区内相邻控制点用线段相连而构成的折线，称为导线，这些控制点称为导线点。导线测量就是观测其相邻折线所夹的水平角和折线边的水平距离，并且由已知数据和观测数据推算未知点坐标。

一、导线的布设形式

根据测区的条件和需要，导线通常布设成以下几种形式。

1. 闭合导线

闭合导线是起止于同一已知点的环形导线，如图 6-9 所示。导线从已知控制点出发，经过若干导线点，最后回到原起始点，形成一个封闭多边形。导线中已知方向与导线边的夹角称为连接角〔图 6-9（a）中的 β 即为连接角〕，其他内角称为导线转折角。在角度观测中，除观测各转折角外，还应观测其连接角，否则无法进行方位角的推算。图 6-9（b）属于闭合导线的特殊形式，也可称为是独立导线，没有连接角，A 点为已知点，A—1 或 A—4 边的方位角假定，或近似用磁方位角。

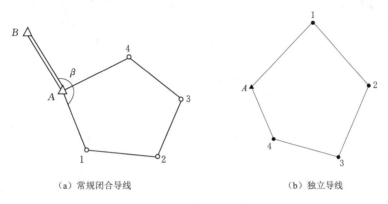

（a）常规闭合导线　　　　　　　　　（b）独立导线

图 6-9　闭合导线示意图

2. 附合导线

附合导线是起止于两个已知点的单一导线。如图 6-10 所示，导线从已知控制点出发，经过若干导线点，最后附合到另外一个已知点上。两端都有已知方向的称为双定向附合导线，简称附合导线（图 6-10 中 β_1、β_2 为连接角）。若只有一端有已知方向，则成为单定向附合导线。若两端均无已知方向，则称为无定向附合导线，简称无定向导线。

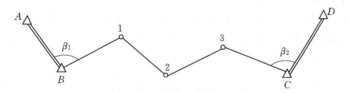

图 6-10　附合导线示意图

单定向附合导线和无定向附合导线在实际工作中应用较少。故没有特殊说明，通常讲的附合导线指的就是双定向附合导线。

3. 支导线

导线由一已知点和已知方向出发，既不附合到另外的已知点上，又不回到原有已知点上的导线，称为支导线（图 6-11 中 β 为连接角），如图 6-11 所示。由于支导线缺乏检核条件，不易发现错误，因此其点数不超过 2 个，仅用于图根导线测量。

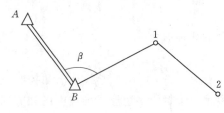

图 6-11 支导线示意图

闭合导线、附合导线和支导线统称为单一导线。

4. 单结点导线

如图 6-12 所示，从 3 个或 3 个以上的已知点出发，布设 3 条或 3 条以上的导线，且这些导线汇合于一未知点上，该未知点称为结点。只有一个结点的导线称为单结点导线。结点导线的起始点一般应有已知方向。

5. 导线网

导线网是指由已知点和未知点连接成一系列折线并构成网状的平面控制图形，如图 6-13 所示。导线网至少包含一个结点或两个以上闭合环。单结点导线是最简单的导线网。导线网未知点多，控制范围大，计算复杂，具有较多的检核条件。

视频 6-3

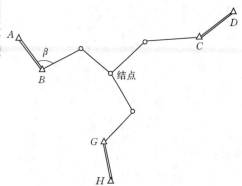

图 6-12 单结点导线示意图

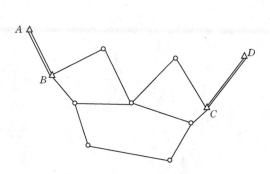

图 6-13 导线网示意图

二、导线测量的外业工作

导线测量的外业工作主要包括踏勘选点、建立标志、导线边长测量和角度测量等。

(一) 导线测量的技术要求

为满足不同工程测量的精度要求，有关规范均规定了导线的长度、导线的平均边长、观测精度和限差等指标要求（参考本章第一节相关内容）。表 6-14 为图根电磁波导线测量技术指标。

表 6-14   图根电磁波导线测量技术指标

测图比例尺	附合导线长度/m	平均边长/m	导线全长相对闭合差	测回数（DJ$_6$）	方位角闭合差/(")
1:500	900	80			
1:1000	1800	150	≤1/4000	1	$40\sqrt{n}$
1:2000	3000	250			

注 资料来源于《城市测量规范》（CJJ/T 8—2011）。n 为导线转折角个数。

(二) 主要外业工作

1. 踏勘选点

选点前，应调查收集测区有关资料，如地形图、控制点成果等资料，接着拟定导线的布设方案，然后进行现场踏勘、核对、修改和落实点位。选点时应满足下列要求：

（1）导线点应选在土质坚实、便于保存和安置仪器的地方。

（2）相邻点间应相互通视良好，便于测角。

（3）导线点应选在视野开阔的地方，便于以后的碎部测量。

（4）导线边长应大致相等，导线相邻边长之比不宜大于1∶3。

（5）导线点应有足够的密度，分布均匀，便于控制整个测区。

2. 标石埋设

选定导线点后，应在点位上建立标志。如果是土质地面，通常在点位上钉一个木桩，在桩顶钉一小钉作为点的临时标志，如图6-14（a）所示；如果是沥青路面，可用顶面刻有十字纹的测钉。对于等级导线点，需长期保留时，要埋设永久性标志，如图6-14（b）所示；并沿导线走向顺序编号，绘制导线略图。闭合导线一般按逆时针方向编号，附合导线和支导线按前进方向编号。为了便于以后寻找，应量出导线点到附近三个明显地物点间的距离，并在明显地物点上用红油漆标明导线点的位置。为便于以后使用，应绘制一个草图，图上注明导线点的编号、与周围明显地物点间的距离等信息，该图称为点之记，如图6-15所示。

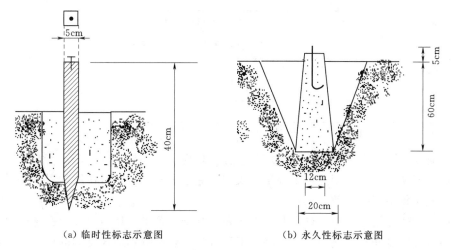

（a）临时性标志示意图　　　　　　　（b）永久性标志示意图

图6-14　导线点标志

点号	D12	桩别	铁钉
埋设日期	2019年10月20日	备注	

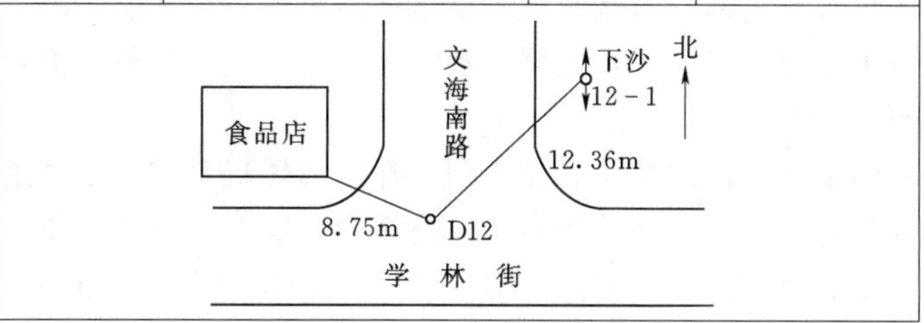

图6-15　点之记

3. 边长测量

目前，导线边长一般用满足精度要求的全站仪或电磁波测距仪进行测量，观测技术指标要求见表 6-15、表 6-16。测距前，仪器应经过检测。在大气稳定和成像清晰的气象条件下进行观测，晴天日出后与日落前半小时内不宜观测，中午可根据地区、季节和气象条件留有适当的间歇时间；阴天时，可全天观测。

表 6-15　　　　　　　　各等级平面控制网测距的主要技术指标

等级	仪器等级	观测次数		测回数
		往	返	
二等	Ⅰ级	1	1	6
三等	Ⅰ级	1	1	4
	Ⅱ级			6
四等	Ⅰ级	1	1	2
	Ⅱ级			4
一级	Ⅱ级	1		2
二、三级	Ⅱ级	1		1

注　一测回是指照准目标 1 次，一般读数 4 次，往返测回数各占总测回数的一半。

表 6-16　　　　　　　　各等级测距仪观测结果各项较差的限差

仪器等级	一测回读数较差/mm	单测回间较差/mm	往返或不同时段的较差
Ⅰ级	5	7	$2(a+b\times D)$
Ⅱ级	10	15	

注　往返较差应将斜距化算到同一水平面进行比较。

电磁波测距时，气象数据的测定应符合下列规定：

（1）气象仪表宜选用通风干湿温度表和空盒气压表。测距时使用的温度表及气压表宜和测距仪检定时一致。

（2）到达测站后，应立刻打开装气压表的盒子，置平气压表，并应避免受日光暴晒。温度表应悬挂在与测距视线同高、不受日光辐射影响和通风良好的地方，并应在气压表和温度表与周围温度一致后，再测记气象数据。

当测量距离为斜距时，应进行倾斜改正，可以采用测量两端点高差或边的垂直角进行倾斜改正。

若采用全站仪观测距离，直接选择测量水平距离即可，不需要测量斜距再进行改正；另外，气象数据也不必记录，仪器自动测量，自动进行气象改正。

4. 角度测量

角度测量要测量导线的连接角和转折角。导线的转折角有左、右之分，位于导线前进方向左侧的称为左角，反之称为右角。附合导线应统一测量左角或右角；闭合导线一般测内角；支导线左、右角都应观测。单一导线角度测量一般采用测回法观测，导线网结点处的角度测量一般采用方向观测法，各等级导线测量水平角观测技术指标见表 6-17。角度测量应注意以下问题：

表 6-17　　　　　　　　导线测量水平角观测技术指标

等级	测回数			方位角闭合差/(″)
	DJ$_1$	DJ$_2$	DJ$_6$	
三等	8	12	—	$\pm3\sqrt{n}$
四等	4	6	—	$\pm5\sqrt{n}$
一级		2	4	$\pm10\sqrt{n}$
二级		1	3	$\pm16\sqrt{n}$
三级		1	2	$\pm24\sqrt{n}$

（1）水平角观测应在通视良好、成像清晰稳定的情况下进行。

（2）水平角观测过程中，仪器不应受日光直射，气泡中心偏离整置中心不应超过1格。气泡偏离接近1格时，应在测回间重新整置仪器。

（3）水平角观测采用方向观测法时，方向数不多于3个的，可不归零。

（4）各等级导线观测时，脚架的安置宜采用三联脚架法。

（5）当导线边长较短时，要特别注意仪器对中与目标照准，以减少这两项误差对测角精度的影响。

导线连接角的测量称为连接测量，目的是使导线点的坐标纳入国家坐标系统或是该地区的统一坐标系中。对于与高级控制点连接的导线，测量连接角如同测转折角，如图 6-10 中的 β_1、β_2 角；当然，对于缺乏检验条件的连接角，如图 6-9（a）中的 β 角，测量时应适当增加测回数以提高测角精度。对于独立导线，需用罗盘仪测定其起始边的磁方位角当作坐标方位角使用，保证所测地形图大致方向正确。

三、导线测量的内业计算

在导线测量外业工作完成以后，进行导线内业计算工作。在内业计算之前，要全面检查外业观测数据有无遗漏，记录、计算是否有误，成果是否符合限差要求。只有在保证外业数据完全正确的前提下，才能进行内业计算工作，以免造成不必要的返工。为防止计算过程中出现错误，在导线测量计算前，要根据外业成果绘制计算略图，将观测值标注在略图上。

（一）闭合导线的计算

闭合导线是由折线组成的多边形，因而闭合导线必须满足两个几何条件：一个是多边形内角和条件；另一个是坐标条件，即从起算点开始，逐点推算导线各点的坐标，最后推算到起点，由于是同一个点，因此推算出的坐标应该等于已知坐标。

1. 角度闭合差的计算与调整

（1）角度闭合差的计算。对于 n 边形，其内角和的理论值为

$$\sum\beta_{理}=(n-2)\times180° \tag{6-13}$$

由于角度观测过程存在误差，观测的内角之和与理论值不相等，其差值称为角度闭合差，用 f_β 表示，则

$$f_\beta=\sum\beta_{测}-\sum\beta_{理}=\sum\beta_{测}-(n-2)\times180° \tag{6-14}$$

角度闭合差的大小在一定程度上标志着测角的精度。导线作为图根控制时，角度

视频 6-4

闭合差的容许值为

$$f_{\beta容} = \pm 40''\sqrt{n} \tag{6-15}$$

式中：n 为闭合导线内角的个数。

（2）角度闭合差的调整。当闭合差不大于其容许值时，即可将闭合差按相反符号平均分配到观测角中。每个角度的改正数用 V_β 表示，则

$$V_\beta = -\frac{f_\beta}{n} \tag{6-16}$$

式中：f_β 为角度闭合差，$('')$；n 为闭合导线内角的个数。

注意：如果 f_β 的值不能被导线内角数整除而有余数时，可将余数调整到短边的邻角上，使调整后的内角和等于 $\sum\beta_理$。

（3）调整后的观测值计算。设导线的角度观测值为 $\beta_测$，改正后的观测值为 $\hat{\beta}$，则

$$\hat{\beta} = \beta_测 + V_\beta \tag{6-17}$$

2. 导线各边方位角的推算

根据起算边方位角和改正后的转折角，按照连续折线的方位角推算公式推算各边方位角。

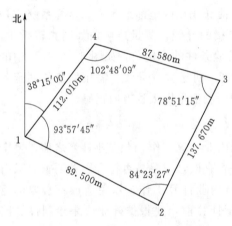

图 6-16 闭合导线坐标计算略图

【例题 6-5】 如图 6-16 所示，已知 1—4 边的方位角为 $38°15'00''$，测得图根闭合导线各转折角、边长的值均标注于图上，按 1—2—3—4—1 路线推求角度闭合差和各边的方位角。

解：（1）求角度闭合差：

$$\begin{aligned}
f_\beta &= \sum\beta_测 - \sum\beta_理 \\
&= \sum\beta_测 - (n-2)\times 180° \\
&= 360°00'36'' - 360° \\
&= +36''
\end{aligned}$$

$$f_{\beta容} = \pm 60''\sqrt{n} = \pm 120''$$

因为 $|f_\beta| < |f_{\beta容}|$，所以角度观测精度符合要求。

（2）计算角度改正数：

$$V_\beta = -\frac{f_\beta}{n} = -9''$$

则各角的改正后的角度如下：

$$\hat{\beta}_1 = \beta_测 + V_\beta = 93°57'45'' - 9'' = 93°57'36''$$

$$\hat{\beta}_2 = \beta_测 + V_\beta = 84°23'27'' - 9'' = 84°23'18''$$

$$\hat{\beta}_3 = \beta_测 + V_\beta = 78°51'15'' - 9'' = 78°51'06''$$

$$\hat{\beta}_4 = \beta_测 + V_\beta = 102°48'09'' - 9'' = 102°48'00''$$

（3）方位角推算。按 1—2—3—4—1 线路推算，由于观测角是左角，因此，采用下式推算方位角：

$$\alpha_{前} = \alpha_{后} + 180° + \beta_{左} \tag{6-18}$$

可得各边的方位角如下：

$\alpha_{12} = \alpha_{14} + \hat{\beta}_1 = 38°15'00'' + 93°57'36'' = 132°12'36''$

$\alpha_{23} = \alpha_{12} + 180° + \hat{\beta}_2 = 132°12'36'' + 180° + 84°23'18'' = 396°35'54'' - 360° = 36°35'54''$

$\alpha_{34} = \alpha_{23} + 180° + \hat{\beta}_3 = 36°35'54'' + 180° + 78°51'06'' = 295°27'00''$

$\alpha_{41} = \alpha_{34} + 180° + \hat{\beta}_4 = 295°27'00'' + 180° + 102°48'00'' - 360° = 218°15'00''$

计算 α_{12} 时没有加 180°是因为 1—2 与 1—4 的方位角本身就共顶。

3. 坐标增量的计算与闭合差的调整

（1）坐标增量及坐标增量闭合差的计算。按照公式计算各边的坐标增量。对于闭合导线，如图 6-17 所示，各边 x 坐标增量总和与 y 坐标增量总和的理论值应等于 0，即

$$\begin{cases} \sum \Delta x_{理} = 0 \\ \sum \Delta y_{理} = 0 \end{cases} \tag{6-19}$$

由于观测值不可避免地包含误差，所以计算出的坐标增量总和一般不等于 0，该数值称为纵、横坐标增量闭合差，分别用 f_x、f_y 表示，即

$$\begin{cases} f_x = \sum \Delta x \\ f_y = \sum \Delta y \end{cases} \tag{6-20}$$

（2）导线全长闭合差和相对闭合差的计算。从起点出发，根据各边坐标计算值算出各点的坐标后，不能闭合于起点，造成错开现象，这种错开的距离长度称为导线全长闭合差，用 f_D 表示，如图 6-18 所示。f_x 即为 f_D 在 x 轴上的投影；f_y 即为 f_D 在 y 轴上的投影，则

$$f_D = \sqrt{f_x^2 + f_y^2} \tag{6-21}$$

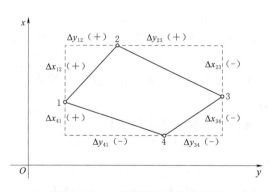

图 6-17 坐标增量闭合差示意图

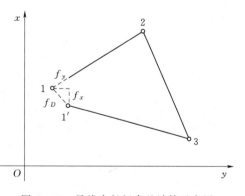

图 6-18 导线全长闭合差计算示意图

导线全长相对闭合差为

$$K = \frac{f_D}{\sum D} = \frac{1}{\dfrac{\sum D}{f_D}}$$

$$(6-22)$$

对于图根导线，导线全长相对闭合差的容许值 $K_{容} = \dfrac{1}{4000}$。

当 $K \leqslant K_{容}$ 时，导线测量的精度符合要求，可以进行闭合差的调整；否则成果不符合要求，不得继续进行内业计算，需进行外业检查，必要时重新进行外业测量。

（3）坐标增量闭合差的调整。由于坐标增量闭合差主要由于边长误差的影响而产生，而边长误差的大小与边长的长短有关，因此，坐标增量闭合差的调整方法是将增量闭合差 f_x、f_y 反号，按与边长成正比分配于各个坐标增量之中，使改正后的 $\sum \Delta x$、$\sum \Delta y$ 均等于 0。设第 i 边边长为 D_i，其纵、横坐标增量改正数分别用 $V_{\Delta x_i}$、$V_{\Delta y_i}$ 表示，则

$$\begin{cases} V_{\Delta x_i} = -\dfrac{f_x}{\sum D} D_i \\[2mm] V_{\Delta y_i} = -\dfrac{f_y}{\sum D} D_i \end{cases}$$

$$(6-23)$$

式中：$\sum D$ 为导线边长总和，m；D_i 为第 i 边的边长，m。

改正后的坐标增量计算公式为

$$\begin{cases} \Delta \hat{x} = \Delta x + V_{\Delta x_i} \\[2mm] \Delta \hat{y} = \Delta y + V_{\Delta y_i} \end{cases}$$

$$(6-24)$$

注意：改正数一般取至毫米，坐标增量改正数的总和应等于坐标增量闭合差的相反数，凭此进行检核。如果有余数，可将余数调整到长边的坐标增量的改正数上。

4. 导线点坐标的计算

坐标增量调整后，根据起算点坐标和调整后的坐标增量，按照坐标正算公式逐点计算各导线点的坐标，其计算公式为

$$\begin{cases} x_i = x_{i-1} + \Delta \hat{x}_{i-1,i} \\[2mm] y_i = y_{i-1} + \Delta \hat{y}_{i-1,i} \end{cases}$$

$$(6-25)$$

【例题 6-6】　如图 6-19 所示，已知 $x_1 = 200.00 \text{m}$，$y_1 = 500.00 \text{m}$，1—2 边的方位角为 $132°12'36''$。求闭合导线各导线点的坐标。

解：（1）角度闭合差的计算：

$$f_\beta = 360°00'36'' - 360° = +36''$$

$$f_{\beta容} = \pm 40'' \sqrt{n} = \pm 80''$$

因为 $|f_\beta| < |f_{\beta容}|$，所以角度观测精度符合要求。

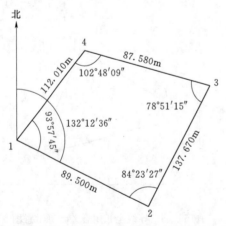

图 6-19　图根闭合导线坐标计算略图

（2）计算角度改正数：

$$V_\beta = -\frac{f_\beta}{n} = -9''$$

（3）计算调整后角度：

$$\hat\beta_1 = \beta_1 - 9'' = 84°23'27'' - 9'' = 84°23'18''$$

$$\hat\beta_2 = \beta_2 - 9'' = 78°51'15'' - 9'' = 78°51'06''$$

$$\hat\beta_3 = \beta_3 - 9'' = 102°48'09'' - 9'' = 102°48'00''$$

$$\hat\beta_4 = \beta_4 - 9'' = 93°57'45'' - 9'' = 93°57'36''$$

（4）各边坐标方位角的推算：

$$\alpha_{23} = \alpha_{12} + 180° + \hat\beta_1 - 360° = 132°12'36'' + 84°23'18'' - 180° = 36°35'54''$$

$$\alpha_{34} = \alpha_{23} + 180° + \hat\beta_2 = 36°35'54'' + 78°51'06'' + 180° = 295°27'00''$$

$$\alpha_{41} = \alpha_{34} - 180° + \hat\beta_3 = 295°27'00'' - 180° + 102°48'00'' = 218°15'00''$$

（5）坐标增量的计算：

$$\Delta x_{12} = 89.500 \times \cos132°12'36'' = -60.131(\text{m})$$
$$\Delta y_{12} = 89.500 \times \sin132°12'36'' = 66.292(\text{m})$$
$$\Delta x_{23} = 137.670 \times \cos36°35'54'' = 110.526(\text{m})$$
$$\Delta y_{23} = 137.670 \times \sin36°35'54'' = 82.079(\text{m})$$
$$\Delta x_{34} = 87.580 \times \cos295°27'00'' = 37.635(\text{m})$$
$$\Delta y_{34} = 87.580 \times \sin295°27'00'' = -79.081(\text{m})$$
$$\Delta x_{41} = 112.010 \times \cos218°15'00'' = -87.963(\text{m})$$
$$\Delta y_{41} = 112.010 \times \sin218°15'00'' = -69.345(\text{m})$$

（6）坐标增量闭合差的计算与调整：

$$f_x = \sum \Delta x = 0.067\text{m}$$
$$f_y = \sum \Delta y = -0.055\text{m}$$
$$f_D = \sqrt{f_x^2 + f_y^2} = 0.087\text{m}$$

由于 $k = \dfrac{f_D}{\sum D} \approx \dfrac{1}{4900} < \dfrac{1}{4000}$，因此可以进行坐标增量闭合差的分配：

$$v_{\Delta x_{12}} = -\frac{0.067}{426.76} \times 89.5 = -0.014(\text{m})$$

$$v_{\Delta y_{12}} = -\frac{-0.055}{426.76} \times 89.5 = 0.012(\text{m})$$

$$v_{\Delta x_{23}} = -\frac{0.067}{426.76} \times 137.67 = -0.022(\text{m})$$

$$v_{\Delta y_{23}} = -\frac{-0.055}{426.76} \times 137.67 = 0.018(\text{m})$$

$$v_{\Delta x_{34}} = -\frac{0.067}{426.76} \times 87.58 = -0.014(\text{m})$$

$$v_{\Delta y_{34}} = -\frac{-0.055}{426.76} \times 87.58 = 0.011(\text{m})$$

$$v_{\Delta x_{41}} = -\frac{0.067}{426.76} \times 112.01 = -0.017(\text{m})$$

$$v_{\Delta y_{41}} = -\frac{-0.055}{426.76} \times 112.01 = 0.014(\text{m})$$

（7）导线点坐标的计算：

$$x_2 = x_1 + \Delta x_{12} + v_{\Delta x_{12}} = 200 - 60.131 - 0.014 = 139.855(\text{m})$$
$$y_2 = y_1 + \Delta y_{12} + v_{\Delta y_{12}} = 500 + 66.292 + 0.012 = 566.304(\text{m})$$
$$x_3 = x_2 + \Delta x_{23} + v_{\Delta x_{23}} = 139.855 + 110.526 - 0.022 = 250.359(\text{m})$$
$$y_3 = y_2 + \Delta y_{23} + v_{\Delta y_{23}} = 566.304 + 82.079 + 0.018 = 648.401(\text{m})$$
$$x_4 = x_3 + \Delta x_{34} + v_{\Delta x_{34}} = 250.359 + 37.635 - 0.014 = 287.980(\text{m})$$
$$y_4 = y_3 + \Delta y_{34} + v_{\Delta y_{34}} = 648.401 - 79.081 + 0.011 = 569.311(\text{m})$$

由点 4 坐标继续推出点 1 坐标，进行检核：

$$x_1 = x_4 + \Delta x_{41} + v_{\Delta x_{41}} = 287.980 - 87.963 - 0.017 = 200.00(\text{m})$$
$$y_1 = y_4 + \Delta y_{41} + v_{\Delta y_{41}} = 569.311 - 69.345 + 0.014 = 500.00(\text{m})$$

通过检核可知计算正确。

上述例题 6 - 6 的完整计算步骤可以用一张导线坐标计算表简单表示，见表 6 - 18。

表 6 - 18　　　　　　　　　　图根闭合导线坐标计算表（一）

点号	角度观测值 /(° ′ ″)	改正数 /(″)	改正后角值 /(° ′ ″)	方位角 /(° ′ ″)	平距 /m	坐标增量 Δx/m	坐标增量 Δy/m	改正后增量 Δx/m	改正后增量 Δy/m	坐标 x/m	坐标 y/m
(1)	(2)	(3)	(4)	(5)	(6)	(7)	(8)	(9)	(10)	(11)	(12)
1	（左角）									200.00	500.00
				132 12 36	89.500	−0.014 −60.131	+0.012 +66.292	−60.145	+66.304		
2	84 23 27	−9	84 23 18							139.855	566.304
				36 35 54	137.670	−0.022 +110.526	+0.018 +82.079	+110.504	+82.097		
3	78 51 15	−9	78 51 06							250.359	648.401
				295 27 00	87.580	−0.014 +37.635	+0.011 −79.081	+37.621	−79.070		
4	102 48 09	−9	102 48 00							287.980	569.331
				218 15 00	112.010	−0.017 −87.963	+0.014 −69.345	−87.980	−69.331		
1	93 57 45	−9	93 57 36							200.00	500.00
				132 12 36							
2											
Σ	360 00 36		360 00 00		426.760	+0.067	−0.055	0	0		
辅助 计算											

辅助计算：$f_\beta = \sum\beta_{测} - (n-2) \times 180° = +36''$，$\sum D = 426.760\text{m}$，$f_x = +0.067\text{m}$，$f_y = -0.055\text{m}$，$f_D = \sqrt{f_x^2 + f_y^2} = 0.087\text{m}$，$k = \frac{1}{4900}$；

$f_{\beta容} = \pm 40''\sqrt{n} = \pm 80''$；$k < \frac{1}{4000}$，符合精度要求

【例 6 - 7】　已知 $x_1=200.00$m，$y_1=500.00$m，1—4 边的方位角为 $38°15'00''$，按顺时针顺序，求图 6 - 16 中闭合导线各导线点的坐标。

解： 由于是顺时针编号顺序计算，因此所测内角变为右角，故方位角推算时采用减号，同时注意观测角度的填写位置。详细结果见表 6 - 19。

表 6 - 19　图根闭合导线坐标计算表（二）

点号	角度观测值 /(° ′ ″)	改正后角值 /(° ′ ″)	方位角 /(° ′ ″)	平距 /m	坐标增量 Δx/m	坐标增量 Δy/m	改正后增量 Δx/m	改正后增量 Δy/m	坐标 x/m	坐标 y/m
(1)	(2)	(3)	(4)	(5)	(6)	(7)	(8)	(9)	(10)	(11)
1	（右角）								200.00	500.00
			38　15　00	112.010	+0.017 87.963	−0.014 69.345	87.980	69.331		
4	−09 102　48　09	102　48　00							287.980	569.331
			115　27　00	87.580	+0.014 −37.635	−0.011 79.081	−37.621	79.070		
3	−09 78　51　15	78　51　06							250.359	648.401
			216　35　54	137.670	+0.022 −110.526	−0.018 −82.079	−110.504	−82.097		
2	−09 84　23　27	84　23　18							139.855	566.304
			312　12　36	89.500	+0.014 60.131	−0.012 −66.292	60.145	−66.304		
1	−09 93　57　45	93　57　36							200.00	500.00
			38　15　00							
4										
Σ	360　00　36	360　00　00		426.760	−0.067	+0.055	0	0		
辅助计算	$f_\beta = \sum\beta_测 - (n-2)\times180° = +36''$，$\sum D = 426.760$m，$f_x = -0.067$m，$f_y = +0.055$m，$f_D = \sqrt{f_x^2 + f_y^2} = 0.087$m；$f_{\beta容} = \pm60''\sqrt{n} = \pm120''$；$k = \dfrac{1}{4900} < \dfrac{1}{4000}$，符合精度要求									

（二）附合导线的计算

附合导线的计算与闭合导线的计算基本相同，只是在角度闭合差的计算和坐标增量闭合差的计算方面存在差异。

1. 附合导线角度闭合差的计算与调整

如图 6 - 20 所示，根据起始边 AB 的坐标方位角及各转折角 β_i（右角），可以推算出 CD 边的坐标方位角 α'_{CD}，此方位角理论上应与 CD 边的已知方位角 α_{CD} 相等。但是由于测角有误差，所以 α'_{CD} 与 α_{CD} 一般不相等，其差值即为附合导线的角度闭合差 f_β，即。

视频 6 - 5

$$f_\beta = \alpha'_{CD} - \alpha_{CD} \tag{6 - 26}$$

用附合导线的左角来计算方位角的公式为

$$\alpha'_{CD} = \alpha_{AB} + \sum\beta_左 - n\times180° \tag{6 - 27}$$

用附合导线的右角来计算方位角的公式为

$$\alpha'_{CD} = \alpha_{AB} - \sum\beta_右 + n\times180° \tag{6 - 28}$$

式中：n 为转折角的个数（包括连接角）。

若闭合差在容许范围内，且观测的是左角，则将闭合差按相反符号平均分配给各左角；若观测的是右角，则将闭合差按相同符号平均分配给各右角。

2. 坐标增量闭合差的计算

附合导线纵、横坐标增量的代数和理论上应等于起、终两已知点间的坐标差。如不相等，则其差值就是附合导线坐标增量闭合差，计算公式为

$$\begin{cases} f_x = \sum \Delta x_{测} - (x_{终} - x_{起}) \\ f_y = \sum \Delta y_{测} - (y_{终} - y_{起}) \end{cases} \tag{6-29}$$

式中：$x_{始}$、$y_{始}$ 分别为附合导线起始点的纵、横坐标；$x_{终}$、$y_{终}$ 分别为附合导线终点的纵、横坐标。

附合导线坐标增量闭合差的调整方法以及导线精度的衡量均与闭合导线相同。

【例题 6-8】 图 6-20 是附合导线的计算略图，点 A、B 和 C、D 是已知的高级控制点，α_{AB}、α_{CD} 及 B (x_B, y_B)、C (x_C, y_C) 为起算数据，β_i 和 D_i 分别为角度和边长的观测值，试计算点 1、2、3、4 的坐标。计算过程见表 6-20。

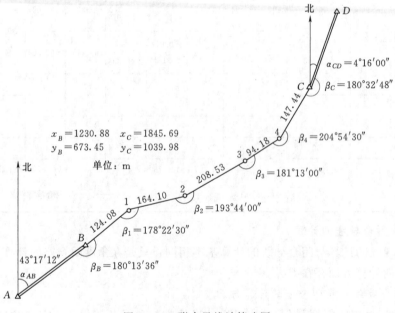

图 6-20　附合导线计算略图

解： （1）角度闭合差的计算与调整：

$$f_\beta = \alpha'_{CD} - \alpha_{CD} = \alpha_{AB} - \sum \beta_{右} + 6 \times 180° - \alpha_{CD}$$
$$= 43°17'12'' - 1119°00'24'' + 6 \times 180° - 4°16'00'' = 48''$$

$$f_{\beta容} = \pm 40'' \times \sqrt{6} = \pm 98''$$

因为 $|f_\beta| < |f_{\beta容}|$，所以角度观测精度符合要求。

由于计算角度闭合差用的是右角，因此转折角的改正数为

$$v_\beta = \frac{f_\beta}{n} = 8''$$

填入到表 6 - 20 的（3）栏，改正后的角度 $\hat{\beta} = \beta_测 + V_\beta$ 填入到表 6 - 20 的（4）栏。

（2）方位角的推算：

$$\alpha_{B1} = \alpha_{AB} - \hat{\beta}_B + 180° = 43°17'12'' - 180°13'44'' + 180° = 43°03'28''$$

$$\alpha_{12} = \alpha_{B1} - \hat{\beta}_1 + 180° = 43°03'28'' - 178°22'38'' + 180° = 44°40'50''$$

$$\alpha_{23} = \alpha_{12} - \hat{\beta}_2 + 180° = 44°40'50'' - 193°44'08'' + 180° = 30°56'42''$$

$$\alpha_{34} = \alpha_{23} - \hat{\beta}_3 + 180° = 30°56'42'' - 181°13'08'' + 180° = 29°43'34''$$

$$\alpha_{4C} = \alpha_{34} - \hat{\beta}_4 + 180° = 29°43'34'' - 204°54'38'' + 180° = 4°48'56''$$

$$\alpha_{CD} = \alpha_{4C} - \hat{\beta}_C + 180° = 4°48'56'' - 180°32'56'' + 180° = 4°16'00''$$

表 6 - 20　　　　　　　　　　　附 合 导 线 计 算 表

点号	观测角（右角）/(° ′ ″)	改正数/(″)	改正后的角度/(° ′ ″)	坐标方位角/(° ′ ″)	边长/m	增量计算值/m 改正数 Δx	增量计算值/m 改正数 Δy	改正后的增量值/m Δx	改正后的增量值/m Δy	坐标/m x	坐标/m y
(1)	(2)	(3)	(4)	(5)	(6)	(7)	(8)	(9)	(10)	(11)	(12)
A				43 17 12							
B	180 13 36	+8	180 13 44							1230.88	673.45
				43 03 28	124.08	−0.02 90.66	+0.02 84.71	90.64	84.73		
1	178 22 30	+8	178 22 38							1321.52	758.18
				44 40 50	164.10	−0.02 116.68	+0.03 115.39	116.66	115.42		
2	193 44 00	+8	193 44 08							1438.18	873.60
				30 56 42	208.53	−0.02 178.85	+0.03 107.23	178.83	107.26		
3	181 13 00	+8	181 13 08							1617.01	980.86
				29 43 34	94.18	−0.01 81.79	+0.02 46.70	81.78	46.72		
4	204 54 30	+8	204 54 38							1698.79	1027.58
				4 48 56	147.44	−0.02 146.92	+0.02 12.38	146.90	12.40		
C	180 32 48	+8	180 32 56							1845.69	1039.98
D				4 16 00							
Σ	1119 00 24		1119 01 12		738.33	+614.90	+366.41	+614.81	366.53		
辅助计算	$\alpha'_{CD} = 4°16'48''$ $\alpha_{CD} = 4°16'00''$ $f_\beta = +48''$ $f_{\beta容} = ±40''\sqrt{6} = ±98''$ $f_\beta < f_{\beta容}$					$f_x = +0.09\text{m}$ $f_y = -0.12\text{m}$ $f = \sqrt{f_x^2 + f_y^2} = 0.15\text{m}$ $k = \frac{0.15}{738.33} \approx \frac{1}{4900} < \frac{1}{4000}$					

方位角计算后填入到表 6-21 的（5）栏。

（3）坐标增量的计算：

$$\Delta x_{B1} = 124.08 \times \cos 43°03'28'' = 90.66 \text{(m)}$$
$$\Delta y_{B1} = 124.08 \times \sin 43°03'28'' = 84.71 \text{(m)}$$

以此类推，计算其他导线边的坐标增量，并填入表 6-21 的（7）、（8）栏。

（4）坐标增量闭合差的计算与调整：

$$f_x = \sum \Delta x - (x_C - x_B) = 0.09 \text{(m)}$$
$$f_y = \sum \Delta y - (y_C - y_B) = -0.12 \text{(m)}$$
$$f_D = \sqrt{f_x^2 + f_y^2} = 0.15 \text{m}$$
$$k = \frac{f_D}{\sum D} \approx \frac{1}{4900} < \frac{1}{4000}$$

因此，可以进行坐标增量闭合差的分配：

$$v_{\Delta x_{B1}} = -\frac{0.09}{738.33} \times 124.08 = -0.02 \text{(m)}$$

自测 6-3

$$v_{\Delta y_{B1}} = -\frac{-0.12}{738.33} \times 124.08 = 0.02 \text{(m)}$$

以此类推，计算其他导线边的坐标增量闭合差改正数，并填入表 6-21 的（7）、（8）栏。

计算改正后的坐标增量，填入到表 6-21 的（9）、（10）栏。

（5）导线点坐标的计算：

$$x_1 = x_B + \Delta x_{B1} + v_{\Delta x_{B1}} = 1230.88 + 90.66 - 0.02 = 1321.52 \text{(m)}$$
$$y_1 = y_B + \Delta y_{B1} + v_{\Delta y_{B1}} = 673.45 + 84.71 + 0.02 = 758.18 \text{(m)}$$

以此类推，计算其他导线点的坐标，并填入表 6-21 的（11）、（12）栏。

$$x_C = x_4 + \Delta x_{4C} + v_{\Delta x_{4C}} = 1698.79 + 146.92 - 0.02 = 1845.69 \text{ (m)}$$
$$y_C = y_4 + \Delta y_{4C} + v_{\Delta y_{4C}} = 1027.58 + 12.38 + 0.02 = 1039.98 \text{ (m)}$$

从 B 点推出 C 点的坐标与已知值进行比较，检核完全正确。

（三）无定向导线的计算

如图 6-21 所示，A、B 为附合导线的两个已知点，由于在 A、B 两点处没有定向方向，因此该导线 A—1—2—3—B 为无定向导线。在点 1、2、3 测转折角，并量测相邻点间的边长，则可计算出未知点 1、2、3 的坐标。无定向导线的优点是需要的控制点少，布设灵活，可适用于任何地区；但缺点是可靠性差。

无定向导线内业计算步骤如下：

(1) 根据 A、B 点的坐标计算 AB 的坐标方位角 α。

(2) 以 A 为原点，以 A—1 方向为 x 轴，以垂直于 A—1 方向为 y 轴，建立假定坐标系 $x'Ay'$。

(3) 计算 B 点在假定坐标系中的坐标 x_B'、y_B'。

(4) 计算 AB 在假定坐标系下的坐标方位角 α'。

(5) 计算第一条边 A—1 的真坐标方位角 $\alpha_{A1} = \alpha - \alpha'$。

(6) 按照支导线计算每个导线点的坐标（包括 B 点）。

(7) 按照式（6-30）评定精度。

$$\begin{cases} f_x = x_B - x_{B原} \\ f_y = y_B - y_{B原} \\ f = \sqrt{f_x^2 + f_y^2} \\ k = \dfrac{f}{[S]} = \dfrac{1}{[S]/f} \end{cases} \qquad (6-30)$$

【例题 6-9】 如图 6-22 所示，已知无定向导线的两个端点坐标分别为 B (1230.88m，673.45m)、C (1845.69m，1039.98m)，导线边长和转折角如图 6-22 所示，试计算未知点 5、6、7、8 的坐标。

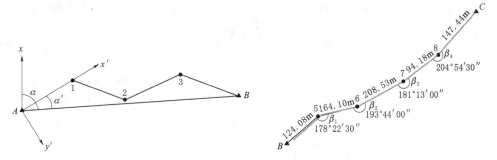

图 6-21　无定向导线　　　　　图 6-22　无定向导线计算示意图

解：（1）根据 B、C 点的坐标计算 BC 的坐标方位角：

$$\alpha_{BC} = \arctan\left|\frac{\Delta y_{BC}}{\Delta x_{BC}}\right| = \arctan\left|\frac{1039.98 - 673.45}{1845.69 - 1230.88}\right| = 30°48'07''$$

（2）计算导线点 C 在假定坐标系中的坐标。以 B 点为原点，以 B—5 边为 x' 轴方向建立坐标系。此时 B 点在假定坐标系中的坐标为（0，0），计算结果见表 6-21。

表 6-21　　　　　　　　　　　无定向导线计算表（一）

点号	观测角（右角）/(° ′ ″)	坐标方位角/(° ′ ″)	距离/m	Δx/m	Δy/m	x'/m	y'/m
B						0	0
		0 00 00	124.08	124.08	0		
5	178 22 30					124.08	0
		1 37 30	164.10	164.03	4.65		
6	193 44 00					288.11	4.65
		347 53 30	208.53	203.89	−43.74		
7	181 13 00					492.00	−39.09
		346 40 30	94.18	91.64	−21.71		
8	204 54 30					583.65	−60.79
		321 46 00	147.44	115.81	−91.25		
C						699.46	−152.04

根据支导线推算得 C 点在假定坐标系中的坐标为（699.46，-152.04）。

（3）计算导线在地面坐标系中的坐标，见表 6－22。

1）由 B、C 两点在假定坐标系中的坐标反算其假定方位角：

$$R'_{BC} = \arctan\left|\frac{\Delta y'_{BC}}{\Delta x'_{BC}}\right| = \arctan\left|\frac{-152.04-0}{699.46-0}\right| = 12°15'49''$$

由于直线 BC 指向第Ⅳ象限，因此有

$$\alpha'_{BC} = 360° - 12°15'49'' = 347°44'11''$$

2）推算起始边在地面坐标系中的方位角：

$$\alpha_{B5} = \Delta\alpha = \alpha_{BC} - \alpha'_{BC} + 360° = 43°03'56''$$

3）将起始边在地面坐标系中的方位角填入表 6－22，进行其他点坐标的计算。

表 6－22　　　　　　　　　　无定向导线计算表（二）

点号	观测角（右角）/(° ′ ″)	坐标方位角/(° ′ ″)	距离/m	Δx/m	Δy/m	x/m	y/m
B						1230.88	673.45
		43 03 56	124.08	90.65	84.73		
5	178 22 30					1321.53	758.18
		44 41 26	164.10	116.66	115.41		
6	193 44 00					1438.19	873.58
		30 57 26	208.53	178.83	107.27		
7	181 13 00					1617.02	980.85
		29 44 26	94.18	81.77	46.72		
8	204 54 30					1698.79	1027.57
		4 49 56	147.44	146.92	12.42		
C						1845.71	1039.99

综上所述，导线坐标为：5（1321.53，758.18），6（1438.19，873.58），7（1617.02，980.85），8（1698.79，1027.57）。

4）无定向导线的精度评定。

坐标闭合差为

$$f_x = x_C - x_{C原} = 0.02(m)$$
$$f_y = y_C - y_{C原} = 0.01(m)$$

计算得

$$f = \sqrt{f_x^2 + f_y^2} = 0.022(m)$$

全长相对闭合差为

$$k = \frac{f}{\sum S} \approx \frac{1}{32500}$$

（四）支导线的计算

支导线如图 6－23 所示，由于支导线没有检核条件，其坐标计算不必进行角度闭

合差和坐标闭合差的计算与调整，直接由各边的边长和方位角计算坐标增量，最后依次求出各点坐标即可。

（1）根据已知边坐标方位角和观测的转折角推算各边的坐标方位角：

$$\alpha_{前}=\alpha_{后}+\beta_{左}\pm180°$$

（2）根据各边坐标方位角和边长计算坐标增量：

$$\Delta x=S\cos\alpha$$

$$\Delta y=S\sin\alpha$$

（3）根据已知点的坐标和各边坐标增量推算各点的坐标：

$$x_{前}=x_{后}+\Delta x,y_{前}=y_{后}+\Delta y$$

【例题 6 - 10】 图 6 - 24 所示为一支导线，起算数据为 M（1434.711m，1870.000m）、N（1023.263m，2181.463m），观测数据 $\beta=90°10'12''$，NP 的水平距离 $D=110.450$m，试计算 P 点的坐标。

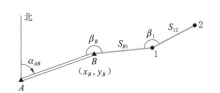

图 6 - 23 支导线

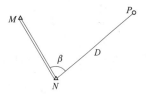

图 6 - 24 支导线计算略图

解：（1）计算 MN 的坐标方位角：

$$\Delta x_{MN}=1023.263-1434.711=-411.448(m)$$

$$\Delta y_{MN}=2181.463-1870.000=311.463(m)$$

$$R=\arctan\left|\frac{311.463}{411.448}\right|=37°07'32''$$

由于 MN 指向第Ⅱ象限，所以有

$$\alpha_{MN}=180°-37°07'32''=142°52'28''$$

（2）推算 NP 的坐标方位角：

$$\alpha_{NP}=142°52'28''+180°+90°10'12''-360°=53°02'40''$$

（3）计算 P 点的坐标：

$$\Delta x_{NP}=110.450\times\cos53°02'40''=66.402(m)$$

$$\Delta y_{NP}=110.450\times\sin53°02'40''=88.261(m)$$

$$x_P=1023.263+66.402=1089.665(m)$$

$$y_P=2181.463+88.261=2269.724(m)$$

第四节 交 会 测 量

交会测量是在导线点的密度不能满足测图和施工要求的前提条件下进行的，是对控制测量的一种补充，是加密控制点常用的方法。它可以采用在数个已知控制点上设

课件 6 - 4

站，分别向待定点观测方向或距离，也可以在待定点上设站向数个已知控制点观测方向或距离，然后计算待定点的坐标。常用的交会测量方法有前方交会法、侧方交会法、后方交会法和自由设站法等。根据观测元素性质的不同，交会法测量可分为：测角前方交会，如图 6 - 25（a）所示；测角侧方交会，如图 6 - 25（b）所示；测角后方交会，如图 6 - 25（c）所示；测边交会，如图 6 - 25（d）所示。在当今全站仪普及的情况下，还有边角后方交会（也称自由设站法）等。

　　本节主要讲述测角前方交会、测角侧方交会以及测角后方交会等方法的原理与计算，并简单介绍自由设站法。

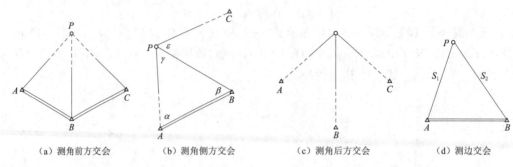

|（a）测角前方交会|（b）测角侧方交会|（c）测角后方交会|（d）测边交会|

图 6 - 25　交会法测量示意图

　　交会法测量时，必须注意交会角不应小于 30°或大于 150°。交会角是指待定点至两相邻已知点方向的夹角。交会定点的外业工作与导线测量外业类同。

视频 6 - 6

一、测角前方交会法

　　测角前方交会法测量就是在两个已知控制点上，分别观测水平角，以计算待定点坐标的过程。图 6 - 26 所示为测角前方交会基本图形。已知 A 点坐标为（x_A、y_A），B 点坐标为（x_B、y_B），在 A、B 两点上设站，观测出角度 α、β，通过三角形的余切公式求出加密点 P 的坐标。其坐标推算原理如下。

图 6 - 26　前方交会（一）

　　按导线计算公式得

$$x_P = x_A + \Delta x_{AP} = x_A + D_{AP}\cos\alpha_{AP}$$

而

$$\alpha_{AP} = \alpha_{AB} - \alpha$$
$$D_{AP} = D_{AB}\sin\beta / \sin(\alpha + \beta)$$

则

$$
\begin{aligned}
x_P &= x_A + D_{AP}\cos\alpha_{AP} \\
&= x_A + \frac{D_{AB}\sin\beta\cos(\alpha_{AB} - \alpha)}{\sin(\alpha + \beta)} \\
&= x_A + \frac{D_{AB}\sin\beta(\cos\alpha_{AB}\cos\alpha + \sin\alpha_{AB}\sin\alpha)}{\sin\alpha\cos\beta + \cos\alpha\sin\beta} \\
&= x_A + \frac{D_{AB}\sin\beta(\cos\alpha_{AB}\cos\alpha + \sin\alpha_{AB}\sin\alpha)/(\sin\alpha\sin\beta)}{(\sin\alpha\cos\beta + \sin\beta\cos\alpha)/(\sin\alpha\sin\beta)} \\
&= x_A + \frac{D_{AB}\cos\alpha_{AB}\cot\alpha + D_{AB}\sin\alpha_{AB}}{\cot\alpha + \cot\beta}
\end{aligned}
$$

$$= \frac{x_A \cot\beta + x_B \cot\alpha + (y_B - y_A)}{\cot\alpha + \cot\beta} \tag{6-31}$$

同理可得

$$y_P = \frac{y_A \cot\beta + y_B \cot\alpha + x_A - x_B}{\cot\alpha + \cot\beta} \tag{6-32}$$

式（6-31）和式（6-32）为前方交会计算公式，通常称为余切公式，是平面坐标计算中的基本公式之一。

在此应指出：式（6-31）和式（6-32）是在假定 $\triangle ABP$ 的点号 A（已知点）、B（已知点）、P（待定点）按逆时针编号的情况下推导出的。若点 A、B、P 按顺时针编号，则相应的余切公式为

$$\begin{cases} x_P = \dfrac{x_A \cot\beta + x_B \cot\alpha - (y_B - y_A)}{\cot\alpha + \cot\beta} \\ y_P = \dfrac{y_A \cot\beta + y_B \cot\alpha + (x_B - x_A)}{\cot\alpha + \cot\beta} \end{cases} \tag{6-33}$$

在实践中，为了校核和提高 P 点坐标的精度，通常采用三个已知点的前方交会图形。如图 6-27 所示，在三个已知点 A、B、C 上设站，测定 α_1、β_1 和 α_2、β_2，构成两组前方交会，然后按式（6-31）和式（6-32）分别计算两组 P 点坐标。由于测角有误差，故计算得两组 P 点坐标不会相等，若两组坐标较差不大于两倍比例尺精度时，取两组坐标的平均值作为 P 点最后的坐标。即

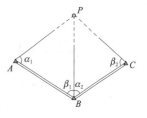

图 6-27 前方交会（二）

$$f_D = \sqrt{\delta_x^2 + \delta_y^2} \leqslant f_{容} = 2 \times 0.1M \text{(mm)} \tag{6-34}$$

式中：δ_x、δ_y 分别为两组 x_P、y_P 坐标值之差；M 为测图比例尺分母。

【例题 6-11】 为测 1:50000 地形图，用前方交会加密图根控制点，A、B、P 以及 B、C、P 都是按逆时针方向编号的，已知数据和观测数据见表 6-23，试计算 P 点坐标，并判断成果是否合格。

表 6-23　　　　　　　　　　　　前 方 交 会 计 算 表

已知数据	A	$x_A = 37477.54$m	$y_A = 16307.24$ m	观测值	$\alpha = 40°41'57''$
	B	$x_B = 37327.20$m	$y_B = 16078.90$m		$\beta = 75°19'02''$
未知点 P 的坐标		$x_{P_1} = 37194.57$m	$y_{P_1} = 16226.42$m		
已知数据	B	$x_B = 37327.20$m	$y_B = 16078.90$m	观测值	$\alpha = 58°11'35''$
	C	$x_C = 37163.69$m	$y_C = 16046.65$m		$\beta = 69°06'23''$
未知点 P 的坐标		$x_{P_2} = 37193.80$m	$y_{P_2} = 16222.13$m		
P 点坐标平均值		$x_{P中} = 37194.19$m	$y_{P中} = 16224.28$m		
判断成果是否合格	$f_x = 0.77$m，$f_y = 4.29$m，$f_d = 4.36$m； $f_{d限差} = 0.1 \times 2 \times M = 10$(m)，$f_d < f_{d限差}$，成果有效				

解： 计算结果见表 6-23。

二、测角侧方交会法

测角侧方交会法就是在一个已知控制点上以及待求点上分别观测水平角，以计算待定点坐标的过程，如图 6-28 所示。测方交会与前方交会不同之处在于它无法在另一个已知点上安放仪器。若分别在已知点 A 点与待求点 P 点上观测角度 α、β，然后利用三角形内角和等于 180° 的原理计算出 B 点上的角度，即可转换为前方交会法，再利用三角形的余切公式求出加密点 P 的坐标。

三、测角后方交会法

仅在待定点 P 设站，向 3 个已知控制点观测两个水平夹角 α、β，从而计算待定点的坐标，称为后方交会。

后方交会如图 6-29 所示，图中点 A、B、C 为已知控制点，点 P 为控制点。如果观测了 PA 和 PB 之间的夹角 α，以及 PB 和 PC 之间的夹角 β，这样 P 点同时位于 △PAC 和 △PBC 的两个外接圆上，必定是两个外接圆的两个交点之一。由于 C 点也是两个交点之一，则 P 点便可以唯一确定。

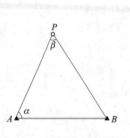

图 6-28 侧方交会

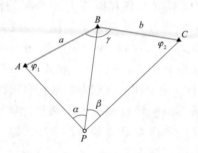

图 6-29 后方交会

后方交会的前提是待定点 P 不能位于由已知点 A、B、C 所决定的外接圆（称为危险圆）的圆周上，否则 P 点将不能唯一确定（图 6-30），因为不论 P 点位于圆周的任何位置，所测得的角度 α 和 β 均不变，此时，P 点的位置不定，坐标无解。若接近危险圆（待定点 P 至危险圆圆周的距离小于危险圆半径的 1/5），确定 P 点的可靠性将很低，野外布设时应尽量避免上述情况。

后方交会的布设，待定点 P 可以在已知点组成的 △ABC 之外，如图 6-31（a）所示；也可以在其内，如图 6-31（b）所示。

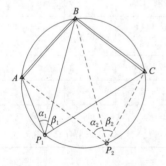

图 6-30 后方交会危险圆

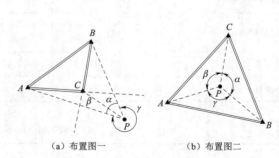

（a）布置图一　　　　（b）布置图二

图 6-31 后方交会布置图

测角后方交会的具体计算原理为：在图 6-29 中，可由 A、B、C 三点的坐标，反算其边长和坐标方位角，得到边长 a、b 以及角度 γ，若能求出角 φ_1 和 φ_2，则可按前方交会求得 P 点的坐标。

由图 6-29 可知

$$\varphi_1 + \varphi_2 = 360° - (\alpha + \beta + \gamma) = \theta$$
$$\varphi_1 = \theta - \varphi_2 \tag{6-35}$$

由正弦定理可得

$$\frac{PB}{\sin\varphi_1} = \frac{a}{\sin\alpha}$$

$$\frac{PB}{\sin\varphi_2} = \frac{b}{\sin\beta}$$

则

$$\frac{b\sin\varphi_2}{\sin\beta} = \frac{a\sin\varphi_1}{\sin\alpha}$$

$$\sin(\theta - \varphi_2) = \frac{b\sin\alpha\sin\varphi_2}{a\sin\beta}$$

$$\sin\theta\cos\varphi_2 - \cos\theta\sin\varphi_2 = \frac{b\sin\alpha\sin\varphi_2}{a\sin\beta}$$

两边同除以 $\sin\varphi_2$，整理得

$$\cot\varphi_2 = \frac{b\sin\alpha}{a\sin\beta\sin\theta} + \cos\theta \tag{6-36}$$

由式（6-36）即可求出 φ_2，则 $\angle PBC = 180° - \varphi_2 - \beta$，由前方交会公式可以求出 P 点坐标。

由式（6-35）求出 φ_1，则 $\angle PBA = 180° - \varphi_1 - \alpha$，由前方交会公式可以再次求出 P 点坐标。

若两组坐标的较差不大于图上 0.2mm，则取两次坐标的平均值作为 P 点的最终坐标。

上述介绍的后方交会坐标计算有点类似于侧方交会，最终还是通过前方交会公式求出待求点坐标。

下面介绍另一种方法，即利用仿权公式计算。该公式规律性强，便于记忆，但公式推导较为烦琐，这里直接给出结论：

$$\begin{cases} x_P = \dfrac{P_A x_A + P_B x_B + P_C x_C}{P_A + P_B + P_C} \\ y_P = \dfrac{P_A y_a + P_B y_B + P_C y_C}{P_A + P_B + P_C} \end{cases} \tag{6-37}$$

其中：$P_A = \dfrac{1}{\cot A - \cot\alpha}$，$P_B = \dfrac{1}{\cot B - \cot\beta}$，$P_C = \dfrac{1}{\cot C - \cot\gamma}$；$A = \alpha_{AC} - \alpha_{AB}$，

$B = \alpha_{BA} - \alpha_{BC}$，$C = \alpha_{CB} - \alpha_{CA}$；$\alpha$、$\beta$、$\gamma$ 如图 6-31 所示，为两方向观测值之差。

利用仿权公式进行后方交会计算坐标需注意以下几点：

（1）α、β、γ 必须分别与 A、B、C 按图 6-31 所示关系对应，这 3 个角可按方向观测法获得，其总和应等于 360°。

（2）$\angle A$、$\angle B$、$\angle C$ 为 3 个已知点构成的三角形内角，其值根据 3 条已知边的方位角计算。

（3）P 点不能位于或接近 3 个已知点的外接圆上，否则 P 点坐标为不定解或计算精度低。

四、自由设站法

自由设站法实质也属于后方交会，即在待求点上安置仪器，瞄准多个已知点进行测量，然后求得该待定点的坐标。但它与传统的测角后方交会观测量有所不同，所需的已知点个数也不同。自由设站法可以更确切地表达为边角后方交会法，如图 6-32

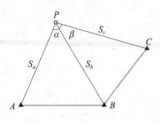

图 6-32 自由设站

所示，即瞄准已知控制点时既测边，也测角。因此，测角后方交会至少需要观测 3 个已知点，而自由设站法最少只需观测 2 个已知点即可。当然考虑精度问题，实际上会观测 3 个及以上的控制点。

自由设站法的计算原理为：在图 6-32 所示的 $\triangle ABP$ 中，观测了边长 S_a 和 S_b，以及角度 α，而且点 A、B 坐标已知，即可反算出 AB 边长；然后再根据三角函数的正弦定理，推算出 A 角、B 角，即可转换为前方交会法计算 P 点坐标。

目前，在全站仪广泛使用的情况下，可以实现同时测边、测角，也可以根据全站仪的内置程序直接计算出 P 点坐标，并显示在屏幕上，代替复杂的人工计算，方便快捷。如此，严格意义上的边角后方交会法通常被称为全站仪自由设站法。

不同的全站仪，自由设站的操作不尽相同（具体操作可参考各自的仪器操作说明书），但基本程序如下：

（1）首先选择菜单或子菜单下面的后方交会（或自由设站）。

（2）输入仪器高。

（3）瞄准第一个控制点，输入点号、棱镜高，进行距离测量，并确认。

（4）瞄准第二个控制点，输入点号、棱镜高，进行距离测量，并确认，这时屏幕界面会显示测站点的坐标（利用 2 个控制点进行后方交会，没有多余观测量，无法发现粗差，为提高精度，可以点击添加）。

（5）再次瞄准第三个控制点，输入点号、棱镜高，进行距离测量，并确认，这时屏幕界面会更新测站点坐标，可以与之前得出的坐标进行比较，若相差不大，说明该坐标成果可靠。否则需查找原因，如会不会是已知坐标出错，或输入过程出错，抑或是棱镜高输错等。

第五节　GNSS在控制测量中的应用

GNSS是global navigation satellite system（全球导航卫星系统）的缩写，是中国的北斗系统、美国的GPS、俄罗斯的GLONASS、欧盟的Galileo系统等这些单个卫星导航定位系统的统一称谓，它的应用为测绘工作提供了一个崭新的测量手段。GNSS定位技术以其精度高、速度快、费用省、操作简便等优良特性被广泛应用于控制测量之中。特别是其RTK（real-time kinematic，实时动态）定位技术，在小区域控制测量中比导线测量更灵活，更快捷，是目前使用最广泛的图根控制测量方法。

课件6-5

一、GNSS的组成

全球导航卫星系统无论是其中的哪种卫星定位系统都是由空间、地面、用户三大部分组成，其中全球定位系统（global positioning system，GPS）由美国建立，系统最成熟，应用最广泛，因此本节以GPS为例介绍全球导航卫星系统的组成。

GPS系统包括空间部分——GPS卫星星座、地面控制部分——地面监控系统、用户设备部分——GPS信号接收机三大部分。

1. GPS卫星星座

美国共发射24颗GPS卫星，距离地面20200km。24颗卫星中有21颗工作卫星，3颗备用卫星。其中，21颗卫星均匀分布在6个轨道平面内，轨道倾角为55°，各个轨道平面之间相距60°，即各轨道面升交点赤经相差60°。

在2万多千米高空的GPS卫星，当地球对恒星来说自转一周时，它们绕地球运行两周，即绕地球一周的时间为12恒星时。位于地平线以上的卫星颗数随着时间和地点的不同而不同，最少可见到4颗，最多可见到11颗。在用GPS信号导航定位时，为了解算测站的三维坐标，必须观测4颗GPS卫星，即定位星座。这4颗卫星在观测过程中的几何位置分布对定位精度有一定的影响。

2. 地面监控系统

对于导航定位来说，GPS卫星是一个动态已知点。星的位置是依据卫星发射的星历（描述卫星运动及其轨道的参数）算得的。每颗GPS卫星所播发的星历，是由地面监控系统提供的。卫星上的各种设备是否正常工作，以及卫星是否一直沿着预定轨道运行，都要由地面设备进行监测和控制。地面监控系统另一重要作用是保持各颗卫星处于同一时间标准——GPS时间系统。这就需要地面站监测各颗卫星的时间，求出钟差，然后由地面注入站发给卫星，卫星再由导航电文发给用户设备。GPS工作卫星的地面监控系统包括一个设在美国科罗拉多的主控站，三个分布在大西洋、印度洋和太平洋美国军事基地的注入站，五个分设在夏威夷和主控站及注入站的监测站。

3. 用户设备部分

用户设备部分主要是GPS接收机，其主要任务是捕获、跟踪、锁定并处理卫星信号，测量出卫星信号到接收机天线间的传播时间，解译GPS卫星导航电文，实时计算接收机天线的三维坐标、速度、时间，完成导航与定位任务。同时用户设备部分还包括数据处理软件和相应的处理器。GPS 接收机一般由天线、主机、电源三个部分组成。

GPS 接收机按用途可分导航型接收机、测地型接收机、授时型接收机和姿态测量型接收机；按应用领域可分为手持型接收机、车载型接收机、船载型接收机、机载型接收机、星载型接收机；按载波频率可分为单频接收机和双频接收机。

二、GNSS 定位原理与方法

（一）GNSS 定位原理

GNSS 卫星定位的实质是空间距离后方交会，将卫星视为空间"动态已知点"，地面接收机可以在任何点、任何时间、任何气象条件下进行连续观测，在时钟控制下，测定出卫星信号到达接收机的时间，计算出 GNSS 卫星和用户接收机天线之间的距离，进行空间距离交会，从而确定用户接收机天线所处的位置，即待定点的 (X, Y, Z)。

根据测距原理的不同，GNSS 定位分为伪距测量定位、载波相位测量定位。

1. 伪距定位

伪距定位是通过测定某颗卫星发射的测距码信号（C/A 码或 P 码）到达用户接收机天线的传播时间（即时间延迟），计算卫星到接收机天线的空间距离。计算公式如下：

$$\rho = c \Delta t \tag{6-38}$$

式中：c 为电磁波在大气中的传播速度，即光速。

由于各种误差的存在，由卫星发射的测距码信号到达 GPS 接收机的传播时间乘以光速所得出的测量距离并不等于卫星到测站的实际几何距离，故称为伪距。

设第 i 颗卫星观测瞬间在空间的位置为 $(X^i, Y^i, Z^i)^T$，接收机观测瞬间在空间的位置为 $(X, Y, Z)^T$，从卫星至接收机的几何距离可以写成

$$\rho_i = \sqrt{(X^i - X)^2 + (Y^i - Y)^2 + (Z^i - Z)^2} \tag{6-39}$$

观测值方程式（6-39）未顾及卫星钟差、接收机钟差以及大气层折射等影响，卫星钟差、大气层折射可以采用适当的模型进行改正。把接收机钟差看成 1 个未知数，加上测站 3 个坐标未知数共有 4 个未知数，因此在同一观测历元，至少需要观测到 4 颗卫星，获得 4 个观测方程，求解出 4 个未知数。实际工作中，一般应观测尽可能多的卫星，组成较好的空间分布图形，以提高定位的进度和可靠性。

2. 载波相位测量

若某卫星 S 发出一个载波信号的相位为 φ_S，该信号向各处传播。在某一瞬间，该信号到达接收机 R 处的相位为 φ_R，则卫地距（卫星到接收天线的空间距离）为

$$\rho = \lambda(\varphi_S - \varphi_R) \tag{6-40}$$

式中：λ 为载波的波长。

载波相位测量是以波长 λ 作为"尺子"来测量卫星至接收机的距离。接收机并不量测载波相位 φ_S，而是通过接收机振荡器中产生一组与卫星载波的频率及初始相位完全相同的基准信号（即复制载波），来测量相位差 $(\varphi_S - \varphi_R)$，用 $\Delta\varphi$ 来表示相位

差 $(\varphi_S - \varphi_R)$，N_0 表示整周数，$\Delta\varphi(t)$ 表示不到一周的余数。载波相位观测时，可以获得 $\Delta\varphi(t)$，但整周未知数 N_0 需要通过其他途径求解。若在跟踪卫星过程中，卫星信号暂时中断或受电磁信号干扰造成失锁，整周计数器无法连续计数，但不到一周的相位观测值 $\Delta\varphi(t)$ 仍然是正确的，这种现象称为周跳，这时需要修复周跳。若此时不到一周的相位观测值 $\Delta\varphi(t)$ 也不正确，则需要重新初始化进行观测。具体内容请参考相关书籍。计算公式如下：

$$\Delta\varphi = N_0 \times 2\pi + \Delta\varphi(t) \tag{6-41}$$

$$\rho = \lambda\Delta\varphi = \lambda[N_0 \times 2\pi + \Delta\varphi(t)] \tag{6-42}$$

（二）卫星定位方式

GNSS 按定位模式的不同可以分为绝对定位和相对定位。

1. 绝对定位

绝对定位也称为单点定位，是指直接确定观测站在协议地球坐标系 WGS－84 中绝对坐标的定位方式。如图 6-33 所示，GNSS 绝对定位是在一个待定点上，用一台接收机独立跟踪 4 颗或 4 颗以上卫星，用伪距测量或载波测量方式，利用空间距离后方交会的方法，测定待测点（GNSS 接收机相位中心）的绝对坐标。单点定位按接收机的运动状态可分为静态单点定位和动态单点定位。

2. 相对定位

相对定位又称为差分定位，如图 6-34 所示，相对定位模式采用 2 台或 2 台以上的接收机同步跟踪相同的卫星信号，以载波相位测量方式确定接收机天线间的相对位置（三维坐标差或基线向量）。根据一个测站的坐标值，可以推算其余各点的坐标。由于各台接收机同步观测相同的卫星，卫星钟差、接收机钟差、卫星星历误差、电离层延迟和对流层延迟改正等观测条件几乎相同，通过多个载波相位观测量间的线性组合，计算各测站时可以有效地消除或大幅度削弱上述误差，从而得到较高的相对定位精度（$10^{-6} \sim 10^{-7}$）。相对定位被广泛地应用于大地测量、精密工程测量等领域。

值得注意的是，目前生产中常用的利用 CORS（continuoualy operating reference station，连续运行参考站）网进行的 RTK 测量，表面上看只利用 1 台接收机在工作，以为是绝对定位，但实际上它是利用 CORS 作为基准站的相对定位模式。

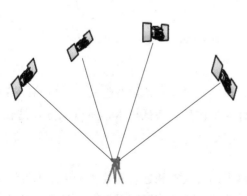

图 6-33　GNSS 绝对定位

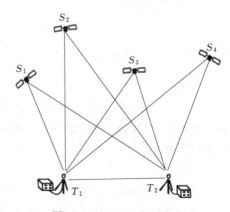

图 6-34　GNSS 相对定位

三、GNSS 控制网的布设形式

目前 GNSS 测量主要分为静态测量与动态 RTK 测量，静态测量主要用于较高精度的控制测量和变形监测等，动态 RTK 测量主要用于图根级控制测量、碎部测量或工程上的施工放样测量。

若要进行 GNSS 静态测量，就要进行 GNSS 网的技术设计，包括精度指标、网形设计等。

GNSS 网设计的出发点是在保证质量的前提下，尽可能地提高效率，努力降低成本。因此，在进行 GNSS 网的布设和测量时，既不能脱离实际的应用需求，盲目地追求不必要的高精度和高可靠性，也不能为追求高效率和低成本，而放弃对质量的要求。

根据不同的用途，GNSS 网的布设形式有以下四种基本方式。

1. 点连式

如图 6-35 所示，点连式是指相邻同步图形之间仅由一个公共点连接，其图形几何强度很弱，没有或极少有非同步图形闭合条件，一般不单独使用。

2. 边连式

如图 6-36 所示，边连式是指同步图形之间由一条公共基线连接，网的图形几何强度较高，有较多的复测边和非同步图形闭合条件，其几何强度和可靠性均优于点连式。

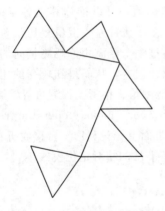
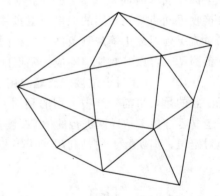

图 6-35　GNSS 点连式示意图　　　　图 6-36　GNSS 边连式示意图

3. 混连式

如图 6-37 所示，混连式是指把点连式与边连式有机地结合起来，组成 GNSS 控制网，既保证了网的图形强度，又能减少外业工作量，降低成本，所以该方式是较为理想的布网方式。

4. 网连式

网连式是指相邻同步图形之间由两个以上的公共点相连，需要 4 台以上 GNSS 接收机，网的图形几何强度和可靠性相当高，花费的经费和时间较多，一般仅适用于较高精度的控制测量。

四、GNSS 控制测量的外业工作

GNSS 控制测量分为静态控制测量与动态 RTK 测量。

（一）静态控制测量的外业工作

1. 外业测量准备

（1）测区踏勘。

（2）资料收集。

（3）技术设计书的编写。包括以下内容：

1）项目、测区和测量概述。

2）作业依据。

3）技术要求、布网方案。

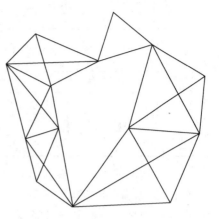

图 6-37　GNSS 混连式示意图

4）测区资料、选点埋石、数据处理、保证措施。

（4）设备的准备与人员安排。

（5）观测计划的拟定。

（6）GNSS 仪器的选择与检验。

2. GNSS 控制网布设要求

（1）点位周围＋15°以上天空无障碍物。

（2）避免周围有强烈反射无线电信号的物体，如玻璃幕墙、水面、大型建筑等。

（3）与电台、发射塔等大功率无线电发射源的距离应大于 200m，离高压线、变电站等的距离应大于 50m。

（4）交通方便，有利于其他测量和联测。

（5）地面基础条件稳定，便于点的保存。

3. 技术要求

GNSS 观测技术要求，见表 6-24。

表 6-24　　　　　　　　　GNNS 观测技术要求

项　　目			级　　别				
		AA	A	B	C	D	E
卫星截至高度角/(°)		10	10	10	10	10	10
同时观测有效卫星数		≥4	≥4	≥4	≥4	≥4	≥4
有效观测卫星总数		≥20	≥20	≥9	≥6	≥4	≥4
观测时段数		≥10	≥6	≥4	≥2	≥1.6	≥1.6
时段长度/min	静态	≥720	≥540	≥240	≥60	≥45	≥40
	快速静态　双频＋P 码				≥10	≥5	≥2
	快速静态　双频全波				≥15	≥10	≥10
	快速静态　单频				≥30	≥20	≥15
采样间隔/s	静态	30	30	30	10～30	10～30	10～30
	快速静态				5～15	5～15	5～15

续表

项 目		级 别					
		AA	A	B	C	D	E
时段中任一卫星的有效观测时间/min	静态	≥15	≥15	≥15	≥15	≥15	≥15
	快速静态 双频＋P 码				≥1	≥1	≥1
	快速静态 双频全波				≥3	≥3	≥3
	快速静态 单频				≥5	≥5	≥5

外业观测时段长度应根据同步观测点间距离、观测条件等情况作适当的时间延长，但同步观测时间不得少于表 6-24 的规定。观测前应编制 GPS 卫星可见性预报表，研究所要观测点的最佳时间段，并制定工作计划。

4. GNSS 控制测量外业数据采集

（1）拟定工作计划。外业观测计划对于能否顺利完成数据采集、保证观测精度、提高工作效率至关重要。拟定观测计划的主要依据是：GNSS 网的规模大小，点位精度，GNSS 卫星星座几何图形强度，参加作业的接收机数量，交通、通信及后勤保障。

工作计划内容包括：编制 GNSS 卫星可预见性预报图；选择卫星的几何图形强度；选择最佳观测时间段；测区的设计与划分；编制作业调度表。

（2）安置接收机。接收机的安置应满足下列要求：

1）在控制测量中，接收机应该用三脚架或强制对中装置直接安装在标石中心垂直上方，对中误差小于 3mm。特殊情况下进行偏心观测时，需要精确测定归心元素。

2）在觇标顶部安置天线进行测量时，卸掉觇标顶，按照投影点安置天线，投影示误三角形边长小于 5mm。

3）有寻常标的控制点安置天线前，应先放到寻常标。

4）天线指北定向误差小于 5°，以消除相位中心偏差。

5）圆水准气泡应该居中。

6）天线高大于等于 1.5m，在三个不同方向上量高误差小于 3mm，时段测量前后分别量取，取平均结果作为天线高。

（3）数据采集。

1）观测小组严格按照调度指令，按照规定时间同时作业。

2）测量过程中应该严格填写测量手簿。

3）开始测量后和测量过程中，测量人员不得离开测站，并且应该随时检查接收卫星状态和测量信息。

4）各时段开始和结束时，应记录观测卫星号、天气、PDOP（position dilution of precision，位置精度衰减因子）等。

5）测量过程中，应严防接收机被碰撞、信号遮挡等事情发生。

6）观测过程中，50m 内不准使用电台，10m 内不准使用对讲机。

（二）动态 RTK 测量

1. 相关概念

实时动态测量简称 RTK 测量，是全球卫星导航定位技术与数据通信技术相结合的载波相位实时动态差分定位技术，包括基准站和移动站。基准站将其差分数据通过电台或网络传输传给移动站以后，移动站进行差分解算，实时地提供测站点坐标，RTK技术根据差分信号传播方式的不同（也就是数据链不同），分为电台模式和网络模式两种。

（1）电台模式。电台又分为内置电台和外挂电台。

内置电台安装在接收机内，无须单独架设，作业时携带设备较少，使用方便，但覆盖范围较小，无法满足生产上大面积测区使用，可作应急使用。观测时，基准站与移动站都要安装天线。

相对于内置电台来说外挂电台信号更强，覆盖范围更大，适合大面积作业，一般10km范围内使用较多，覆盖范围内盲区少，差分数据延迟稳定。缺点是需携带配件较多，电瓶、主机、天线、三脚架等，缺一不可，架设仪器费时费力；架设基站时对地形要求高，要求地形开阔，位置高，不能有遮挡物，如图6-38所示。

（2）网络模式。网络模式分为传统1+1、1+N网络模式和CORS模式。

传统网络模式的工作原理是基站通过网络上传、接收数据，并将接收到的差分校正数据传送给一个或多个移动站，移动站解算以后准确定位。这种传统网络模式可在任意位置架设基站，但是无须架设电台，仪器配置简单，工作时携带的设备较少，降低了外业作业强度，大大增加了施测范围，不过使用这个模式需要配置 SIM（subscriber identification module，用户身份识别）流量数据卡。

CORS模式的工作原理和传统网络模式相似，作业时基站被CORS替代，无须自己架设基站，只需要一台移动站登录CORS系统以后就可以作业。CORS模式采用连续基站可以随时观测，无须频繁基站平移，作业效率更高。CORS模式除了需要配置 SIM 流量数据卡外还需要 CORS 系统账号（现在我国部分省份已免费向公众开放），未来CORS模式的使用将更加广泛。

图6-38　外挂电台的基准站

网络模式和电台模式相比，网络模式的优点是工作效率更高，作业范围更大；缺点是成本较高，信号稳定性较差，容易受一些外部电磁信号干扰，信号强度取决于移动通信的网络覆盖度，在一些干扰源较多的区域和偏远地带可能无法使用。

2．RTK测量的外业工作

RTK测量外业工作，分为传统RTK测量模式和RTK测量CORS模式，区别在于是否需要架设基准站。

（1）传统RTK测量模式的外业工作。

1）架设基准站。基准站架设在视野比较开阔，周围环境比较空旷，地势比较高

视频6-7

的地方。避免架在高压输变电设备、无线电通信设备收发天线以及大面积水域附近。需要量取仪器高。

2）设置基准站。连接相应 GNSS 接收机并设置为基站模式，设置差分格式，选择数据链模式，若数据链选择电台模式，则需设置电台频道；若选择网络模式，则要选择网络服务器地址，设置用户名、密码等，进行仪器高（天线高）设置并平滑。

3）架设移动站。打开移动站主机，将其并固定在碳纤对中杆上，安装 UHF 差分天线（对电台模式而言）；安装好手簿托架和手簿，如图 6-39 所示。

图 6-39 移动站

4）移动站设置。连接相应 GPS 接收机，设置为移动站，确认移动站电台频道和基准站电台频道一致或者设置与基准站相同的用户名、密码等，同时选择与基准站一致的差分数据格式，修改天线高。另外，若数据链采用网络传输模式，则基准站、移动站接收机内都要放置通信卡。近几年，GNSS 接收机具有 Wi-Fi 热点功能，接收机内就不一定要放置通信卡。

5）参数求解。求解四参数或七参数，需要 2～3 个已知点，分别在已知点上进行数据采集，之后进行参数求解。

6）测量数据的导出。选择相应记录点库，建立文件并命名，选择相应的数据格式，将手簿里的数据拷贝到电脑上。

（2）RTK 测量 CORS 模式的外业工作。CORS 模式跟传统 1+1 电台作业模式相比，作业时省去了自己架设的基站，改用固定的 CORS 系统中的基站，所以首先需要设置网络参数，包括 IP 地址、端口、源列表、CORS 用户名、密码、APN 等参数；其他跟传统模式一样，需要设置椭球系及中央子午线。如果 CORS 系统播发的差分数据中含有七参，高程拟合等参数，则不需要再设置；反之则需要输入或自己现场求解相关的参数。

以上简单介绍了 RTK 测量外业工作的一般流程，具体的操作需要根据 GPS 接收机的不同型号，对照说明书进行。

（三）GNSS 内业数据处理

内业数据处理一般采用与接收机配套的后处理软件进行，主要工作内容有基线的解算、观测成果的质量检核、GPS 网平差及成果输出等。

五、海星达 iRTK 系列接收机结构及其操作简介

（一）接收机结构

以 iRTK2 为例，iRTK2 接收机主机主要分为上盖、下盖和控制面板三个部分，如图 6-40 所示。

控制面板中间框内为 iRTK2 接收机的控制面板，控制面板包含 1 个囊括了 iRTK2 接收机设置的所有功能的按

仪器说明书
6-1

图 6-40 接收机主机外观

键——电源开关，以及 3 个指示灯——卫星灯 ，电源灯（双色灯） 、信号灯（双色灯） ，如图 6 - 41 所示电源开关按键的功能包括了开机、关机、工作模式切换、工作模式切换确认、状态查询、自动设置基站、强制关机、复位主板等。

下盖包括电池仓、五芯插座、喇叭、Mini USB 接口等，如图 6 - 42 所示。

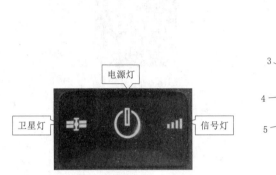

图 6 - 41　接收机主机控制面板

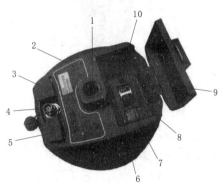

图 6 - 42　接收机主机下盖

图 6 - 42 中各部件名称及功能如下：

1—连接螺孔：用于将仪器固定于基座或对中杆。

2—喇叭：对仪器实时操作及状态进行语音播报。

3—USB 接口及防护塞：用于主机与外部设备的连接，进行升级固件和下载静态数据，还可以作为特殊工作模式下的 USB 转串口使用（需要安装驱动程序）。

4—GPRS/电台/天线接口，3G/GPRS/UHF 内置电台天线接口：使用网络时接 3G/GPRS 天线，使用电台时接 UHF 内置电台天线。

5—五芯插座及防护塞：五芯插座用于主机与外部数据链及外部电源的连接；防护塞用于插座的防尘、防水。

6—电池仓：用于安放锂电池。

7—SD 卡槽：用于安放 SD 卡，可以存储大容量静态数据。

8—SIM 卡槽：用于安放 USIM/SIM 卡，进行数据链通信和远程控制。

9—电池盖：盖上电池盖能防尘防水，具有保护电池及主机零配件的作用。

10—弹针电源座：用于锂电池与主机的连接。

（二）手簿

中海达 iHand 手簿是一款安卓专业数据采集器，采用物理全键盘和触摸屏结合的操作方式，专业定制物理键盘智能输入法，默认中英文输入，并支持多国语言。5.5inch 高亮户外彩色电容触摸屏，分辨率为 720×1280px，阳光可见，典型亮度为 600cd/m² 。支持蓝牙、Wi - Fi、4G，方便实现与接收机进行多种无线数据传输，Wi - Fi 和 4G 可同时使用。内置 NFC 芯片，支持 NFC 数据传输功能、实现 RTK 与手簿智能配对。如图 6 - 43 所示。

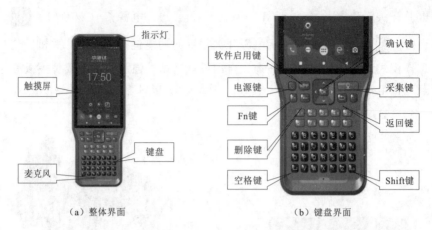

（a）整体界面　　　　　　　　　　　　（b）键盘界面

图 6-43　手簿功能图

（三）设备操作

1. 按键功能

海星达 iRTK2 接收机的大多数设置和操作都可使用控制面板（图 6-41）的一个按键来完成，按键功能及操作说明见表 6-25。

表 6-25　　　　　　　　　　　　　　按键功能及其操作说明

功　能	操　作　说　明
开机	关机状态下，长按按键 1s，所有指示灯亮，开机音乐响起，上次关机前的工作模式和数据链方式的语音提示
关机	开机状态下，长按电源键 3～6s，语音报第一声"叮咚"，放开按键，所有指示灯灭，关机音乐响起，正常关机
自动设置基站	关机状态下，长按按键 6s，播报"自动设置基站"，放开按键，仪器将进行自动设置基站
工作模式切换	双击按键进入工作模式切换，每双击一次，切换一个工作模式
工作模式切换确认	在工作模式切换过程中，单击按键确认
复位主板	开机状态下，长按按键 6s 以上，语音报第二声"叮咚"，放开按键，进行复位主板
强制关机	开机状态下，长按按键 8s 以上，进行强制关机
自动设置基站	关机状态下，长按按键 6s 以上，播报"自动设置基站"，放开按键，仪器将进行自动设置基站

2. 工作状态

工作状态见表 6-26。

表 6-26　　　　　　　　　　　　　　工作状态表

工作状态	播　报　内　容
GSM 基准站	GSM 基准站
UHF 基准站	UHF 基准站，频道＊＊＊，功率＊＊＊
外挂基准站	外挂基准站

续表

工作状态	播　报　内　容
Wi-Fi 基准站	Wi-Fi 基准站
GSM 移动台	GSM 移动台
UHF 移动台	UHF 移动站，频道＊＊＊
外挂移动台	外挂移动台
静态	静态采样间隔＊＊＊，高度角＊＊＊，存在空间剩余＊＊＊，卫星数＊＊＊

3. LED 功能

不同的设置模式下指示灯的显示状态不同。控制面板指示灯说明见表 6-27。

表 6-27　　　　　　　　　　　控制面板指示灯说明表

指示灯显示状态		含　　义
电源灯（黄色）	常亮	正常电压：内电池大于 7.6V，外电大于 12.6V
电源灯（红色）	常亮	正常电压：内电池电压为 7.1~7.6V，外电电压为 11~12.6V
	慢闪	欠压：内电池电压不大于 7.1V，外电电压不大于 11V
	快闪	指示电量：每分钟快闪 1~4 下指示电量
信号灯（状态绿灯）	常灭	没有使用 GSM/Wi-Fi 客户端的时候
	常亮	GSM/Wi-Fi 连接上服务器
	慢闪	GSM 已登录上 3G/GPRS 网络或 Wi-Fi 连接上热点
	快闪	GSM 时指示正在登录 3G/GPRS 网络或 Wi-Fi 正在连接热点
数据灯（状态红灯）	慢闪	1. 数据链收发数据（移动站只提示接收，基准站只提示发射）； 2. 静态采集到数据
	常灭	移动站或基准站正在使用的数据链设备不能进行通信，通信模块故障，无数据输出
卫星灯（绿色）	常亮	卫星锁定
	慢闪	搜星或卫星失锁
	常灭	1. 复位接收机时，主板故障，无数据输出； 2. 静态模式下，主板故障，无数据输出
三灯	不规则快闪	复位主板、静态时发生错误（存储空间不足）
电台频率设置		接收机采用内置收发一体电台单元，中心频率为 460MHz，提供 116 个通信频道供用户选择使用。用户使用手簿软件进行频道设置。 注意：一旦修改了基准站的发射电台频道，则移动站也需要修改到相应的频道，否则无法收到差分信号。只有频道相同才能正常工作

（四）静态测量

1. 静态测量模式设置

静态测量模式设置有两种方法，一是直接在主机设置，二是通过手簿设置。

（1）主机设置。双击按键进入工作模式切换，每双击一次，切换一个工作模式；在工作模式切换过程中，单击按键确认，设置成功后红色状态灯隔几秒（根据设置的采样间隔来定）闪烁一次便采集一个历元。采集到的静态测量数据保存在主机内存卡里（当主机内存低于 2MB 时，自动切换存储到外置 SD 卡）。

（2）手簿设置。在手簿主菜单上点击静态采集菜单，进入静态采集设置，输入采样间隔、文件名、杆高、截止高度角；查看 GDOP、文件大小、开始时间和记录时间，点击"开始"按钮后，开始记录。如图 6-44 和图 6-45 所示。

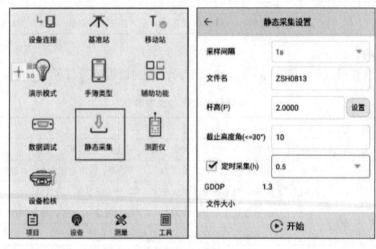

图 6-44　静态测量模式设置（一）

图 6-45　静态测量模式设置（二）

2. 静态采集步骤

（1）在测量点架设仪器，对点器严格对中、整平。

（2）量取仪器高 3 次，各次间差值不超过 3mm，取平均值作为最终的仪器高。仪器高应由测量点标石中心量至仪器的测量基准件的上边处。iRTK2 接收机测量基准件半径 130mm，相位中心距离 94.2mm，如图 6-46 所示。

（3）记录点名、仪器号、仪器高，开始观测时间。

（4）开机，设置主机为静态测量模式。卫星灯闪烁表示正在搜索卫星。卫星灯由闪烁转入长亮状态表示已锁定卫星。状态灯每隔数秒闪一次，表示采集了一个历元。

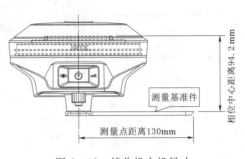

（5）测量完成后关机，记录关机时间。

（6）下载、处理数据。

图 6-46　接收机主机尺寸

3. 静态数据存储

静态数据存储路径如图 6-47 所示。采集的 GNSS 静态数据储存在 iRTK2 接收机内部 16GB 储存器里的"static"盘符，有效存储空间为 14GB，一共有 log、gnss 和 rinex 三个文件夹，log 文件夹存储日志信息，gnss 文件夹储存的数据格式为 .gns，rinex 文件夹存储的数据格式为标准的 RINEX 格式。使用随机配置的 USB 数据线与电脑连接，将静态数据拷贝下来。

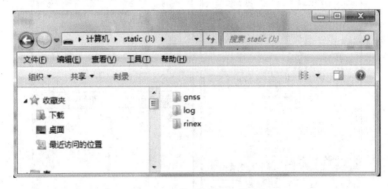

图 6-47　静态数据存储路径

（五）RTK 动态测量

1. RTK 测量 CORS 模式

（1）通过蓝牙连接设备。如图 6-48 所示，打开测量软件，选择"设备"，然后选择"设备连接"；输入仪器号进行搜索，点击相应的仪器号进行连接。

仪器说明书
6-2

（2）移动站设置。选择"设备"，然后选择"移动站"进入设置移动站界面，数据链选择"手簿差分"，运营商根据 SIM 运营商选择；服务器选择 CORS，根据当地提供的 CORS 站 IP 地址和端口号进行输入，源节点通过设置获取，用户名和密码根据 CORS 账号网提供的信息填写。参数设置完成保存，等仪器达到固定解，移动站设置完成。如图 6-49 所示。

（3）新建项目。选择"项目"，然后选择"项目信息"进入项目信息界面，可以对项目进行新建（图 6-50）、打开已有项目、删除、修改项目等操作。还可以选择"套用"其他项目的坐标系统和图例编码，如图 6-51 所示。

（4）选择坐标系统和投影。选择"项目"，然后选择"坐标系统"，进行坐标系

图 6-48　蓝牙连接设备界面

图 6-49　移动站设置界面

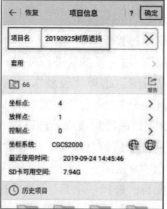

图 6-50　新建项目界面

图 6-51　套用界面

统、投影（包括中央子午线）和椭球参数等的设置，如图 6-52 所示。

图 6-52　选择坐标系统和投影界面

（5）参数计算。

1）首先建立控制点库：主界面选择"坐标数据"—"控制点"—"添加控制点"，可手动输入，或通过点击右上角的实时采集、点选和图选图标来选择点名和相应的坐标，再点击右下角"确定"。如图 6-53 所示。

2）选择"参数计算"，计算类型选"四参数＋高程拟合"，高程拟合选"固定差改正"（三个点以上，高程拟合可以选"平面拟合"方法）；随后再添加点对，选择一个采集点为源点，在目标点处输入相应控制点坐标；最后点击"保存"。如图 6-54 所示。

3）添加完两个以上的点对后，选择"计算"，显示计算出来的"四参数＋高程拟合"的结果，主要看旋转和尺度。四参数的结果平移北和平移东一般较小，旋转在 0°左右，尺度在 0.9999～1.0000 之间（一般来说，尺度越接近 1 越好），平面和高程残差越小越好，确认无误后点击"应用"，软件将自动运用新参数更新坐标点库。如图 6-55 所示。

图 6-53　添加控制点界面

图 6-54　参数计算界面（一）

图 6-55　参数计算界面（二）

（6）碎部测量。进入碎部测量界面（图 6-56），当显示固定后才可以采集坐标。当移动台对中好在未知点上后，点击"采集键"，输入"点名""目标高"和"目标高类型"，再点击"确定"即可记录该点。

图 6-56　碎部测量界面

（7）数据成果导出。在"数据交换"界面选择"原始数据"，交换类型选择"导出"，选择对应的格式导出或"自定义"导出，输入文件名，选择文件保存路径，点击"确定"即可导出数据。如果"自定义"导出，点"确定"后进入自定义格式设置选择导出内容，再点击右上角的"确定"即可导出数据。自定义（*.csv）进行导出时也可以选择对导出模板进行加载，导出模板可以对名称、导出内容、可选字段进行设置和保存。如图 6-57 所示。

（8）手簿数据下载。将手簿用 USB 数据线与电脑连接，下拉手簿隐藏窗口点击"正在通过 USB 传输文件"后，选中"文件传输"；找到刚刚在手簿上导出数据文件的路径（软件默认为：ZHD\Out），拷贝到电脑。如图 6-58 所示。

图 6-57　数据成果导出界面　　　　　　图 6-58　手簿数据下载界面

2. 传统 RTK 测量模式（基准站模式）

（1）连接设备。

选择"设备"，点击"设备连接"，选择"连接""选择基准站的机号"进行蓝牙配对连接。

（2）设置基准站。

1）设置基准站位置：

a. 如果基准站架设在已知点上，且知道转换参数，则选择"已知点设站"，直接输入或点库里选择该点的 WGS-84 BLH 坐标，也可事先打开转换参数，输入该点的当地 NEZ 坐标，这样基准站就以该点的 WGS-84 BLH 坐标为参考，发射差分数据。如图 6-59 所示。

图 6-59　设置基准站界面（一）

b. 如果基准站架设在未知点上，选择"平滑设站"，设置平滑次数；完成数据链、电文格式等设置后，点击右上角"设置"接收机将会按照设置的平滑次数进行平滑，最后取平滑后的均值为基准站坐标。另外，平滑设站若勾选"保存坐标"，则还需输入该坐标的目标高、选择量高类型，输入点名。如图 6-60 所示。

图 6-60　设置基准站界面（二）

2) 点击"数据链",选择数据链类型,输入相关参数。当用电台作业时,数据链则需选择内置电台模式,并需要设置电台频道。设置完数据链的相关参数后,还需设置电文格式、截止高度角(≤30°),以及"高级选项"中的定位数据频率、是否需要选择临时静态、功率(高/中/低)、频点表等。如图6-61所示。

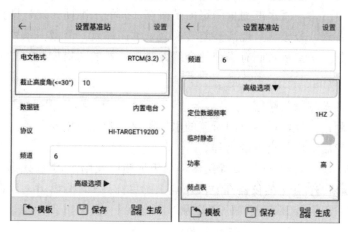

图6-61　设置基准站界面(三)

注意:"数据链"的各项参数,基准站和移动站要设成一致,移动站才能收到基准站的信号。

参数设置完之后点右上角的"设置",主机语音报"UHF基准站",主机信号灯红灯每秒闪烁两次,说明基站设置成功,正在发送差分数据。等到基准站主机面板上信号灯绿灯呈规律性闪烁,以及电台红灯每秒闪烁一次时,表示基准站主机自启动成功,基准站在发射信号。如果信号灯不闪烁,可以重启接收机主机或重新操作一次,等到灯闪烁后方可断开连接进入移动站设置。

(3) 设置移动站。用蓝牙方式连接上移动站,确认移动台数据链以及其他各项参数和基准站一致。然后点击右上角的"设置",主机语音播报"UHF移动台"。当悬浮窗上显示"固定"时,便可以开始测量作业。其他操作同CORS站模式。如图6-62所示。

图6-62　设置移动站界面

第六节　高程控制测量

课件6-6

高程控制测量主要采用水准测量和三角高程测量的方法进行。三等、四等水准测量在第二章已经讲述,本节仅介绍三角高程测量。

在地形起伏较大的山区或高层建筑物上进行高程测量时，用水准测量的方法就比较困难，而且速度慢。可采用三角高程测量的方法测定两点间的高差，进而求取高程。

水准测量与三角高程测量都可以得到两点的高差，但是三角高程测量测定的是两点之间的椭球面高差，而水准测量测定的是两点之间的水准面高差，即分别是大地高高差与正常高高差，若想将大地高高差转换为正常高高差，需做一系列复杂的转换计算，专业的控制测量文献对此有详细的介绍。对于一般的图根控制测量而言，两者的差值可以忽略不计。

一、三角高程测量的原理

三角高程测量，是根据两点间所测的水平距离、竖直角以及仪器高、目标高计算两点的高差，然后求出待求点的高程。

如图 6-63 所示，在 A 点安置仪器，用望远镜中丝瞄准 B 点觇标的顶点，测得竖直角 α，并量取 A 点上的仪器高 i 和 B 点上的目标高 v，测出 A、B 两点间的水平距离 D，则可求得 A、B 两点间的高差为

$$h_{AB} = D\tan\alpha + i - v \tag{6-43}$$

B 点高程为

$$H_B = H_A + D\tan\alpha + i - v \tag{6-44}$$

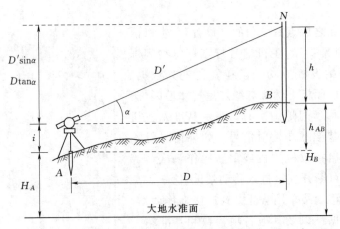

图 6-63 三角高程测量示意图

视频 6-8

三角高程测量一般应采用对向观测法，如图 6-63 所示，即由 A 点向 B 点观测（称为直觇），再由 B 点向 A 点观测（称为反觇），直觇和反觇称为对向观测。当对向观测所求得的高差较差 $f_h = h_{往} + h_{返}$ 满足对向观测高差较差要求时，则取对向观测的高差中数为最后结果，即

$$h_{中} = \frac{1}{2}(h_{AB} - h_{BA}) \tag{6-45}$$

式（6-45）适用于 A、B 两点距离较近（小于 300m）的三角高程测量，此时水准面近似看成平面，视线视为直线。

当测点间距离较长（至少超过 300m）时，三角高程测量计算公式必须以椭球面

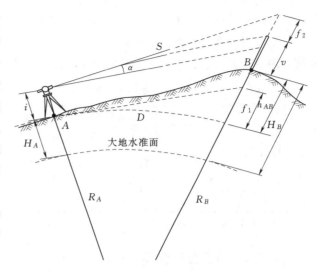

为依据，如图 6-64 所示。图中 f_1 为把地面看成水平面时与参考椭球面之间的差距，称为地球曲率误差；f_2 为把视线看成直线时与其真正的光程曲线之间的差值，称为大气折光差。同时考虑地球曲率及观测视线受大气折光的影响之后的三角高程计算公式变为

$$h_{AB}=D\tan\alpha_{AB}+i_A-v_B+f_1-f_2 \tag{6-46}$$

其中

$$f_1=\frac{D^2}{2R}, \quad f_2=K\frac{D^2}{2R}$$

图 6-64 考虑球气差的三角高程测量示意图

式中：R 为测线方向上的椭球曲率半径；K 为大地垂直折光系数，取 $0.07\sim0.16$，其值受地形条件、天气、观测时间等多种因素的影响，当三角高程等级要求不高时，大气垂直折光系数一般取经验数值 0.14。

两者综合 $f=f_1-f_2$，称为球气差，可简单表达为

$$f=f_1-f_2=\frac{D^2}{2R}-0.14\frac{D^2}{2R}=0.43\frac{D^2}{R}$$

则式（6-46）可简写为

$$h_{AB}=D\tan\alpha_{AB}+i_A-v_B+f \tag{6-47}$$

当进行反向观测（反觇）时，有

$$h_{BA}=D\tan\alpha_{BA}+i_B-v_A+f \tag{6-48}$$

则 $\quad h_{中}=\frac{1}{2}(h_{AB}-h_{BA})=\frac{1}{2}[D\tan\alpha_{AB}+i_A-v_B+f-(D\tan\alpha_{BA}+i_B-v_A+f)]$

$$=\frac{1}{2}[D\tan\alpha_{AB}+i_A-v_B-(D\tan\alpha_{BA}+i_B-v_A)] \tag{6-49}$$

从式（6-49）可以看出，采用对向观测取平均的方法可以消除大部分地球曲率、削弱大气折光的影响。因为往返观测时，天气、时间不尽相同，大气折光系数也不尽相同，往返测量时的球气差也就不完全相同，因此不能全部消除其影响。

二、三角高程测量的主要技术要求

三角高程测量的主要技术要求如下：

（1）三角高程点的外业布设要求：

1）三角高程控制，宜在平面控制点的基础上布设成三角高程网或高程导线。

2）四等应起讫于不低于三等水准的高程点上，五等应起讫于不低于四等的高程点上。

（2）三角高程测量的外业观测技术要求，主要是针对竖直角测量，因为对于电磁波测距而言，距离测量精度很容易满足。竖直角测量一般分为两个等级，即四等、五

等，其可作为测区的首级控制，具体指标见表 6-28。

（3）当三角高程网或高程导线外业观测结束后，就要进行三角高程网或三角高程导线的内业计算，其对应的主要技术要求，应符合表 6-28 的规定。

表 6-28 电磁波测距三角高程测量的主要技术要求

等级	仪器	测距边测回数	竖直角测回数		指标差较差/(")	竖直角较差/(")	对向观测高差较差/mm	附合或环线闭合差/mm
			三丝法	中丝法				
四	DJ_2	往返各 1 次		3	≤7	≤7	$40\sqrt{D}$	$20\sqrt{\sum D}$
五	DJ_2	往 1 次	1	2	≤10	≤10	$60\sqrt{D}$	$30\sqrt{\sum D}$
图根	DJ_6	往 1 次		2	≤25	≤25	$80\sqrt{D}$	$40\sqrt{\sum D}$

注 D 为电磁波测距边长度，km。

三、三角高程测量的观测与计算

三角高程测量的观测与计算按以下步骤进行：

（1）安置全站仪于测站上，量出仪器高 i；觇标立于目标点上，量出觇牌高 v（也称目标高）。仪器和觇牌的高度应在观测前后各测量 1 次，并精确到毫米，取其平均值作为最终高度。

（2）采用测回法观测竖直角 α，取其平均值为最后观测成果，同时观测两点的水平距离。

（3）采用对向观测，其方法同前两步。

（4）用式（6-47）、（6-48）分别计算往测高差与返测高差，并比较其较差，满足要求的情况下计算高差平均值，并推算目标点高程。

【例题 6-12】 已知 B 点高程为 13.250m，AB 边长为 343.580m，直觇观测竖直角为 $10°31'10''$、仪器高 1.390m、目标高 1.084m，反觇观测竖直角为 $-10°40'38''$、仪器高 1.480m、目标高 0.820m，按五等三角高程要求计算公式计算点 A 的高程，并判断成果是否合格。

解：观测数据以及计算结果见表 6-29。

表 6-29 电磁波测距三角高程测量记录计算表

待求点	A	
起算点	B	
观测	直觇（往测）	反觇（反测）
水平距离 D/m	343.580	343.580
竖直角 α	$10°31'10''$	$-10°40'38''$
$D\tan\alpha$/m	63.799	-64.779
仪高 i/m	1.390	1.480
觇标高 v/m	1.084	0.820
球气差/m	0.008	0.008
高差/m	64.097	-64.111

往返测高差之差/m	-0.014
往返测高差之差限差（$30\sqrt{D}$）/m	0.017
平均高差/m	64.104
起算点高程/m	13.250
待求点高程/m	77.354

因为往返测高差之差小于限差 $30\sqrt{D}$，故成果合格，且 A 点高程为 77.354m。

例题 6-12 是以最简单的一条边的对向观测为例，进行三角高程测量计算，实际生产中至少是布设成三角高程导线形式。三角高程导线是以导线的方式，用三角高程的测量方法测定控制点高程的导线。其布设形式主要是闭合路线和附合路线，一般与平面导线共用控制点，不会单独布设，尽可能起闭于高一等级的水准点上。

【例题 6-13】 已知起始点 A 点高程为 234.770m，A—B—C—D—A 布设成一条闭合三角高程导线。各导线边的边长，以及导线边高差（往、返高差的平均值）见表 6-30，计算点 B、C、D 的高程。

解： 整个处理过程类似于水准路线的高程计算。首先计算路线闭合差，即表 6-30 中各观测高差之和。若闭合差 f_h 在容许范围内，则将 f_h 反符号按照与各边边长成正比例的关系分配到各段高差中，再计算各导线边改正后的高差。最后根据已知高程点 A 计算出各待求点的高程。具体计算过程及结果见表 6-30。

表 6-30　　　　　　　**五等电磁波测距三角高程导线的闭合差调整**

测点	距离/m	观测高差/m	改正数/cm	改正后高差/m	高程/m
A					234.770
	580	+118.700	-0.010	+118.690	
B					353.460
	490	+57.250	-0.009	+57.241	
C					410.701
	530	-95.200	-0.010	-95.210	
D					315.491
	610	-80.710	-0.011	-80.721	
A					234.770
Σ	2210	+0.040	-0.040	0	
辅助计算	$f_h=+0.040$（m），$f_{h容}=\pm30\sqrt{2.210}=\pm44.6(\text{mm})=\pm0.0446(\text{m})$，成果合格				

【例题 6-14】 已知起始点 1 高程为 10000m，各点按 1—2—3—4—1 顺序布设成一条闭合三角高程导线。这是一个外业观测任务能在课堂实习内完成的简单三角高程导线，每次观测竖直角时都瞄准目标的底部，故目标高为 0。另外由于导线边很短，故按图根等级要求，且不考虑球气差的影响。计算过程以及计算结果见表 6-31。

自测 6-4

表 6-31 图根三角高程导线计算表

测站点	仪器高 i/m	照准点	竖直角 /(° ′ ″)	目标高 v/m	边长/m	初算高差 $d\tan\alpha$	高差 $(d\tan\alpha+i-v)$	高差平均值/m	高差改正数/mm	改正后高差/m	高程/m	备注
1	1.448	4	-6 31 16	0	12.120	-1.385	+0.063				10.000	
		2	-8 37 49	0	9.820	-1.490	-0.042	-0.042	0	-0.042		
2	1.450	1	-8 09 30	0		-1.408	+0.042				9.958	
		3	-8 23 46	0	9.540	-1.408	+0.042	+0.042	0	+0.042		最后一行 4-1 高差与第一行 1-4 取平均
3	1.480	2	-9 03 28	0		-1.521	-0.041				10.000	
		4	-6 41 30	0	12.040	-1.413	+0.067	+0.065	0	+0.065		
4	1.458	3	-7 11 52	0		-1.521	-0.063				10.065	
		1	-7 09 53	0	12.120	-1.524	-0.066	-0.064	-1	-0.065		
		4					+0.063				10.000	

$$\sum D = 43.52\text{m} = 0.043\text{km}$$
$$f_{h容} = \pm 40 \sqrt{0.043} = \pm 8 \ (\text{mm})$$
$$f_h = +0.001\text{m}$$
$$f_h < f_{h容}, \text{成果合格}$$

本 章 小 结

本章主要介绍了控制网的分类，导线测量，GNSS 在控制测量中的应用，三角高程测量的方法。本章的教学目标是使读者掌握国家基本控制网、城市控制网、小区域控制网及图根控制网的布设方法；重点掌握图根导线的外业工作、内业计算；掌握三角高程测量原理。

重点应掌握的公式如下：

（1）正反坐标方位角计算公式：

$$\alpha_{正} = \alpha_{反} \pm 180°$$

（2）方位角推算公式：

$$\begin{cases} \alpha_{前} = \alpha_{后} + \beta_{左} \pm 180° \\ \alpha_{前} = \alpha_{后} - \beta_{右} \pm 180° \end{cases}$$

（3）坐标正算公式：

$$\begin{cases} x_2 = x_1 + \Delta x_{12} \\ y_2 = y_1 + \Delta y_{12} \end{cases}$$

（4）角度闭合差计算公式：

$$f_\beta = \sum\beta_{测} - \sum\beta_{理} = \sum\beta_{测} - (n-2) \times 180°$$

思 考 与 练 习

1. 导线布设有几种形式？

2. 在导线测量中，如何区分导线的左右角？

3. 在什么情况下采用三角高程测量？为什么要采用对向观测？

作业 6-1

作业 6-2

4. GPS 测量有什么优点？网的布设有几种形式？

5. 简述传统 RTK 测量模式的外业工作过程。

6. 根据如表 6 - 32 所列数据，试计算闭合导线各点的坐标（导线点号为逆时针编号）。

表 6 - 32　　　　　　　　　　　闭 合 导 线 计 算

测站点	转折角（左角）/(° ′ ″)	改正后角度/(° ′ ″)	坐标方位角/(° ′ ″)	边长/m	坐标增量		改正后坐标增量		坐标/m	
					Δx	Δy	Δx	Δy	x	y
1			96 52 18	100.290					1000.000	1000.000
2	82 46 29			78.960						
3	91 08 23			137.220						
4	60 14 02			78.670						
1	125 52 04									
2										
Σ										

7. 附合导线有关数据见表 6 - 33，计算其中各点的坐标值。

表 6 - 33　　　　　　　　　　　附 合 导 线 计 算 表

测站点	转折角（左角）/(° ′ ″)	改正后角度/(° ′ ″)	坐标方位角/(° ′ ″)	边长/m	坐标增量/m		改正后坐标增量/m		坐标/m	
					Δx	Δy	Δx	Δy	x	y
A			237 59 30							
B	99 01 00			225.852					2607.687	1315.631
1	167 45 36			139.031						
2	123 11 24			172.572						
3	189 20 36			100.073						
4	179 59 18			102.482						
C	129 27 24								2266.721	1857.292
D			46 45 30							
辅助计算										

8. 已知 A 点高程为 258.26m，A、B 两点间水平距离为 624.42m，在 A 点观测 B 点得到

$\alpha = +2°38'07''$，$i = 1.62$m，$v = 3.65$m；在 B 点观测 A 点得到 $\alpha = -2°23'15''$，$i = 1.51$m，$v = 2.26$m。求 B 点高程。

第七章

地形图的基本知识

视频 7-1

地球表面千姿百态、复杂多样，但大致可以分为地物和地貌两大类。地物是指地球表面天然的或人工形成的固定物体，如道路、河流、房屋等；地貌是地球表面高低起伏的形态，如高山、深谷、陡坎、悬崖等。地物和地貌总称为地形。

地图就是按照一定的数学法则，运用符号系统和综合方法，以图形或数字的形式表示具有空间分布特性的自然与社会现象的载体。地形图是地图的一种，是采用一定的比例尺和水平投影方法（沿铅垂线方向投影到水平面上），将地物和地貌的平面位置和高程用规定的符号表示在一定载体上的图形。

图 7-1 所示是某幅 1∶500 比例尺地形图的一部分，图中主要表示了城市居民区、街道、植被等。

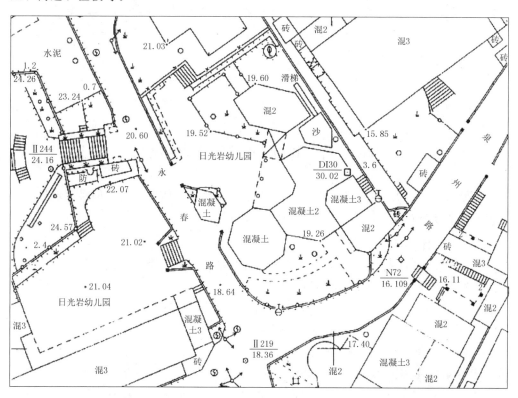

图 7-1 1∶500 地形图示例

图 7-2 所示是某幅 1∶5000 比例尺地形图的一部分，图中主要表示了山区地貌和农村居民地。

地形图的内容非常丰富，大致可分为三大类要素：数学要素，如比例尺、坐标格网等；地形要素，即各种地物、地貌；注记和整饰要素，包括各类注记、说明资料和辅助图表。

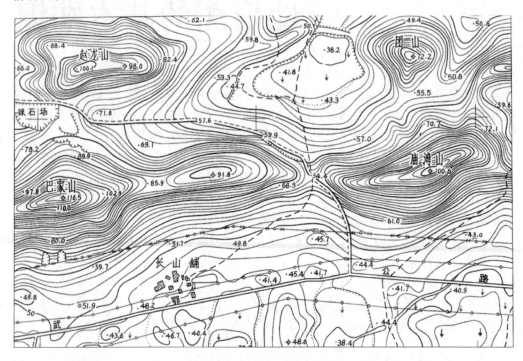

图 7-2　1∶5000 地形图示例

第一节　地形图的比例尺

课件 7-1

地形图上某直线长度与其对应实地水平距离之比称为地形图的比例尺，地形图的比例尺通常分为两大类：数字比例尺和图示比例尺。

一、数字比例尺

数字比例尺用分子为 1 的分数表达，分母为整数。设图中某线段长度为 d，相应实地的水平长度为 D，则地形图的比例尺为

$$\frac{d}{D}=\frac{1}{\dfrac{D}{d}}=\frac{1}{M}=1:M \tag{7-1}$$

式中：M 为比例尺的分母。

比例尺分母 M 越大，比例尺越小，地形图上表示的地物越概括；反之，比例尺分母 M 越小，比例尺越大，地形图上表示的地物越详细。

如果知道了地形图的比例尺，就可以根据图上的距离得到实际的地面长度，也可以由地面上的长度换算成图上的距离。例如在比例尺为 1∶1000 的地形图上，量取两

点间的距离为 $l=100mm$，则该线段对应的实地水平距离为

$$L=Ml=1000 \times 100mm=100m$$

又如，实地水平距离 $L=100m$，其在 1：2000 地形图上的距离为

$$l=L/M=100m/2000=50mm$$

我国把 1：500、1：1000、1：2000、1：5000、1：10000、1：25000、1：50000、1：100000、1：250000、1：500000、1：1000000 等 11 种比例尺的地形图称为基本比例尺地形图。

通常 1：500、1：1000、1：2000、1：5000、1：10000 被称为大比例尺，1：25000、1：50000、1：100000 为中比例尺，而 1：250000、1：500000、1：1000000 为小比例尺，它们对应的地形图分别被称为大比例尺地形图、中比例尺地形图和小比例尺地形图。

中比例尺地形图一般由国家测绘主管部门负责测绘，目前主要采用遥感或航测方式测图，小比例尺地形图大多采用中比例尺地形图缩编而成。

不同比例尺的地形图有不同的用途。如 1：10000 和 1：5000 地形图主要用于国民经济建设部门进行总体规划和设计，也是编制其他更小比例尺地形图的基础。1：2000 比例尺地形图常用于城市详细规划及工程项目初步设计。1：1000 和 1：500 比例尺地形图，主要用于各种工程建设的技术设计、施工设计和工业企业的详细规划等。

二、图示比例尺

为了便于应用，以及减小由于图纸热胀冷缩对于地形图引起的误差，通常在地形图上绘制图示比例尺。图示比例尺是以图形的方式来表示图上距离与实地距离关系的一种比例尺形式，分为直线比例尺和复式比例尺，其中直线比例尺比较常用。

图 7-3 所示为 1：1000 的图示比例尺，以 2cm 为基本单位，最左端的一个基本单位分成 10 等份。从图示比例尺上可直接读得基本单位的 1/10，估读到基本单位的 1/100。

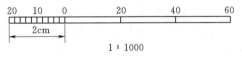

图 7-3 1：1000 图示比例尺

三、比例尺精度

由于人体感官的限制，人们用肉眼在图上能分辨的最小距离一般为 0.1mm，因此在图上量度或者实地测图描绘时，就只能达到图上 0.1mm 的精确性。因此把图上 0.1mm 所表示的实地水平长度称为比例尺精度。各种比例尺的比例尺精度可表达为

$$\delta=0.1mm \times M \qquad (7-2)$$

式中：δ 为比例尺精度；M 为比例尺分母。

比例尺越大，其比例尺精度也越高。工程上常用的几种大比例尺地形图的比例尺精度见表 7-1。

表7-1　　　　　　　　　　　　　比 例 尺 精 度 表

比例尺	1：500	1：1000	1：2000	1：5000
比例尺精度/m	0.05	0.1	0.2	0.5

比例尺精度的概念，对测图和设计都有重要的意义。根据比例尺的精度，可以确定在测图时量距应准确到什么程度。例如测1：1000图时，实地量距只需量取到10cm，因为即使量得再精细，在图上也无法表示出来。同时，若设计规定需在地图上能量出的实地最短长度时，就可以根据比例尺精度定出测图比例尺。如一项工程设计用图，要求图上能反应0.2m的精度，则所选图的比例尺就不能小于1：2000。图的比例尺越大，其表示的地物、地貌就越详细，精度也越高。但比例尺越大，测图所耗费的人力、财力和时间也越多。因此，在各类工程中，究竟选用何种比例尺测图，应从实际情况出发，合理选择，而不要盲目追求大比例尺的地形图。

第二节　地 形 图 图 式

地形图上用于表示地物和地貌的规定符号称为地形图的图式。地形图图式参照中华人民共和国国家标准《国家基本比例尺地图图式》（GB/T 20257—2017）。地图图式分为地物符号、地貌符号和注记符号。《国家基本比例尺地图图式　第1部分：1：500　1：1000　1：2000地形图图字》（GB/T 20257.1—2017）中1：500和1：1000、1：2000比例尺的部分地形图图式示例见表7-2。

视频7-2

一、地物符号

（一）地物的分类

在1：500、1：1000、1：2000地形图上，各种自然和人工地物大致可分为测量控制点、水系、居民地及设施、交通、管线、境界、植被与土质等。

1. 测量控制点

各种测量控制点包括三角点、导线点、卫星定位点、图根点、水准点、天文点等。

2. 水系

水系是指江、河、湖、海、水库、池塘、井、泉、沟渠等。

3. 居民地及设施

居民地及设施包括城市、集镇、村庄、工厂、矿山、农场等及其附属建筑物。

4. 交通

交通包括陆运、水运、海运及相关设施。

5. 管线

管线包括各种电力线、通信线、各种管道及其附属设施。

6. 境界

境界是区域范围的分界线，分为国界及国内境界两种。国内境界包括省、市、县、乡镇和村的行政分划线及特殊地区界限。

7. 植被与土质

植被是地表各种植物的总称，包括耕地、园林、林地、经济作物地、草地等；土质包括盐碱地、砂砾地、石块地等。

（二）地物符号及图式

地物符号分为依比例尺符号、不依比例尺符号和半依比例尺符号三类。部分地物符号见表 7-2。

1. 依比例尺符号

地物的轮廓较大，能按比例尺将地物的形状、大小和位置缩小绘在图上，以表达轮廓性的符号称为依比例尺符号。这类符号一般是用实线或点线表示其外围轮廓，如房屋、湖泊、森林、农田等，见表 7-2 中的 1～9 号。

表 7-2　　　　　　　　　　　地形图图示（摘录）

编号	符号名称	符号式样			编号	符号名称	符号式样		
		1：500	1：1000	1：2000			1：500	1：1000	1：2000
1	单幢房屋 a. 一般房屋 b. 有地下室的房屋	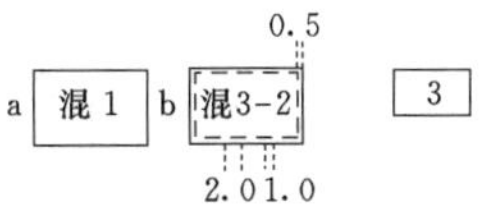 a 混1　b 混3-2　　3 2.0 1.0　0.5			7	草地 a. 天然草地 d. 人工草地	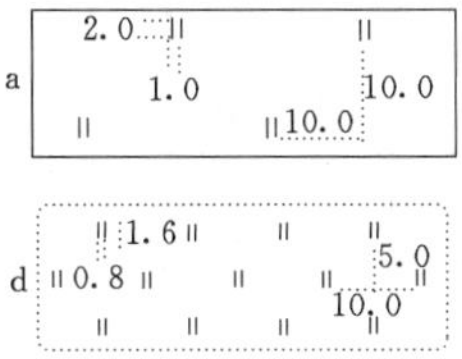 a 2.0 1.0 10.0 d 1.6 0.8 5.0 10.0		
2	台阶	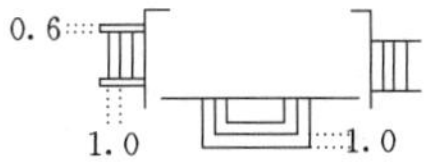 0.6　1.0　1.0			8	花圃、花坛	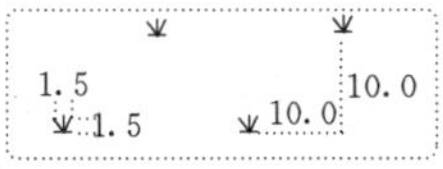 1.5 1.5 10.0		
3	稻田 a. 田埂	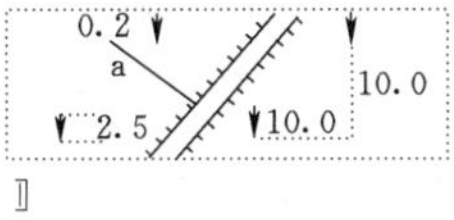 0.2 a 2.5 10.0			9	灌木林	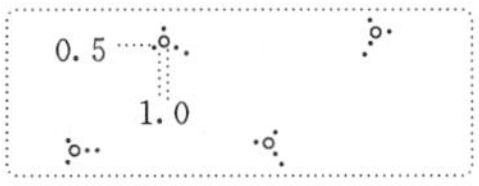 0.5 1.0		
4	旱地	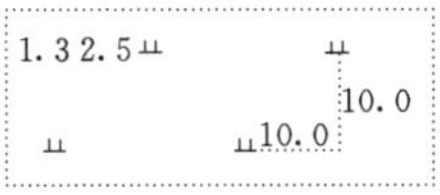 1.3 2.5 10.0			10	高压输电线 架空的 a. 电杆	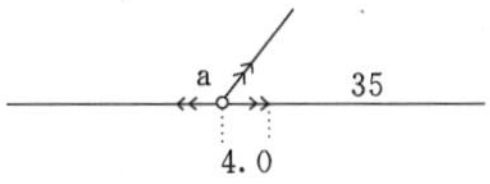 a 35 4.0		
5	菜地	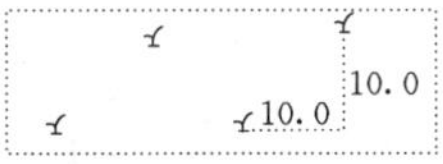 10.0			11	配电线 架空的 a. 电杆	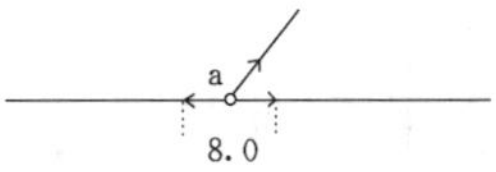 a 8.0		
6	果园	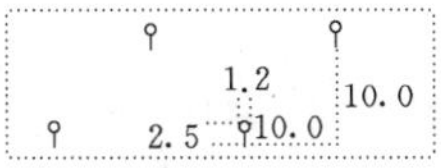 1.2 2.5 10.0			12	电杆	1.0 。		

编号	符号名称	符 号 式 样			编号	符号名称	符 号 式 样		
		1:500	1:1000	1:2000			1:500	1:1000	1:2000
13	围墙 a. 依比例尺 b. 不依比例尺	a ────── 10.0 0.5 b ────── 0.3 10.0 0.5			23	导线点 a. 土堆上的	2.0 ⊙ I16/84.46 a 2.4 ◇ I23/94.40		
14	栅栏、栏杆	──○──○──○──○── 10.0 1.0			24	埋石图根点 a. 土堆上的	2.0 ⊡ 12/275.46 a 2.5 ⊡ 16/175.64		
15	篱笆	─┼─┼─┼─ 10.0 1.0 0.5			25	不埋石图根点	2.0 ▫ 19/84.47		
16	活树篱笆	·○·○·○· 6.0 1.0 0.6			26	水准点	2.0 ⊗ II京石5/32.805		
17	行树 a. 乔木行树 b. 灌木行树	a ─○─○─○─ b			27	卫星定位 等级点	3.0 △ B14/495.263		
18	街道 a. 主干道 b. 次干道 c. 支路	a ──── 0.36 b ──── 0.25 c ──── 0.15			28	水塔 a. 依比例尺 b. 不依比例尺	a 　b 3.6 2.0		
19	内部道路	1.0 1.0			29	水塔烟囱 a. 依比例尺 b. 不依比例尺	a 　b 3.6 2.0		
20	小路、栈道	── 4.0 1.0 ── 0.3			30	亭 a. 依比例尺 b. 不依比例尺	a 　b 2.4 2.0 1.0		
21	三角点 a. 土堆上的	3.0 △ 张湾岭/156.718 a 5.0 ⬡ 黄土岗/203.623			31	旗杆	1.6 4.0 1.0 1.0		
22	小三角点 a. 土堆上的	3.0 ▽ 摩天岭/294.91 a 4.0 ⬡ 张庄/156.71			32	路灯			

续表

编号	符号名称	符号式样 1:500	1:1000	1:2000	编号	符号名称	符号式样 1:500	1:1000	1:2000
33	独立树 a. 阔叶 b. 针叶 c. 棕榈、椰子、槟榔 d. 果树 e. 特殊数	a 2.0 ⊙ 3.0 (1.6/1.0) b 2.0 ↑ 3.0 (1.6/45°/1.0) c 2.0 ※ 3.0 (1.0) d 1.6 ○ 3.0 (1.0) e ♀ ♀ ♀ ♀			34	等高线 a. 首曲线 b. 计曲线 c. 间曲线	a ～～ 0.15 b ～ 25 ～ 0.3 c ～ ～ 0.15 (1.0 / 6.0)		
					35	高程点及其注记	0.5·1520.3 ·−15.3		

2. 不依比例尺符号

一些具有特殊意义的地物，如三角点、水准点、烟囱、消火栓等，轮廓较小，不能按比例尺缩小绘在图上时，就采用统一尺寸，用规定的符号来表示，这类符号称为不依比例尺符号。不依比例尺符号在图上只能表示地物的中心位置，不能表示其形状和大小，如表 7 - 2 中的 21～33 号。

不依比例尺符号不仅其形状和大小不能按比例尺去描绘，而且符号的中心位置与该地物实地中心的位置关系也随着各类地物符号的不同而不同，其定位点规则如下：

（1）圆形、正方形、三角形等几何图形（如三角点等）的符号的几何中心即为对应地物的中心位置，如表 7 - 2 中的 21～27 号。

（2）符号（如水塔等）底线的中心，即为相应地物的中心位置，如表 7 - 2 中的 28、29 号。

（3）底部为直角形的符号（如独立树等），其底部直角顶点，即为相应地物中心的位置，如表 7 - 2 中的 33 号。

（4）几种几何图形组成的符号（如旗杆等）的下方图形的中心，即为相应地物的中心位置，如表 7 - 2 中的 30 号。

（5）下方没有底线的符号（如亭、窑洞等）的下方两端点的中心点，即为对应地物的中心位置，如表 7 - 2 中的 30 号。

（6）不依比例尺表示的其他符号（桥梁、水闸、拦水坝、岩溶漏斗等）的定位点在其符号的中心点。

3. 半依比例尺符号

一些呈线状延伸的地物，如铁路、公路、围墙、通信线等，其长度能按比例缩绘，而宽度不能按比例缩绘，需用一定的符号表示，这些符号就称为半依比例尺符号。半依比例尺符号只能表示地物的位置（符号的中心线）和长度，不能表示宽度，如表 7 - 2 中的 10～20 号。

二、地貌符号

地貌形态多种多样，可按其起伏的变化程度（地面坡度）分为平地、丘陵地、山地、高山地，见表 7 - 3。

表 7 - 3　　　　　　　　　　　　地　貌　分　类

地貌形态	地面坡度	地貌形态	地面坡度
平地	2°以下	山地	6°～ 25°
丘陵地	2°～ 6°	高山地	25°以上

图上表示地貌的方法有多种，对于大、中比例尺主要采用等高线法，对于特殊地貌如陡崖、悬崖等则采用特殊符号表示。

（一）等高线的基本知识

1. 等高线的定义

等高线是地面上高程相等的相邻点连成的闭合曲线。如图 7 - 4 所示，设想有一座高出平静水面的山头，当水面高程为 95m 时，山头与水面相交形成的水涯线为一闭合曲线，曲线上任一点的高程均为 95m，曲线的形状随山头与水面相交的位置而定。若水位继续降低至 90m、85m，则水涯线的高程分别为 90m、85m。将这些水涯线垂直投影到水平面 H 上，并按一定的比例尺缩绘在图纸上，就得到表现山头形状、大小、位置以及起伏变化的等高线。

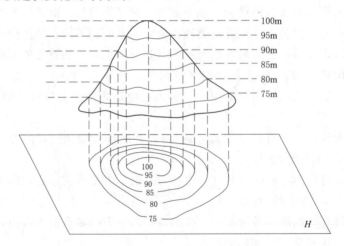

图 7 - 4　用等高线表示地貌的方法

2. 等高距与等高线平距

地面上相邻两条等高线之间的高差称为等高距，常以 h 表示。如图 7 - 4 中的等高距是 5m。在同一幅地形图上，等高距是相同的。选择等高距时应依据地形类型和比例尺大小，并按照相应的规范执行，等高距选择过小，会成倍地增加测绘工作量。对于山区，有时会因等高线过密而影响地形图的清晰度。如果等高距过大，则显示地貌粗略，一些地貌形态会被忽略，从而影响地形图的使用价值。因此，地形图的等高距选择必须根据地形的高低起伏程度、测图比例尺的大小和使用地形图的目的等因素综合确定。大比例尺地形图基本等高距参考值见表7-4。

表7-4　　　　　　　　大比例尺地形图基本等高距表

地形类别	比 例 尺			
	1：500	1：1000	1：2000	1：5000
	基本等高距/m			
平地	0.5	0.5	0.5 或 1.0	1.0
丘陵	0.5	0.5 或 1.0	1.0	2.0 或 2.5
山地	0.5 或 1.0	1.0	2.0	2.5 或 5.0
高山地	1.0	1.0 或 2.0	2.0	2.5 或 5.0

相邻两条等高线之间的水平距离称为等高线平距，常以 d 表示。等高线平距 d 的大小与地面坡度有关。等高线平距越小，地面坡度越大；平距越大，坡度越小；平距相等，坡度相等。因此，可根据地形图上等高线的疏、密判定地面坡度的缓、陡，如图7-5所示。

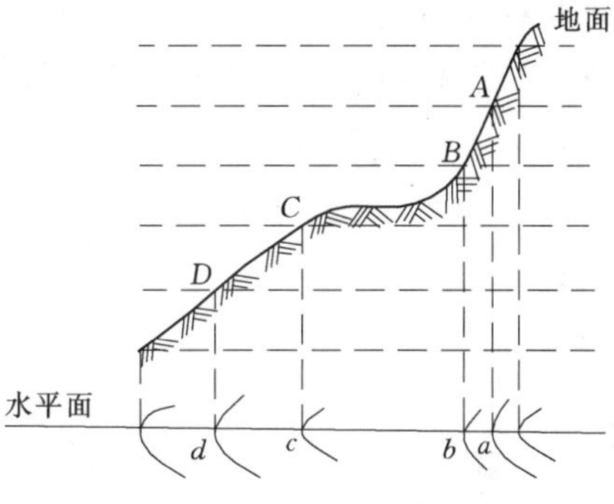

3. 等高线的分类

等高线分为首曲线、计曲线、间曲线和助曲线。

首曲线也称基本等高线，是指按规定的

图7-5　等高线平距

基本等高距勾绘的等高线，用宽度为0.1mm的细实线表示，如图7-6（a）中的42m、44m、46m、48m等高线，图7-6（b）中的102m、104m、106m、108m等各条等高线。

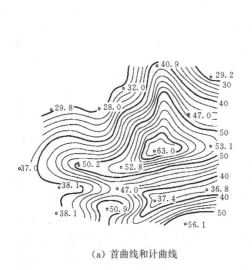

（a）首曲线和计曲线　　　　　　　　　（b）间曲线和助曲线

图7-6　等高线的分类

计曲线也称加粗等高线，是指每隔四条基本等高线加粗的等高线。为了读图方便，计曲线上需注出高程，如图 7 - 6（a）中的 30m、40m、50m 等高线，图 7 - 6（b）中的 100m 等高线。

间曲线也称半距等高线，是指基本等高线不足以显示局部地貌特征时，按 1/2 基本等高距加绘的等高线，用长虚线表示，如图 7 - 6（b）中的 101m、107m 等高线。

助曲线也称辅助等高线，指按 1/4 基本等高距加绘的等高线，用短虚线表示，如图 7 - 6（b）中的 107.5m 等高线。

间曲线和助曲线描绘时可以不闭合。

（二）地貌的基本形态

地貌的形态虽然纷繁复杂，但通过仔细研究和分析就会发现，它们是由几种基本的地貌综合而成的，如图 7 - 7 所示。了解和熟悉基本地貌的等高线特性，对于提高识读、应用和测绘地形图的能力很有帮助。

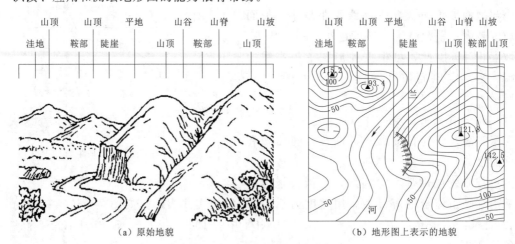

图 7 - 7　地貌的基本形态

1. 山顶和洼地

山的最高部分称为山顶，山顶的等高线特征如图 7 - 8 所示，山顶有尖顶、圆顶和平顶。与山顶相反，较四周低的部分称为洼地，洼地的等高线特征如图 7 - 9 所示。山顶和洼地的等高线都是一组闭合曲线，但它们的高程注记不同。内圈等高线的高程注记大于外圈者为山顶；反之，内圈等高线的高程注记小于外圈者为洼地。也可以用示坡线表示山顶或洼地。示坡线是垂直于等高线的短线，用以指示坡度下降的方向。

2. 山脊和山谷

从山顶向某个方向延伸的狭长高地称为山脊。山脊的最高点连线称为山脊线。山脊等高线的特征表现为一组凸向低处的曲线，如图 7 - 10 所示。相邻山脊之间的凹部称为山谷，它是沿着某个方向延伸的洼地。山谷中最低点的连线称为山谷线，如图 7 - 11 所示，山谷等高线表现为一组凸向高处的曲线。因山脊上的雨水会以山脊线为分界线而流向山脊的两侧，所以山脊线又称为分水线。因山谷中的雨水由两侧山坡汇集到谷底，然后沿山谷线流出，所以山谷线又称集水线。山脊线和山谷线合称为地性线。

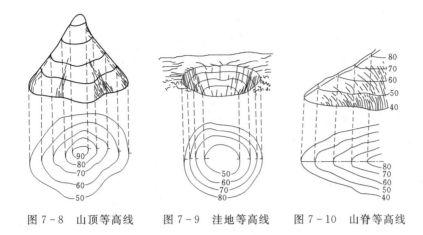

图 7 - 8　山顶等高线　　　图 7 - 9　洼地等高线　　　图 7 - 10　山脊等高线

3. 鞍部

相邻的两个山头之间呈马鞍形的低凹部分称为鞍部。鞍部左右两侧的等高线近似于对称的两组山脊线和山谷线，如图 7 - 12 所示。

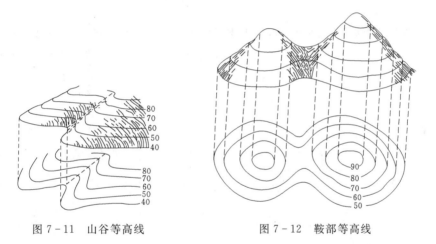

图 7 - 11　山谷等高线　　　　　　图 7 - 12　鞍部等高线

4. 山坡

山坡是山脊与山谷等基本地貌间的连接部位，由坡度不断变化的倾斜面组成。

(三) 特殊地貌

有些地貌，例如悬崖、陡坎、冲沟、雨裂和崩崖等不能用等高线描绘，或者用等高线描绘得不够确切。这类不能用等高线表示的地貌统称为特殊地貌，一般用专用符号表示。

自测 7 - 1

1. 陡崖和悬崖

陡崖是坡度在 70°以上或为 90°的陡峭崖壁，因用等高线表示将非常密集或重合为一条线，故采用陡崖符号来表示，如图 7 - 13 (a)、(b) 所示。

悬崖是上部突出、下部凹进的陡崖。上部的等高线投影到水平面时，与下部的等高线相交，下部凹进的等高线用虚线表示，如图 7 - 13 (c) 所示。

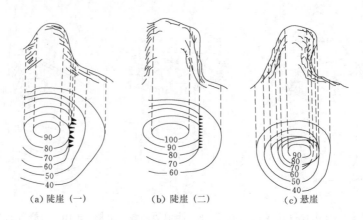

（a）陡崖（一）　　　（b）陡崖（二）　　　（c）悬崖

图 7-13　陡崖和悬崖等高线

2. 陡坎与冲沟

陡坎指的是各种天然和人工修筑的坡度在 70°以上的陡峻地段，形成方式有天然和人工修筑两种，如图 7-14 所示。

冲沟是在黄土冲积阶地上或坡面上出现的大量纵的、横的或纵横交错较窄的沟谷及沟壁较陡的沟道。冲沟多由于暴雨冲刷剥蚀坡面形成，先在低凹处将坡面土粒带走，冲蚀成小穴，并逐渐扩大成浅沟，以后进一步冲刷，就成为冲沟，其形状宽窄不一，如图 7-15 所示。

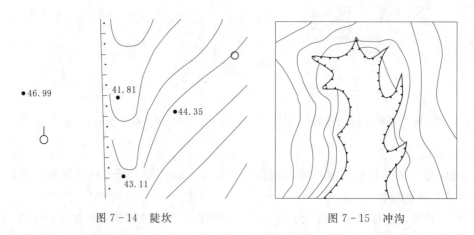

图 7-14　陡坎　　　　　　　　　　　图 7-15　冲沟

（四）等高线的特性

等高线具有以下特性：

（1）同一条等高线上各点的高程相等。

（2）等高线是闭合曲线，不能中断，如果不在同一幅图内闭合，则必定在相邻的其他图幅内闭合。

（3）等高线只有在陡崖或悬崖处才会重合或相交。

（4）同一幅地形图上等高距相等。等高线越密，表示坡度越陡；反之，等高线越稀则坡度越缓。

（5）等高线与山脊线、山谷线正交。

三、地物注记

地形图上对一些地物的名称、性质等加以注记和说明的文字、数字或特定的符号，称为地物注记，包括地名注记和说明注记，例如房屋的层数，河流的名称、流向、深度，工厂、村庄的名称，控制点的点号、高程，地面的植被种类等。

地物注记的构成元素包括字体（形）、字级（尺寸）、字色（色彩）、字距等。

字体即字的形状，在地图上常用来表示制图对象的名称和类别、性质。注记用各种字体见表 7-5。

表 7-5   文 字 注 记 字 体 样 式

字 体		式 样	用 途
宋体	正宋	成 都	居民地名称
	宋变	湖海 长江	水系名称
		淮 南	图名、区划名
		江苏 杭州	
等线体	粗中线	北京 开封 青州	居民地名称 细等作说明
	等变	太 行 山 脉	山脉名称
		珠穆朗玛峰	山峰名称
		北京市	区域名称
仿宋体		信阳县 周口镇	居民地名称
隶体		中 国 建 元	图名、区域名
新魏体		浩 陵 旗	
美术体		台湾省图	名称

字级是指注记字的大小，常用来反映被注对象的等级和重要性。越是重要的事物，其注记越大，反之亦然。字色和字体作用相同，常结合字体变化用于增强类别、

性质差异。如水系注记用蓝色，等高注记用棕色，区域表面注记用红色，居民地注记用黑色等。

字距是指注记中字的距离大小。字距大小以方便确定制图对象的分布范围为依据。

各种注记的配置应分别符合下列规定：

（1）文字注记应使所指示的地物能明确判读。一般情况下，字头应朝北，道路河流名称可随现状弯曲的方向排列，各字侧边或底边应垂直或平行于线状物体。各字间隔尺寸应在 0.5mm 以上，远间隔的也不宜超过字号的 8 倍。注字应避免遮断主要地物和地形的特征部分。

（2）高程的注记应注于点的右方，离点位的间隔应为 0.5mm。

（3）等高线的注记字头，应指向山顶或高地，字头不应朝向图纸的下方。

第三节　地形图的图外注记

课件 7-2

一幅标准的大比例尺地形图，除了表示地面上地物和地貌之外，其图框外应有相关注记，如图号、图名、接图表、图廓、坐标格网线、三北方向线和坡度尺，以及投影方式、坐标系统和高程系统等，如图 7-16 所示。

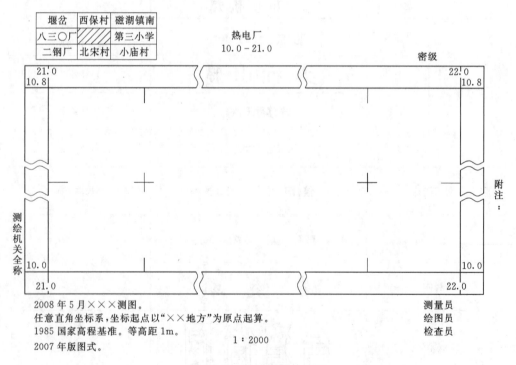

图 7-16　地形图图外注记

1. 图名和图号

图名就是本幅图的名称，常用本图幅内最著名的地名、最大的村庄或厂矿企业的名称来命名。如图 7 - 16 所示的"热电厂"。为了便于地图的存放和检索，将地形图进行编号，称之为图号。对于采用正方形和矩形分幅的大比例尺地形图，一般采用图幅西南角坐标进行编号。图名和图号标在北图廊上方的中央，如图 7 - 16 所示的"10.0 - 21.0"。

2. 接图表

接图表用来说明本图幅与相邻图幅的关系，供索取相邻图幅时使用。通常是中间一格画有斜线的代表本图幅，四邻分别注明相应的图号或图名，并绘注在北图廊的左上方。

3. 图廓和坐标格网线

图廓是图幅四周的范围线。矩形图幅有内图廓和外图廓之分。内图廓是地形图分幅时的坐标格网线，也是图幅的边界线。外图廓是距内图廓以外一定距离绘制的加粗平行线，仅起装饰作用。在内图廓外四角处注有坐标值，并在内图廓线内侧，每隔10cm 绘有 5mm 的短线，表示坐标格网线的位置。在图幅内每隔 10cm 绘有坐标格网线交叉点。

梯形图幅的图廓有三层：内图廓、分图廓和外图廓。内图廓是经纬线，也是该图幅的边界线。如图 7 - 17 所示，西图廓经线是东经 128°45′，南图廓是北纬 39°50′。内、外图廓之间的黑白相间的线条是分图廓，每段黑线或白线的长度，表示实地经差或纬差为 1′。分图廓与内图廓之间，注记了以千米为单位的平面直角坐标值，图7 - 17 中的 5189 表示纵坐标为 5189km（从赤道算起）。其余 90、91 等，其千米的千、百位的数都是 51，故省略。横坐标为 22482，22 为该图幅所在投影带的带号，482 表示该纵线的横千米数。外图廓以外还有图示比例尺、三北方向、坡度尺等，都是为了便于在地形图上进行量算而设置的各种图解，称为量图图解。

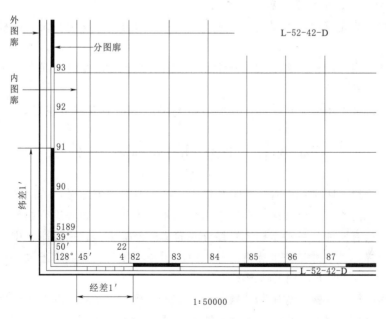

图 7 - 17　梯形图幅图廓

4. 三北方向线和坡度尺

在许多中、小比例尺的南图廓线的右下方，还绘有真子午线、磁子午线和坐标纵轴（中央子午线）三者之间的角度关系，常称为三北方向线，如图 7 - 18（a）所示。图中，磁偏角为 $9°50'$（西偏），子午线收敛角为 $0°05'$（西偏）。利用该关系图，可在图上任一方向的真方位角、磁方位角和坐标方位角三者之间进行相互换算。

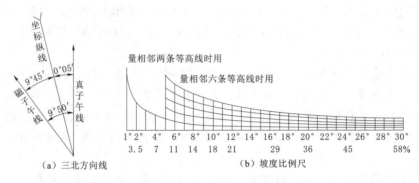

（a）三北方向线　　　　　　　（b）坡度比例尺

图 7 - 18　三北方向线及坡度比例尺

在中比例尺地形图的南图廓左下方还经常绘有坡度比例尺，如图 7 - 18（b）所示。它是一种量测坡度的图示尺，按以下原理制成：坡度 $i = \tan\alpha = \dfrac{h}{d \times M}$，$d$ 为图上等高线的平距，h 为等高距，M 为比例尺分母。在用分规卡出图上相邻等高线的平距后，可在坡度比例尺上读出相应的地面坡度数值。坡度尺的水平底线下边注有两行数字，上行是用坡度角表示的坡度，下行是对应的用倾斜百分率表示的坡度。

5. 投影方式、坐标系统和高程系统

地形图测绘完成后，都要在图上标注本图的投影方式、坐标系统和高程系统，以备日后使用时参考。

坐标系统指完成该图幅采用的坐标系，如 1980 年国家大地坐标系、城市坐标系或独立直角坐标系等。

高程系统指本图所采用的高程基准，如 1985 国家高程基准或假定高程基准。

第四节　地形图的分幅与编号

为便于测绘、印刷、保管、检索和使用，进行地形图测绘时，若测区超过一个图幅的范围，就需要将整个测区分成若干图幅，并且将其每个图幅进行编号整理。地形图的分幅方法有两种：一种是按经纬线分幅的梯形分幅法，它一般用于中、小比例尺地形图的分幅；另一种是按坐标格网分幅的矩形分幅法，它一般用于城市和工程建设 1：500～1：2000 的大比例尺地形图的分幅。

地形图的梯形分幅又称国际分幅，用国际统一规定的经线为图的东西边界，统一规定的纬线为图的南北边界。由于子午线向南、北两极收敛，因此，整个图幅呈梯形。

视频 7－4

一、梯形分幅与编号

1. 1：100 万比例尺地形图的分幅和编号

1：100 万比例尺地形图的分幅是从赤道（纬度 0°）起，分别向南北两极，每个纬差 4°为一横行，依次以拉丁字母 A、B、C、…、V 表示；由经度 180°起，自西向东每隔经差 6°为一纵列，依次用数字 1、2、3、…、60 表示。由于随着纬度的升高图幅面积迅速缩小，所以国际上一般规定在纬度 60°～76°之间双幅合并，在纬度 76°～88°之间四幅合并，纬度 88°以上单独为一图幅。图 7－19 所示为东半球北纬 1：100 万地图的国际分幅和编号。

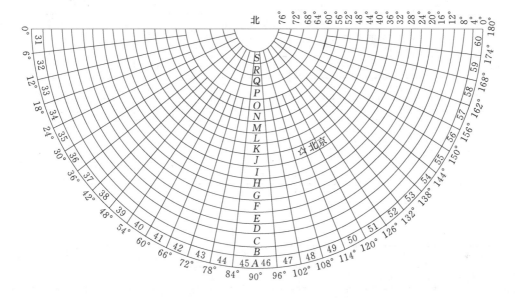

图 7－19　东半球北纬 1：100 万地形图的国际分幅和编号

2. 国家基本比例尺地形图分幅与编号

自测 7－2

世界各国采用的基本比例尺系统不尽相同，目前我国采用的基本比例尺系统为：1：500～1：100 万共 11 种。

1：500～1：50 万地形图的分幅与编号都由 1：100 万地形图加密划分而成的。每幅 1：100 万比例尺地形图划分为 2 行 2 列，共 4 幅 1：50 万地形图，1：50 万地形图的分幅经差为 3°、纬差为 2°。依此类推，其他比例尺地形图的分幅数量见表 7－6。编号均以 1：100 万比例尺地形图为基础，采用行列编号方法，即将 1：100 万地形图按所含各比例尺地形图的经差和纬差划分为若干行和列，横行从上到下、纵列从左到右按顺序分别用 3 位（或 4 位）数字码表示，不足 3 位（或 4 位）者前面补零，如图 7－20 所示。各比例尺地形图分别采用不同的字符代码加以区别，见表 7－6。按上述地形图分幅的方法，1：2000～1：50 万地形图的编号由其所在 1：100 万比例尺地形图的图号、比例尺代码和图幅的行列号共 10 位码组成，如图 7－21 所示。1：500～1：1000 地形图的编号由其所在 1：100 万比例尺地形图的图号、比例尺代码和图幅的行列号共 12 位码组成，如图 7－22 所示。

表 7-6　　　　　　　　　　　　我国基本比例尺地形图分幅

比例尺		1:100万	1:50万	1:25万	1:10万	1:5万	1:2.5万	1:1万	1:5000	1:2000	1:1000	1:500
图幅范围	经差	6°	3°	1°30′	30′	15′	7′30″	3′45″	1′52.5″	37.5″	18.75″	9.375″
	纬差	4°	2°	1°	20′	10′	5′	2′30″	1′15″	25″	12.5″	6.25″
行列数量	行数	1	2	4	12	24	48	96	192	576	1152	2304
	列数	1	2	4	12	24	48	96	192	576	1152	2304
图幅数量		1	4	16	144	576	2304	9216	36864	331766	1327104	5308416
			1	4	36	144	576	2304	9216	82944	331776	1327104
				1	9	36	144	576	2304	20736	82944	331766
					1	4	16	64	256	2304	9216	36864
						1	4	16	64	576	2304	9216
							1	4	16	144	576	2304
								1	4	36	144	576
									1	9	36	144
										1	4	16
											1	4

我国基本比例尺的代码见表 7-7。

表 7-7　　　　　　　　　　　　我国基本比例尺代码

比例尺	1:100万	1:50万	1:25万	1:10万	1:5万	1:2.5万
代码	A	B	C	D	E	F
比例尺	1:1万	1:5000	1:2000	1:1000	1:500	
代码	G	H	I	J	K	

1:25万地形图的编号，如图 7-23 斜线所示，图号为 J50C003003。

1:2.5万地形图的编号，如图 7-24 标注为 D 的灰色方框所示，图号为 J50F048004。1:1万地形图的编号，如图 7-24 标注为 E 的灰色方框所示，图号为 J50G094006。1:5000 地形图的编号，如图 7-24 标注为 F 的灰色方框所示，图号为 J50H192009。

3. 编号的应用

（1）已知图幅内某点的经纬度或图幅西南图廓点的经纬度，可按下式计算 1:100 万地形图的图幅编号：

$$\begin{cases} a = [\phi/4°] + 1 \\ b = [\lambda/6°] + 31 \end{cases} \tag{7-3}$$

式中：[·] 表示商取整；a 为 1:100 万地形图图幅所在行号对应的数字码；b 为 1:100 万地形图图幅所在列号的数字码；λ 为图幅内某点的经度或图幅西南图廓点的经度；ϕ 为图幅内某点的纬度或图幅西南图廓点的纬度。

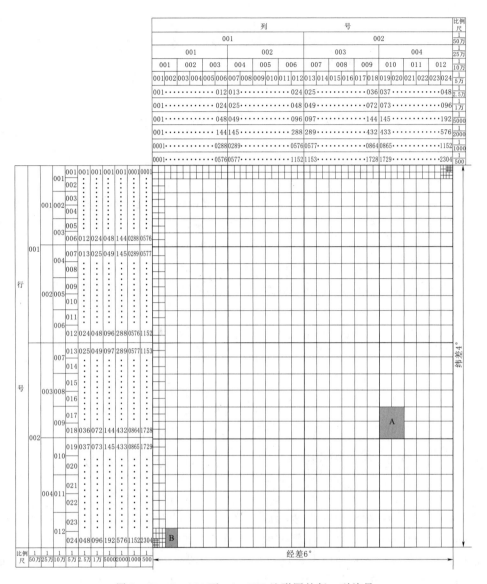

图 7-20　1∶100 万～1∶500 地形图的行、列编号

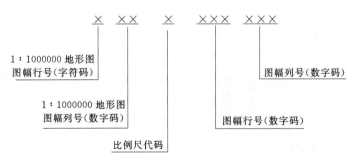

图 7-21　1∶2000～1∶50 万地形图的分幅与编号

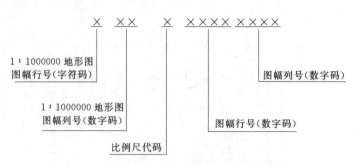

图 7-22 1∶500～1∶1000 地形图的分幅与编号

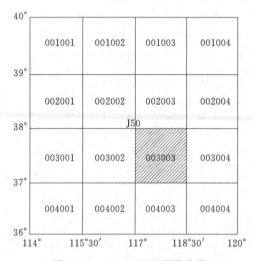

图 7-23 1∶25 万地形图编号

【例题 7-1】 某点经度为 $116°22'45''$、纬度为 $39°56'30''$，计算其所在 1∶100 万图幅的编号。

解：

$$a=[\phi/4°]+1=[39°56'30''/4°]+1=10$$
$$b=[\lambda/6°]+31=[116°22'45''/6°]+31=50$$

10 对应的字符码为 J，所以该点所在 1∶100 万地形图图幅的图号为 J50。

（2）若已知图幅内某点的经纬度或图幅西南图廓点的经纬度，也可按下式计算所求比例尺地形图在 1∶100 万地形图图号后面的行、列号：

$$\begin{cases} c=4°/\Delta\varphi-[(\varphi/4°)/\Delta\varphi] \\ b=[(\lambda/6°)/\Delta\lambda]+1 \end{cases} \quad (7-4)$$

式中：(·) 表示商取余；［·］表示商取整；c 为所求比例尺地形图在 1∶100 万地形图图号后的行号；d 为所求比例尺地形图在 1∶100 万地形图图号后的列号；λ 为图幅内某点的经度或图幅西南图廓点的经度；φ 为图幅内某点的纬度或图幅西南图廓点的纬度；$\Delta\varphi$、$\Delta\lambda$ 分别为相应比例尺地形图图幅对应的纬差与经差。

【例题 7-2】 某点经度为 $116°22'45''$、纬度为 $39°56'30''$，计算其所在 1∶1 万图幅的编号。

解： 1∶1 万图幅的纬差与经差分别为

$$\Delta\varphi=2'30'', \quad \Delta\lambda=3'45''$$

则有

$$c=4'/2'30''-[(39°56'30''/4°)/2'30'']=002$$
$$d=[(116°22'45''/6°)/3'45'']+1=039$$

则该点所在的 1∶1 万地形图的图号为 J50G002039。

二、矩形分幅与编号

《国家基本比例尺地图图示 第 1 部分：1∶500 1∶1000 1∶2000 地形图图式》（GB/T 20257.1—2017）规定：1∶500～1∶2000 比例尺地形图一般采用 50cm×

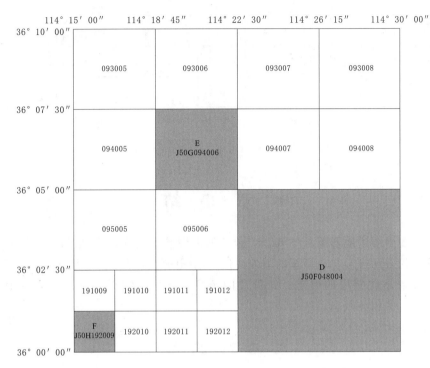

图 7-24 1:2.5万、1:1万、1:5000 地形图编号

50cm 正方形分幅或 50cm×40cm 矩形分幅;根据需要,也可以采用其他规格的分幅,如 40cm×40cm 等任意分幅。几种大比例尺地形图的分幅见表 7-8。

表 7-8   几种大比例尺地形图的分幅

比例尺	图幅大小/(cm×cm)	实地面积/km²	图幅数
1:5000	40×40	4	1
1:2000	50×50	1	4
1:1000	50×50	0.25	16
1:500	50×50	0.0625	64

地形图编号一般采用图廓西南角坐标千米数编号法,也可选用流水编号法或行列编号法等,带状测区或小面积测区,可按测区统一顺序进行编号。采用图廓西南角坐标千米数编号法时,表示为"$x-y$",1:500 的地形图取至 0.01km (如 10.25 - 21.75),1:1000、1:2000 地形图取至 0.1km (如 10.0 - 21.0)。带状测区或小面积测区,可按测区统一顺序进行编号,一般从左到右、从上到下用数字 1,2,3,4,…编定,如图 7-25 (a) 所示。

行列编号法一般以代号(如 A、B、C、D、…)为横行,由上到下排列;以数字 1,2,3,…为代号的纵列,从左到右排列来编定,先行后列,如图 7-25 (b) 中的 A-4。

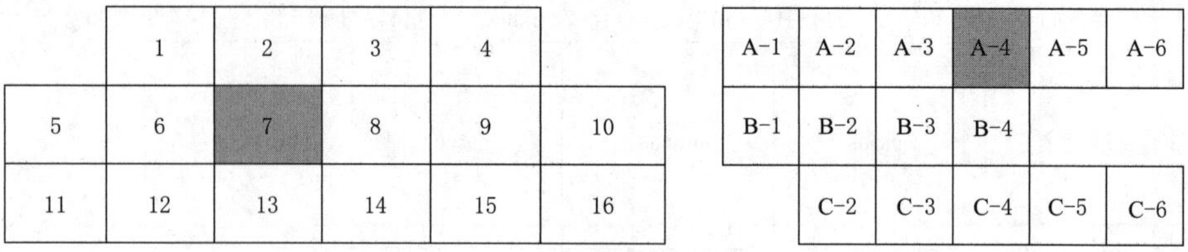

1	2	3	4		
5	6	7	8	9	10
11	12	13	14	15	16

A-1	A-2	A-3	A-4	A-5	A-6
B-1	B-2	B-3	B-4		
	C-2	C-3	C-4	C-5	C-6

（a）千米数编号法　　　　　　　　　（b）行列编号法

图 7-25　大比例尺地形图的分幅和编号

本　章　小　结

本章主要介绍了地形图基本知识，包括地形图基本概念，比例尺的定义与分类，地物、地貌的表示符号，地形图的图外注记，地形图的分幅与编号等内容。本章的重点内容有：数字比例尺的概念、比例尺的精度、三种地物符号以及主要的地貌符号（等高线）的相关概念。

思　考　与　练　习

一、选择题

1. 在地形图上，下列不属于地物符号的是（　　）。

A. 依比例符号　　　　B. 不依比例符号　　　C. 半依比例符号　　　D. 等高线

2. 在地形图上，控制点用下列哪种符号表示（　　）。

A. 依比例符号　　　　B. 不依比例符号　　　C. 半依比例符号　　　D. 等高线

3. 地形图图幅内注记不包括（　　）。

A. 名称注记　　　　　B. 说明注记　　　　　C. 数字注记　　　　　D. 比例尺注记

二、填空题

1. 在同一幅地形图上，等高距是_____的。

2. 测绘地形图时，碎部点的高程注记应字头向_____。

3. 测绘地形图时，等高线的高程注记应字头向_____。

4. 表示地貌的主要符号是_____。

5. 地形图的分幅可分为_____、_____。

6. 我国现行的国家基本比例尺地形图分幅编号由_____位编码组成？

7. 有一国家基本比例尺地形图分幅编号为 J50E005006，其中 E 代表该幅图的比例尺为_____。

8. 大比例尺地形图可用一幅图的西南角坐标千米数来表示其_____。

三、简答题

1. 什么叫地形图？什么叫地物和地貌？地形图上的地物符号分为哪几种？

2. 什么是比例尺精度？它对测图和设计用图有什么意义？1∶2000 地形图的比例

尺精度是多少?

3. 什么叫等高线? 等高距、等高线平距与等高线坡度之间有什么关系?

4. 等高线可分为哪几类?

5. 等高线的特性有哪些?

6. 地形图分幅的方法有哪些?

第八章
大比例尺地形图测绘

大比例尺地形图测绘通常是指测绘 1：500～1：5000 比例尺地形图，大比例尺地形图由于其位置精度高、地形表示详尽，是规划、管理、设计和建设过程中的基础资料。遵循测量工作"从整体到局部，先控制后碎部"的原则，在地形控制测量工作完成以后，就可以根据图根控制点的坐标和高程，测定地物、地貌特征点的平面位置和高程，并按规定的比例尺和符号缩绘出测区的地形图。本章将重点介绍大比例尺地形图测绘的基本工作流程与方法，对目前常用的数字化采集方法进行简要介绍，并以南方 CASS 软件为例，介绍数字化成图软件的使用方法。

第一节 数字测图方法概述

课件 8-1

20 世纪 90 年代以前，大比例尺地形图测量以模拟测图为主，如大平板仪、小平板仪测图法等。随着计算机软硬件的发展、测图仪器的更新和测图软件的逐步完善，全野外数字测图技术、内外业一体化的作业模式逐步取代了原来的模拟图解法测图作业模式，使大比例尺地形图的生产技术发生了质的改变，实现了测绘成果的数字化和现代化。数字测图是将野外数据采集系统与内业机助制图系统结合，形成一套从野外数据采集到内业制图全过程实现数字化和自动化的测量制图系统，又称机助制图。全站仪、GNSS、摄影测量、激光雷达等设备和技术的推出，使得数字测图效率、精度、准确度等都有了大幅提高。近些年，大比例尺数字地形图测绘技术与设备发展较快，逐渐趋于自动化、智能化和综合化，主要表现在以下方面：

（1）全站仪无线传输技术的应用。无线传输技术是指在全站仪的数据端口安装无线数据发射装置，将全站仪观测的数据实时地发射出去，在手簿上安装无线数据接收装置，并开发适用于专用电子手簿的数字测图系统。作业时，手簿操作者与立镜者同行或者立镜者直接操作，每测完一个点，全站仪的发射装置马上将观测数据发射出去，并被手簿所接收。测点的位置就会在手簿的屏幕上显示出来，操作者根据测点的关系完成现场连线构图，从而实现效率和质量的双重提高。

（2）全站仪与 GNSS-RTK 技术相结合。GNSS-RTK 和全站仪结合的方法进行测量和地形图绘制，可以使外业的工作量大大减少，并且使工作效率显著提高。比如全站仪测量易受到地形、植被覆盖等多重因素影响，而 RTK 在测量时容易受到外界干扰。全站仪和 RTK 联合作业的好处是全站仪不便测量的数据，可以用 GNSS 进行测绘；对于 GNSS-RTK 不便测量的数据，可以用全站仪进行测量。数据全部采集完成后可以用计算机进行分离，然后在相应的软件支持下完成地形图的编辑整饰工作。

（3）数字测图技术与地理信息系统相结合。随着地理信息系统的不断发展，GIS的空间分析功能将不断增强和完善，作为 GIS 的前端数据采集环节，大比例尺数字地形图测绘必须更好地满足 GIS 对基础地理信息的要求，地形图不再是简单的点、线、面的结合，而是空间数据与属性数据的集合。野外数据采集时，不仅仅是采集空间数据，同时还必须采集相应的属性数据。

全野外数字作业人员不但要有较全面的测绘知识，还要具备较为过硬的计算机应用技术和图形图像编辑能力，熟练使用各种先进设备，能够掌握多种野外数据采集方法，并具有进行数据传输、处理和可视化的能力。同时，由于数字测绘技术发展较快，测绘人员应具有不断学习的能力。

一、数字测图基本原理

视频 8-1

数字测图的基本思想是将地面上的地形和地理要素转换为数字形式，然后由电子计算机对其进行处理，得到内容丰富的电子地图，需要时由图形输出设备输出地形图或各种专题图。数字测图的基本过程如图 8-1 所示。

数字化测图不仅是利用计算机辅助绘图，减轻测图人员的劳动强度，保证地形图绘制质量，提高绘图效率，而且通过计算机进行数据处理，直接建立数字地面模型和电子地图，为建立地理信息系统提供可靠的原始数据。

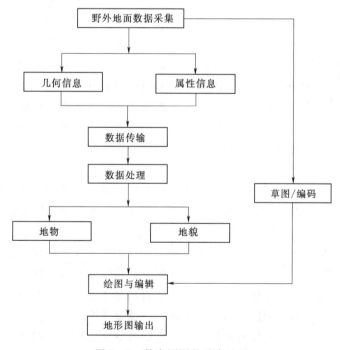

图 8-1 数字测图的基本过程

二、数字化测图方法

数字化测图主要包括全野外数字化测图（也称地面数字化测图）、地图数字化成图、摄影测量数字化测图、三维激光扫描测图等。

　　1. 全野外数字化测图

　　全野外数字化测图包括以下几种作业模式：

　　(1) 电子平板作业模式。该模式是将笔记本电脑通过电缆与全站仪连接，观测数据直接进入电子平板，在成图软件的支持下现场连线成图。电子平板作业模式的优点是简单直观，测完一个点后电脑就会将点位在屏幕上显示出来，作业人员可根据实际情况进行现场连线。其缺点是，由于野外作业的环境条件（如降雨、防尘、防潮、电池容量、屏幕亮度等）比较差，笔记本电脑不能很好地适应，因此其难以大范围推广，仅适用在特定环境或场合中。

　　(2) "草图法"作业模式。该模式是在全站仪采集数据的同时，绘制观测草图，记录所测地物测点编号、地物形状及连接关系等，内业将观测数据输入电脑，在测图软件的支持下，对照草图采用人机交互方式连接碎部点生成图形。该作业模式的优点是成本较低，作业简单，仅要求所绘草图能清楚地反映所测碎部点的连线关系，确保草图上标注的点号与记录器中储存的点号一致。但该模式的突出缺点是，一旦草图绘制有错误或不清晰，内业连线就会出现连错现象且难以发现。

　　(3) "编码法"作业模式。该模式是按照一定的规则给每个所测碎部点一个编号，如地形要素名称、碎部点连接线型等，可用数字代码或英文字母代码来表示，一个编号对应一组坐标 (x，y，z)，内业将数据输入电脑，在成图软件的支持下，由电脑自动完成测点连线形成图形。碎部点编号作业模式可减轻作业人员的劳动强度，但烦琐的编码规则，使作业人员难以记忆掌握；同时每测定一个点都要通过键盘输入一个数字编码，并且大部分测绘设备键盘操作不是太方便，频繁输入编码效率较低。

　　上述三种大比例尺数字地形图测绘模式的数据记录方式不同，在成图质量、作业效率以及对作业人员的要求等方面也各有不同，就其碎部点测定精度而言，均可达到较高精度，且与成图比例尺无关。但由于具体作业方法的不同，各种作业模式在设备成本、作业效率、劳动强度以及质量等方面有所差异。

　　2. 地图数字化成图

　　地图数字化成图是将地图图形或图像的模拟量转换成离散的数字量的过程。换言之，就是纸质地形图转换成电脑能存储、识别和处理的数字地形图的过程，这一过程也称为纸质地形图的数字化，简称地图数字化。地图数字化主要有手扶跟踪数字化和扫描屏幕数字化两种模式。利用手扶跟踪数字化仪跟踪纸介质图形中的点、线，通过数字化软件实现图形信息向数字化信息的转换。扫描屏幕数字化就是利用数字化扫描仪将地图图形或图像转换成栅格数据，然后进行屏幕跟踪矢量化变成矢量数据。扫描屏幕数字化基本步骤为：纸质地图→扫描转化→拼接子图块→几何校正→屏幕跟踪矢量化→矢量图合成接边→矢量图编辑→存入空间数据库。目前，扫描屏幕数字化是主要的地图数字化方式。

　　3. 摄影测量数字化测图

　　摄影测量的基本原理是建立影像获取瞬间像点与对应物点之间所存在的几何关系，无须接触物体本身获取提取的被摄物体信息的几何与物理性质。摄影测量主要是获取 4D 产品，其中包括数字线划图（digital line graphic，DLG）。航空摄影技术的发展虽然说历史较早，但是大规模应用于城市测绘也是近些年才实现的事情。按照搭载测量装置的飞行设备不同，摄影测量可以分为载人机航空摄影测量和无人机低空摄影测量。目前在小区域地形测绘中，无人机低空摄影测量配合裸眼三维测图的应用更加普遍。

4. 三维激光扫描测图

三维激光扫描是集激光扫描仪、全球导航卫星系统（GNSS）和惯性导航系统（inertial navigation system，INS）三种技术于一体，通过主动发射激光，然后接收目标对激光光束的反射及散射回波来测量目标的方位、距离及目标表面特性，直接得到高精度的三维坐标信息。与传统的航空摄影测量方法相比，使用机载激光雷达技术可部分地穿透树林遮挡，直接获取地面点的高精度三维坐标数据，且具有外业成本低、内业处理简单等优点，成为摄影测量领域的热点研究方向。目前，应用地面三维激光扫描仪对小区域进行数字测图的测量作业越来越多，并且，作业时间短、效率高，所测的地形图精度高，操作还比较简单。

三、数字测图的作业过程

数字测图的作业过程与所使用的设备和软件、数据源及图形输出的目的等有关。但不论是测绘地形图，还是制作种类繁多的专题图、行业用图等，只要是测绘数字地图，就都包括数据采集、数据处理和图形输出三个基本阶段。

1. 数据采集

数据采集主要应用全野外数字化测图、摄影测量、三维激光扫描和地图数字化等方法进行。

2. 数据处理

数据处理是指在数据采集后到图形输出之前对图形数据的各种处理，主要包括数据传输、数据预处理、数据转换、数据计算、图形生成与编辑、图形整饰等。

3. 图形输出

图形输出是数字测图的主要目的，通过图层控制，可以编制和输出各种专题地图，以满足不同用户的需求。为了使用方便，往往需要用绘图仪或打印机将图形或数据资料输出为美观、实用的图形，也可以将其转换成地理信息系统所需要的图形格式，用于建立和更新 GIS 图形数据库。

四、数字测图技术设计

为了保障测图工作的顺利实施，在测图开始前，需对整个测图工作进行整体规划，做出统筹安排，即编写技术设计书。所谓技术设计，是指依据测图比例尺、测图方法、测图面积大小、测区自然地理条件以及用户单位的具体要求，结合施工单位所能提供的仪器设备、技术力量及经费等情况，科学运用地形图测绘的有关原理和方法，制订在技术上可行、经济上合理的作业方法和作业方案，批准后的技术设计书是工程施工及检查验收的技术依据。

（一）技术设计的主要依据和基本原则

1. 主要依据

（1）测图任务书或合同书。任务书指测量施工单位上级主管部门下达的任务文件，是具有强制约束力的指令性文件。合同书则是由业主方（或上级主管部门）与测量实施单位所签订的合同，该合同书经双方协商同意并签订后便具有法律效力。

（2）国家及有关部门颁布的技术标准和相关法规。目前的大比例尺数字测图的主要规范（规程）及图式如下：

——《1：500 1：1000 1：2000 外业数字测图规程》（GB/T 14912—2017）；

——《1：500 1：1000 1：2000 地形图数字化规范》（GB/T 17160—2008）；

——《国家基本比例尺地形图图式 第1部分：1：500 1：1000 1：2000 地形图图式》（GB/T 20257.1—2007）；

——《国家基本比例尺地形图分幅与编号》（GB/T 13989—2012）；

——《基础地理信息要素分类与代码》（GB/T 13923—2006）；

——《数字地形图产品基本要求》（GB/T 17278—2009）；

——《数字测绘成果质量检查与验收》（GB/T 18316—2008）；

——《工程测量标准》（GB 50026—2020）；

——《地籍测绘规范》（CH 5002—94）和《地籍图图式》（CH 5003—94）；

——《房产测量规范》（GB/T 17986—2000）；

——《城市测量规范》（CJJ/T 8—2011）。

2. 基本原则

大比例尺测图的技术设计是一项技术性很强的工作，设计时应遵循如下基本原则：

（1）技术设计方案应先整体后局部，且顾及测区社会经济发展要求。

（2）在进行技术设计前，对测区已有的测量资料进行广泛收集，整理分类，然后组织人员到测区进行实地踏勘调查，重点考察测区地形的变化情况及特点、测区的交通状况、控制点保存情况、测区的管辖区及民风情况等。在此基础上，估计工程的重点和难点所在。

（3）技术设计时必须充分细化测图任务书或合同书中所提出的各项技术指标，保证最终成果满足精度要求。

（4）技术设计时在时间和进度安排上要适当留有余地，以确保工程按期完工。

（5）重视社会效益和经济效益，尽量节省人力、物力和财力。

（二）技术设计书的主要内容

1. 任务概述

对任务名称、任务来源、作业区范围、地理位置、行政隶属、测图比例尺、测图方法和工作量、拟采用的技术依据，以及要求达到的精度和质量标准、工期等进行概述。

2. 测区概况

对测区的地理特征、居民点分布情况、交通状况、水系植被分布情况、气候条件等进行介绍分析，综合考虑各方面因素并参照有关生产定额，确定测区的困难类别。

3. 已有资料

对与工程相关的已有资料进行详细说明，包括施测单位、施测年代、等级、精度、比例尺、依据的规范、范围、平面和高程系统、投影带等信息。

4. 作业依据

说明测图作业所依据的规范、图式及有关的技术资料，主要包括以下内容：

（1）上级下达的测量任务书、测图委托书（或合同书）。

（2）本工程执行的规范及图式，及工程所在地的地方测绘管理部门制定的适合本地区的一些技术规定等。

5. 坐标系统

（1）平面控制坐标系统。大比例尺测图的平面坐标系统一般采用国家统一平面直角坐标系，而当长度变形值大于 2.5cm/km 时，可另选其他地方或局部坐标系统；对于小测区可采用简易方法定向，建立独立坐标系统。

（2）高程控制系统。测图高程系统的选择，应尽量采用国家统一的 1985 国家高程基准。在远离国家水准点的新测区，可暂时建立或沿用地方高程系统，但条件成熟时应及时归算到国家统一高程系统内。

6. 控制测量方案设计

平面控制测量方案应说明首级平面控制网的等级、起始数据的配置、加密层次及图形结构、点的密度和标石规格要求、使用的软硬件配置、仪器和施测方法、平差计算方法及各项主要限差和应达到的精度指标。

高程控制测量方案应说明首级高程控制的等级、起算数据的选择、加密方案及网形结构，确定路线长度及点的密度、高程控制点标志类型及埋设、使用仪器和施测方法、平差方法，各项限差要求及应达到的精度指标。

7. 测图方案设计

测图方案应对数字测图的测图比例尺、基本等高距、地形图采用的分幅与编号方法、图幅大小等进行详细说明，并绘制整个测区地形图的分幅编号图。测图工程主要包括数据采集、数据处理、图形处理和成果输出等工作流程。在测图方案设计中需对每一项工作流程进行详细说明。

8. 检查验收方案

检查验收是测图工作的重要环节，是保证测图成果质量的重要手段之一。检查验收方案应重点说明地形图的检测方法、实地检测工作量与要求，中间工序检查的方法与要求，自检、互检方法与要求，各级各类检查结果的处理意见等。

9. 工作量统计、作业计划安排和经费预算

工作量统计是根据设计方案，分别计算各工序的工作量。作业计划是根据工作量统计和计划投入的人力、物力，参照生产定额，分别列出各期进度计划和各工序的衔接计划。经费预算是根据设计方案和作业计划，参照有关生产定额和成本定额，编制分期经费和总经费计划，并做必要的说明。

10. 提交资料

测图成果不仅包括最终的地形图图形文件（分幅图、测区总图），而且包括成果说明文件、控制测量成果文件、数据采集原始数据文件、图根点成果文件、碎部点成果文件及图形信息数据文件等。技术设计书中应列出用图单位要求提交的所有资料清

单，并编制成表。

五、数字测图技术设计书案例（摘要）

（一）项目概况

1. 目的与任务

为进一步加快××镇与外界的交通建设，缓解该镇运输紧张状况，完善路网布局，充分发挥运输综合效益，发展经济和加快沿线村镇致富，××镇拟进行××路改造，因此委托××公司进行老路沿线 1∶1000 地形图测绘任务，工期为 1 个月。

2. 测绘范围、工作任务及基本要求

（1）测绘范围。本工程的测绘范围为××路中心线 140m 区域范围，面积约 1.5km²。

（2）测绘工作任务。1∶1000 地形图测绘的主要任务如下：

1）在 SDCORS（山东省连续运行卫星参考站）下布设图根点（村庄、建筑物密集，不利于 GPS 接收信号的地方用全站仪图根导线测量方法）。

2）1∶1000 数字化地形测图，面积约 1.5 km²。

（3）基本要求：

1）平面系统采用假定平面直角坐标系。

2）高程系统采用假定高程。

3）使用的仪器设备作业前均应按要求进行全面检验。

4）1∶1000 基本等高距 1m。

3. 测区地理概况

××镇位于××市西南部，距市区 20km，全镇总面积 80.2km²，耕地面积 6.5 万亩，辖 56 个行政村，4.3 万人口。××镇交通便利，地处青岛、烟台、威海、潍坊四个沿海开放城市一小时经济圈内，系胶东半岛的交通枢纽。距潍坊高速公路 9km，804 国道 8km。镇内道路纵横交错，从镇内到青岛市里仅 40min 路程，到青岛国际机场仅需 30min。水资源多年平均总量为 4300 万 m³。

测区中心地理位置位于东经 117°××′，北纬 36°××′，测区地势起伏较大，高差在 120m 以上，平均高程约为 185m。

4. 已有测绘资料的分析

该测区内没有国家级控制点，为了保证测绘成果的一致性和连续性，按甲方要求，应充分利用 SDCORS 系统采用 RTK 方法直接对测区图根点进行布设和地形图测量。

（二）技术方案

1. 作业的主要技术依据

（1）《全球定位系统实时动态测量（RTK）技术规范》（CH/T 2009—2010）（以下简称《RTK 规范》）。

（2）《公路勘测规范》（JTG C 10—2007）。

（3）《国家基本比例尺地形图图式 第 1 部分：1∶500 1∶1000 1∶2000 地形图图

式》（GB/T 20257.1—2007）（以下简称《图式》）。

（4）《测绘成果质量检查与验收》（GB/T 24356—2009）。

（5）本项目《技术设计书》（以下简称《设计》）。

（6）本项目合同书。

2. 图根点选点及埋设

（1）选点。图根点选点工作应满足下列满足：

1）点位交通方便，便于埋设和长期保存，便于安置接收设备和操作，确保观测精度。

2）视野开阔，在高度角 15°以上的天空没有障碍物。

3）在点位 200m 范围内，没有大功率无线电发射源，并尽量远离高压输电线和微波无线电信号传送通道，其距离不得小于 20m。

4）点位应避开大面积水域或高大建筑物，及对电磁波接收有强烈干扰的物体。

5）点位应顾及日后用常规方法使用的需要，点与点之间尽量保持至少有两个以上方向通视。

（2）埋设。该测区为线路带状图，测区内部有水泥、沥青路面横穿测区，因此位于硬质铺装地面（如水泥、沥青路面等）上的点位采用钢钉标志。

3. 图根控制测量

拟用 SDCORS 布设图根点，高程采用 SDCORS 测得的假定高程。

（1）SDCORS 图根控制测量。

1）图根点的编号。以字母 A、B、C、…开头，每个作业组分配一个字母代码，项目组内编号不能重复，但允许跨号现象，图根点的各种计算和最终成果均取至 0.001m。

2）图根控制点的精度要求。SDCORS 图根测量、高程测量精度应符合规范的要求。采用 SDCORS 法测定图根点时，接收的卫星数应大于 5 颗，PDOP<6，应采用在不同时间段、不同的观测者重复两次观测的方法进行测量，当两次观测的坐标、高程较差小于±5cm 时取中数利用。

3）SDCORS 图根控制点外业观测。SDCORS 外业拟采用南方 S82 双频接收机观测，其标称精度为± $(5+0.5×10^{-6}D)$mm。观测方法：略。

4）SDCORS 图根控制点内业计算。SDCORS 图根控制点的数据采用南方仪器自带的数据处理软件进行处理。

（2）全站仪图根导线测量。因地形限制 RTK 无法观测时，可布设不多于 3 条边、总长不超过 240m 的支导线。支导线首站要联测两个已知方向，边长不超过 160m，边长要进行双向观测，角度测量左右角各测一测回，其测站圆周角闭合差不应超过±40″。

图根点位应设在便于观测、能够长期保存的地方。铺装路面上的点位可用长为 20～25cm、直径为 12mm 的钢钉作为标志，位于质软地面上的点位可采用石桩（10cm×18cm×40cm）进行设标，没法设石桩的用木桩代替。图根点编号采用等级加顺序号的方法进行，如 K01、K02、K03、…图根点的各种计算取至 0.001m，图根点的最终成果取位至 0.01m。

图根导线点的高程既可采用水准测量，也可采用光电测距三角高程的方法测定，其精度应满足规范规定。垂直角较差、指标差较差不大于 $25''$，对向观测高差、单向两次高差较差不大于 $0.4S$（S 为边长，单位：m）。

（三）数字地形图测绘

1. 1∶1000 数字地形图测量的基本方法

1∶1000 数字地形图主要采用 SDCORS 或全站仪全野外数字化采集坐标、高程，并现场绘制草图，内业在计算机上使用 CASS 数字测图软件编绘成图的方法进行。草图的点号和测量记录的点号应保持一致。草图应能清楚地表明每个地物轮廓上地物点的连接关系和地物之间的大致位置。有些不能在测站上直接测量的次要地物点，可根据已知点通过丈量距离计算其坐标。

采用全站仪用极坐标方法采集数据，在通视良好、定向边较长的情况下，地形点测距最大长度为 150m，地物点测距最大长度为 80m。

2. 1∶1000 数字地形图的表示方法与取舍原则

（略）

3. 1∶1000 数字地形图精度要求

（1）1∶1000 数字化地形图的基本精度，应满足规范的基本要求。其围墙角、房屋、道路、场地等主要地籍地物要素的精度应达到界址点的精度要求。

（2）1∶1000 数字化地形图的高程精度：建筑区和平坦地区的高程注记点相对于邻近图根点的高程中误差不大于 ±0.15m；隐蔽等困难地区的地物点点位中误差放宽 50%。

一般地区图上每个格网 15 个高程注记点，平坦及地形简单地区每个格网 10 个为宜，图上高程注记取位为 0.01m。

（3）1∶1000 数字化地形图的数据格式采用瑞德数据格式，图式符号、图形信息、属性、分层标准等应符合《大比例尺地形图机助制图规范》（GB 14912—2005）的要求。

（4）各精度最大误差限差为《公路勘测规范》（JTG C 10—2007）规定中误差的 2 倍。

（四）安全、质量保证措施

（略）

（五）检查验收

本项目采用两级检查一级验收制，即过程检查、最终检查及由甲方组织的测绘成果的检查验收。

过程检查是由生产单位在作业人员自查互检的基础上，按相应的技术标准、技术设计书和有关的技术规定所进行的全面检查；最终检查是在过程检查的基础上，由生产技术组对本项目的测绘产品所进行的再一次全面检查。

检查验收的主要内容包括数学基础、平面精度、高程精度、数据及结构正确性、地理精度、整饰质量、附件质量。

（六）提交资料

（1）技术设计书，3 份。

（2）图根点成果表，3 份。

（3）1∶1000 地形图，3 份。

（4）检查报告，3 份。

（5）技术总结，3 份。

（6）仪器检验资料，1 份。

（7）以上资料的电子版光盘，3 份。

第二节　野外数字化数据采集

课件 8 - 2

目前的地形图测图生产实践中，大面积的大比例尺地形图一般采用摄影测量法成图，其他情况下主要采用全站仪或 GNSS‐RTK 野外数据采集法测图。本节将介绍地形图测绘的前期准备与方法，地物、地貌的测绘方法；简要介绍利用全站仪或 GNSS‐RTK 法进行数字测图的流程。

一、测前准备

野外数字化测图是一项技术要求高、作业环节多、参与人员多、组织管理复杂的测量工作。为有序、高效、顺利地实施地形图测量，在实施测绘工作之前，必须进行充分的准备，一般来说，主要包括资料收集、野外准备和室内准备三个方面。

1. 资料收集

确定测绘任务后，首先需要根据测区范围，调查了解测区及其附近的已有测绘工作情况，收集必须的测绘成果资料，主要包括测区及其附近控制点成果、测区内图根控制成果及必需的较小比例尺地形图等。此外还需收集相关测量单位、施测时间、所用平面坐标系统和高程系统、投影带号、依据的规范、测量等级、精度、测图比例尺等资料。

2. 野外准备

野外准备即在充分研究已有资料的基础上，对测区进行踏勘。通过踏勘调查控制点和图根点保存、控制点通视、测区地形特征、交通运输等方面的情况。在野外踏勘的基础上，在室内设计加密控制点、图根点的布设和测图方案。

3. 室内准备

室内准备包括测绘仪器、软件的准备，对仪器使用前的检验、校正，确保仪器处于较好工作状态，同时编制测图控制点坐标文件。

二、地形图测绘方法

地形图测绘一般分两步：其一是测绘碎部点的平面坐标和高程，即确定碎部点的位置；其二是在测量碎部点的基础上进行地物、地貌的绘制，也就是地形图绘图。

（一）地物测绘方法

由于地物特性种类繁多，各有特点，即使是同类地物其形状大小也千差万别，测绘地物是测量其最低限度的特征点，用规定的符号缩小表示在图上。有的地物形状特别复杂，局部的尺寸又特别小，缩小之后，图上很难将其详尽地表示出来，因此地物的测绘还必须进行综合取舍，在分类叙述地物测量方法之前，先阐明地物综合取舍原则。

1. 测绘地物的综合取舍原则

测绘地形图时地物综合取舍的目的是在保证用图需要的前提下，使地形图更清晰易读。确定综合取舍的原则是：除少数特殊的有重要意义的地物之外，一般地物的尺寸小到图上难以清晰表示时，就有必要对其进行综合取舍，而且综合取舍不会给用图带来重大影响。测绘规范对带普遍性的综合取舍作出了明确的规定，例如不论比例尺大小，建筑物轮廓凹凸小于图上的 0.4mm（简单房屋小于 0.6mm），可以舍去凹凸部分，用直线表示其整体轮廓。

是否综合取舍，与比例尺大小有较大关系，例如一般规定 1：500、1：1000 比例尺地形图房屋不能综合，即每幢房屋都应单独测绘；1：2000、1：5000 比例尺地形图可以视具体情况，酌情综合测绘。少数特殊的地物，如控制点、有重大意义的纪念地物（如纪念碑）、有方位意义的地物（如独立的树）等均需测绘，不能进行综合取舍。

2. 地物的测绘

不同地物的测绘方法不同，下面分别加以介绍。

（1）居民地及设施测绘。居民地指人类工作生活相对集中的区域，也是建筑物相对密集的地方。对大比例尺地形图来说，原则上应独立测绘出每座永久建筑物。建筑物的轮廓应以墙基外角为准，并按建筑材料和性质分类并注记层数。但对有些尺寸太小的建筑物，在 1：2000、1：5000 比例尺测图时，难以一一独立绘出，可酌情综合处理。垣栅的测绘应类别清楚，取舍得当。城墙按城基轮廓依比例尺表示时，城楼、城门、豁口均应测定，围墙、栅栏、栏杆等可根据其永久性、规整性、重要性等综合取舍。

对于布局规划较好的建筑群，只需测量少量外轮廓点，配合量取细部尺寸，即可绘出整排房屋。如图 8-2（a）所示，除测量全部外轮廓点外，还可以通过测出点 1、2、3、6，并丈量每栋房屋的宽度、间距等，即可准确地绘出整排房屋。测量中为了检核外轮廓点位的正确性，通常每条外轮廓线上至少测量三个点，如果三点位于同一

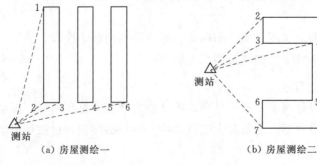

（a）房屋测绘一　　　　　　　　　（b）房屋测绘二

图 8-2　建筑物测绘

直线上，证明点位准确。对于外形较复杂的房屋，可视其形状确定测绘方法。如图 8-2（b）所示，可测量点 2、3、4、7，再量取 1—2 的距离，绘出房屋的凹部。

（2）道路测绘。道路包括公路、铁路、街道、乡间小路及其附属物，如桥梁、隧道、涵洞、水沟、里程碑、标志牌等。道路在图上均以比例尺缩小的真实宽度双线表示（铁路用专用符号）。铁路测绘一般在铁轨的中心线立镜，标准轨距为 1.435m；公路和街道一般在两边线上立镜。

道路测绘有以下注意事项：

1）路堤、路堑应按实地宽度绘出边界，并在其坡顶、坡脚处适当测注高程。

2）铁路轨顶（曲线段为内轨）、公路路面中心、道路交叉处、桥面等必须测注高程；曲线段的铁路，应测量内侧轨顶高程；隧道、涵洞应测注底面高程。

3）边界不明显的道路，测量其中心线，从中心线向两侧丈量至边界距离，然后绘出道路边界线。

4）凡在图上可以绘出宽度的排水沟，应按比例测绘，其他附属物（如桥梁涵洞、里程碑等）按实际位置测绘，用专用符号表示。

5）铁路、公路在同一平面交叉时，公路中断，铁路不中断。道路立交时，应如实测绘该处的立交桥，并用相应符号表示；多层交叉重叠时，下层被上层遮住的部分可不绘。

6）城镇街道还需标注路面材料（混凝土、沥青、砾、砖、土等）、街道名称。

7）凡在围墙内的各单位的内部道路，除主要道路外，一律用内部路符号（虚线）绘出。

8）市区街道应将车行道、过街天桥、过街地道的出入口、分隔带、环岛、街心花园、人行道与绿化带等绘出。

9）道路通过居民地时应按真实位置绘出且不宜中断；高速公路、铁路、轨道交通应绘出两侧围建的栅栏、墙和出入口，并应注明名称，中央分隔带可根据用图需求表示。

（3）水系测绘。水系地物包括江、河、湖、海、沟渠、池塘、水库、泉井等自然和人工的水域及与其相关的水利设施，如堤坝、桥等，都应测绘与表示，有名称的应注记名称，并可根据需要测注水深，也可用等深线或水下等高线表示。

河流、湖泊、池塘、水库等水涯线宜按测绘时的水位测定，并根据需要测注水深。当水涯线与陡坎线在图上投影距离小于 1mm 时，水涯线可不表示。有堤的按堤岸测绘，没有堤岸和明显界线的按正常洪水水位线测绘。海岸线以平均大潮高潮痕迹所形成的水陆分界线为准测绘，并适当测注高程。溪流除岸线外，需测绘测量时的流水线，并适当注记高程和流向。时令河应测注河床的高程，堤坝要测注顶面与坡脚的高程，水渠应测定渠顶边和渠底高程，池塘应测注塘顶边及塘底高程，井泉必须标注测绘时出水口与井台高程。当河流的宽度小于图上 0.5mm 时，图上宽度小于 1mm 的沟渠以单线表示。

（4）植被测绘。植被是各种植物的总称，有天然生长的，如天然林、灌木丛、草地等；有人工种植的，如水稻、树苗、人工经济林等。在地形图上应反映各种植物的分布状况。各种不同植被分布区域的界线称为地类界，植被测绘就是测绘地类界。测绘时，沿地类界线测量转折点的位置，在图上以不连续的小点线表示。需要说明的是：

1）当地类界线与线状地物重合时，可略去地类界线。在各地类界圈定的范围内，填绘相应的植被符号，必要时还可配以文字说明和高程注记。

2）农田要用不同的地类符号区分所种植的不同作物，如水稻田、旱地、菜地等。同一地段生长有多种植物时，可按经济价值和数量适当取舍，符号配置连同土质符号不应超过三种。

3）图上宽度大于 1mm 的田埂应用双线表示，小于 1mm 的应用单线表示；田块内应测注高程。

（5）管线的测绘。管线包括电力、通信、给水、排水（雨水、污水、雨污合流）、燃气、热力及工业管道等管线及其附属设施，如检修井、消火栓等。管线测量主要测定管线特征点和附属物的平面位置和高程，并分别用相应符号表示，注记传输物质的名称。当多种线路在同一杆架上时，可仅表示主要的。

（6）特殊地物的测绘。特殊地物包括各级控制点、具有方向意义或纪念意义的地物，以及公用事业和公用安全设施等。需要说明的是：

1）各类平面控制点前期可展在图上，各级水准点的位置也需要展到图上，并注记点号与高程。

2）其他特殊地物须将其实际位置测绘到图上，并用相应的符号表示。

3）当特殊地物与其他地物的表示符号重叠时，其他地物让位于特殊地物。

（二）地貌测绘方法

地貌即地球表面各种形态的总称，也称为地形，主要用等高线来描绘，等高线法既能准确、形象地在图纸上表达地表的起伏形态，又能借助等高线解决各种工程问题。

地面的起伏变化实质上是由不同坡度的地面相交而成。要正确描绘地貌就必须正确测定地面坡度变化线和地貌特征线（通常称为地性线），如山脊线、山谷线、变坡线等。由于地貌特征线不如地物特征线那样明显，在选择地貌特征点时会相对困难，因此正确选定地貌特征点是描绘地貌的关键。

地貌特征点一般选择：①山顶、鞍部、山脊、山谷、山脚等地性线上的变坡点；②地性线的转折点、方向变化点、交点；③平地的变坡线的起点、终点、变向点；④特殊地貌的起点、终点等。

各种自然形成和人工修筑的坡、坎，其坡度在 70° 以上时应以陡坎符号表示，70° 以下时应以斜坡符号表示；在图上投影宽度小于 2mm 的斜坡，应以陡坎符号表示；当坡、坎比高小于 1/2 基本等高距或在图上长度小于 5mm 时，可不表示；坡、坎密集时，可适当取舍。

三、全站仪数字化采集

（一）全站仪数字测图原理

全站仪数字测图主要是利用极坐标法原理。如图 8 - 3 所示，在控制点 O 上架设全站仪，量取仪器高为 i，棱镜高为 v，以后视点 A 进行定向，瞄准目标点 P，测得 OP 方向与 OA 方向的夹角 β 及 D_{OP}，全站仪自动记录点号和观测数据，并进行目标点的三维坐标计算式（8 - 1）。全站仪将点号、坐标和代码作为该点的一条"记录"

视频 8 - 3

存储于内存。依次测量所有碎部点，完成野外坐标数据采集。

$$\begin{cases} X_P = X_O + D_{OP}\cos\alpha_{OP} \\ Y_P = Y_O + D_{OP}\sin\alpha_{OP} \\ H_P = H_O + D_{OP}\tan\alpha + i - v \end{cases} \qquad (8-1)$$

（二）全站仪数字测图流程

1. 测站设置

碎部测量开始前，需要进行测站设置，选择合适的测站，在测站上安置仪器，进行精密对中和整平，一般情况下，仪器对中误差应小于 5mm，测量前量取仪器高，取至厘米级。然后设置测站信息，包括记录测站坐标数据、仪器高等。

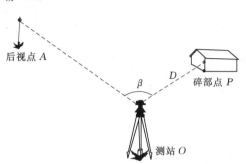

图 8-3　全站仪数字测图原理

2. 后视定向

测站设置完成后，需要进行参考方向设置，也就是进行后视定向工作，一般有两种方式：人工定向和坐标定向。其中人工定向是在独立坐标系下使用；坐标定向则是在大比例尺测图时使用，即精确瞄准后视棱镜中心后，输入后视点坐标，完成定向。

3. 定向检核

后视定向工作完成后，为确认前期工作的准确性，需要进行检核，即找第三个控制点进行坐标测量，将其测量结果与已知值进行比较，判断定向结果是否合格，以免出现较大错误。

4. 碎部测量

定向检核结果合格后，开始进行测图工作，不论是草图法还是编码法，都需绘制工作草图（图 8-4），并按照顺序进行碎部点坐标信息和属性信息采集。

进行碎部观测时，特殊情况下，可以利用全站仪所提供的角度偏心观测、距离偏心观测等功能，以提高测量的精度和效率。

（三）测图步骤

下面以南方 NTS-332RM 系列全站仪为例说明测图步骤：

（1）在控制点上安置全站仪，对中，整平。

（2）按开关键开机，按 MENU 键调出主菜单，仪器显示如图 8-5 所示。

（3）主菜单下选择"5.建站"，弹出如图 8-6 所示界面，选择"1.已知点"，仪器显示如图 8-7 所示；在测站点界面中可以直接输入坐标数据或者新建坐标数据，也可以调用内存中的坐标进行设站。

（4）测站点设置完毕后，瞄准后视点，在后视选择菜单下（图 8-8）选择"1.坐标"，输入后视点的坐标进行定向；也可以选择"2.角度"，输入后视点的坐标方位角进行定向。仪器显示如图 8-9 和图 8-10 所示。至此完成了全站仪的测站和定向设置工作。

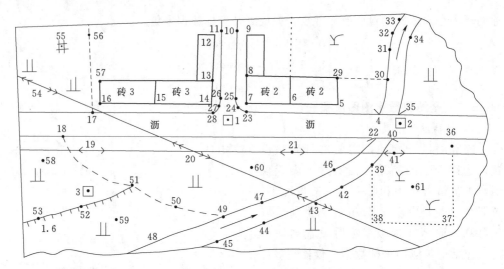

图 8-4　外业草图

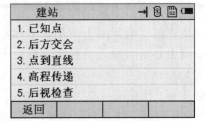

图 8-5　主菜单界面

图 8-6　建站界面

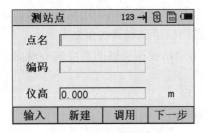

图 8-7　测站点界面

图 8-8　后视点界面

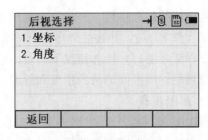

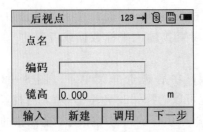

图 8-9　后视点坐标界面

图 8-10　后视点角度界面

（5）在主菜单下选择"1.采集"，新建或调用测量文件；然后选择采集菜单下的"1.点测量"。输入碎部点点号、编码（编码法时输入）和棱镜高，选择坐标测量方式，点击"测量"即完成一个点的坐标采集，并且下一个碎部点的编号自动累加。仪器显示如图8-11～图8-13所示。

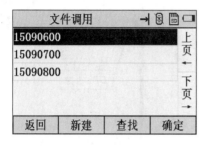

图8-11　文件调用界面

图8-12　采集菜单界面

四、GNSS数字化采集

如果野外观测环境的通视情况不佳或观测距离较远，则采用GNSS测图较为高效。首先在控制点上或测区内任意点架设基准站，然后利用电台或者GPRS网络配置好流动站，再通过控制点校正，即可进行数据采集。根据基准站方式的不同，GNSS数字化采集又可分为GNSS-RTK测图以及GNSS CORS系统测图。

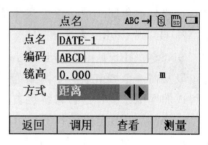

图8-13　点测量界面

1. GNSS-RTK测图

目前，大比例尺数字测图作业中，一般采用GPS静态测量模式进行首级控制，根据环境不同，可以选择不同的测图模式，对GNSS信号较为理想的地方，用GNSS-RTK方法进行图根控制和数据采集。

目前，GNSS-RTK平面精度达到厘米级，且精度均匀，所需人力少，可以同时进行图根控制与测图数据采集，减少了重复设站，极大地提高外业工作效率，多适于较开阔区域作业。

RTK测量的作业模式如图8-14所示，一台接收机固定不动，称为基准站或参考站，另一台为流动站，两接收机之间建立实时数据通信。流动站在接收卫星信息的同时，还可以实时获得基准站的观测信息，经差分处理得到较高精度流动站的二维坐标（可经坐标转换获得当地高斯平面坐标），在有适合的高程拟合模型和拟合条件，或有较高精度的大地水准面精化成果的条件下，还可以得到符合测图精度要求的碎部点高程值，从而获得碎部点三维位置信息。测图作业过程参考第六章第五节相关内容。

RTK作业方法的优点是可全天候作业，并且可以多个流动站同时进行，效率可以成倍提高；不要求点间通视，也不受基准站和流动站之间的地物影响，设置基准站后一般可在半径10km内采集任意碎部点。RTK作业方法的缺点是作业条件要求较

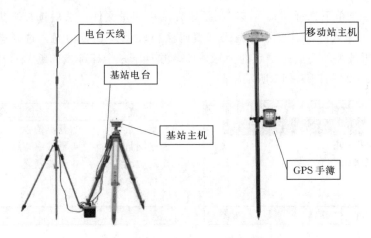

图 8 - 14　GNSS - RTK 测量示意图

高，在建筑密集区、植被覆盖区等易受遮挡区域受到较大限制。

2. GNSS CORS 系统测图

自测 8 - 1

GNSS CORS 是由全球卫星导航系统、地面或空间数据通信系统、计算机、互联网，以及在一个城市或一个国家范围内建立的、连续运行的若干个固定的 GNSS 参考站组成的网络系统，这种系统也被称为 GNSS 增强系统或网络 GNSS 系统。

GNSS CORS 定位模式下，用户仅需使用一台流动站接收机即可获得较高精度的位置信息，从而进行数字测图作业。具体作业过程参考第六章第五节相关内容。

与 RTK 作业方法相比，CORS 系统自身能够提供坐标转换参数，如果测量成果与 CORS 坐标系统一致，则不需要进行坐标转换工作，这对于高等级控制点破坏较严重或是难以收集控制点资料的测区尤为方便，避免了资料收集的各种不便和实地找点的困难，既方便、高效，又更经济、实惠。因此，利用 CORS 系统进行地形测量，是全野外数字测图的发展方向。

第三节　南方 CASS 数字测图软件及其应用

课件 8 - 3

一、南方 CASS 数字测图软件简介

CASS 软件是广州南方测绘科技股份有限公司基于 AutoCAD 平台开发的一套集地形地籍成图、空间数据建库、工程应用、土石方算量等功能为一体的软件系统。该系统操作简便、功能强大、成果文件和数据格式兼容性强，被广泛应用于地形地籍成图、工程测量应用、空间数据建库、市政监管等领域，彻底打通了数字化成图系统与GIS 的接口，使用的是骨架线实时编辑、简码用户化、GIS 无缝接口等先进技术。CASS 软件自推出以来，已经成为业内应用最广、使用最方便快捷的软件品牌，也是用户量最大、升级最快的主流成图软件。

（一）CASS 软件安装

需要注意的是，CASS 软件必须在先安装 CAD 的前提下进行安装，且 CASS 要

安装在与 CAD 相同的目录下。安装后，无论双击 CAD 还是 CASS，都可以直接进入到 CASS 模式中。如果需要转换到 CAD 模式下，可以在绘图区域右击，选择"选项"条目，再选择"配置"，左键双击"未命名配置"即可完成模式转换。

（二）CASS 主界面

以 CASS 9.1 为例，CASS 主界面窗体的主要部分是图形显示区，其操作功能包含以下几个部分：顶部菜单栏、右侧 CASS 屏幕菜单、CAD 和 CASS 工具按钮、图层窗口、命令输入及状态显示等，如图 8-15 所示。每一菜单项及快捷工具按钮的操作均以对话框或底行提示的形式应答。CASS 9.1 的操作既可以通过点击菜单项和快捷工具按钮进行，也可以在底行命令区以命令输入方式进行。

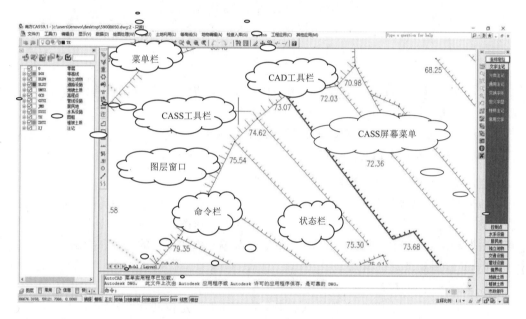

图 8-15　CASS 9.1 主界面

（三）CASS 菜单

CASS 共有 13 个菜单，分别是文件、工具、编辑、显示、数据、绘图处理、地籍、土地利用、等高线、地物编辑、检查入库、工程应用、其他应用等，其中"数据、绘图处理、地籍、土地利用、等高线、地物编辑、检查入库、工程应用、其他应用"是 CASS 新增而 CAD 中没有的菜单。顶部菜单用鼠标激活，可用 Ctrl＋C 组合键或 ESC 键终止操作。

（四）CASS 主要功能

CASS 软件的主要功能如下：

（1）数据处理功能：查看/加入编码、生成/读入数据交换文件、导线记录/导线平差、数据通信、数据格式转换、数据录入、批量修改坐标数据等。

（2）绘图处理功能：显示区设定、展点（点号/高程/代码）、图幅生成等。

（3）地籍成图功能：绘制各种比例尺的地籍图。

（4）等高线生成与处理功能：建立 DTM，构建 TIN、等高线绘制与修饰。

（5）地物编辑功能：线型换向、墙宽/坎高修改、植被/土质/图案填充、图形接边、测站改正、直角纠正等。

（6）工程应用功能：查询、土方量计算、生成数据文件等。

（五）CASS 相关文件格式和数据格式

CASS 软件要求的数据文件名必须是 DAT 格式，一般在记事本中打开和保存。其中的数据格式如下所示：

视频 8－4

$$1,,16157.521,7502.951,152.925$$
$$2,,16160.557,7508.831,152.934$$
$$3,,16165.104,7532.759,152.963$$
$$4,,16166.722,7537.860,152.744$$
$$5,,16163.517,7538.398,153.031$$
……

数据文件中每一行为一个点的三维坐标，每行数据的含义是"点号、横坐标 Y、纵坐标 X、高程 H"。每个点数据中的逗号和小数点必须是"英文状态"。

因此，通过全站仪或 RTK 所测坐标数据传输到计算机后，必须把数据转换为 CASS 要求的数据格式和文件格式。

二、南方 CASS 软件在地形图绘制中的应用

地形图绘制是利用传输到计算机中的碎部点坐标和属性信息，在计算机屏幕上绘制地物、地貌图形，经人机交互编辑，绘制出数字地形图。下面针对应用最为广泛的草图法，利用数字化绘图软件 CASS 介绍地形图编绘内业工作的内容和方法。

（一）绘图测点定位模式

1. 定位模式的选择

南方 CASS 软件绘图时点位选取有坐标定位和点号定位两种模式。

（1）坐标定位模式。在该模式下，使用绘图区右侧的地物绘制工具栏内的指定绘图工具作图时，可以在绘图命令执行过程中，直接使用鼠标的十字光标定位绘图区内测点点位，并连接绘制指定的地物。坐标定位模式便于熟悉野外现场情况的绘图员使用鼠标光标快速定位测点位置和连接绘制地物。在坐标定位模式下进行绘图作业时，地物绘制工具栏中的第一项显示为"坐标定位"。在坐标定位模式下作业，建议只打开 CAD 对象捕捉选项中的"节点"，以便鼠标捕捉到野外测点的准确坐标位置上。

（2）点号定位模式。在该模式下，使用绘图区右侧的地物绘制工具栏内的指定绘图工具作图时，可以在绘图命令执行过程中直接输入野外测点点号，定位绘图区内测点点位并连接绘制指定的地物。点号定位模式便于不熟悉野外现场情况的绘图员，使用测点点号快速定位测点位置和连接绘制地物。在点号定位模式下进行绘图作业时，地物绘制工具栏中的第一项显示为"点号定位"。

2. 两种定位模式的切换

通常在新打开的 DWG 文件中，使用某一个 CASS 地物绘制命令绘图时，系统默认为坐标定位模式，即不能使用直接输入测点点号的方式来绘图。只有进行了如下的操作后，才能使用命令行选项 P，在点号定位和坐标定位两种模式之间进行相互切换；点击绘图区右侧的"地物绘制工具栏"列表中"坐标定位"，在弹出的下拉菜单中选择"点号定位"后，弹出"选择点号对应的坐标点数据文件名"对话框，指定打开文件的路径并选择数据文件，完成"点号定位模式"的选择。

在某一个 CASS 地物绘图命令执行过程中，如果命令提示行显示"鼠标定点 P/＜点号＞"，表示当前为点号定位模式，可直接在命令行中输入点号进行绘图。如果命令提示行显示"点号 P/＜鼠标定点＞"，则表示当前为坐标定位模式，需要用鼠标光标在绘图区中定位测点位置进行绘图。如果需要进行两种定位模式的切换，可在命令行中输入字母 P。

后面的绘图过程介绍中，如果没有特殊说明，都是指坐标定位模式下的操作流程。

（二）展点

展点就是将野外所测地形点的点号、坐标和高程在计算机屏幕上按照坐标显示出来，其内容包括展野外测点点号和展测点高程两个方面。

1. 展野外测点点号

将 CASS 坐标数据文件中点的三维坐标展绘在绘图区，并注记点号，以方便用户结合野外绘制的草图连接地物。其创建的点位和点号对象位于"ZDH"（展点号）图层，如图 8-16 所示。

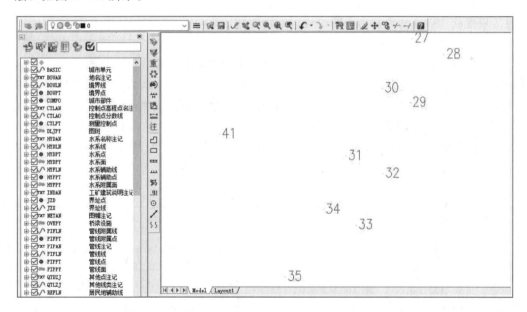

图 8-16 展野外测点点号界面

2. 展测点高程

将 CASS 坐标数据文件中点的三维坐标展绘在绘图区，并根据用户选定的间距注记点位的高程值。其创建的点位对象位于"GCD"（高程点）图层。展绘野外测点的高程主要是便于等高线的绘制，如图 8-17 所示，测点正右方显示的是点的高程值。

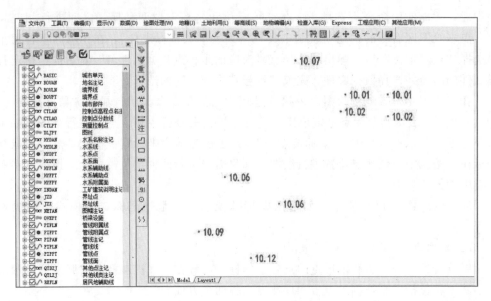

图 8-17　展测点高程界面

（三）地物绘制

地物根据类型不同主要分为三类，即点状地物、线状地物和面状地物，大致对应图式符号中的不依比例尺符号、半依比例尺符号和依比例尺符号。对照外业绘制草图，根据软件中地物绘制命令即可绘制地物符号。

1. 点状地物绘制

根据点状地物的类别，选择右侧屏幕菜单中的对应菜单项，例如控制点、独立地物，根据野外实测定位点的真实位置绘制出点状符号。菜单中各个子项的操作方法基本上一样，下面以常用符号为例说明各类别点状地物绘制的操作步骤。

（1）控制点绘制。绘制三角点：单击地物绘制工具栏"控制点"—"平面控制点"，弹出如图 8-18 所示的平面控制点符号界面，选中"三角点"，点击"确定"按钮后，按表 8-1 所列步骤进行绘制。

表 8-1　　　　　　　　　　　　　三角点符号绘制步骤

步骤	命令行提示信息	键操作	说　　　明
1	指定点	用鼠标指定或用键盘输入坐标	用鼠标指定时应把"对象捕捉"功能打开
2	高程（m）	输入控制点高程，回车	如果选择图上已有点位的控制点，则不需要输入高程
3	等级-点名	输入控制点点号，回车	系统将在相应位置上依图式展绘控制点的符号，并注记点名和高程值

（2）独立地物绘制。绘制油井、气井：单击地物绘制工具栏"独立地物"—"矿山开采"，弹出图示 8-19 所示的矿山开采点符号界面，选中"油、气井"，点击"确定"按钮后，按表 8-2 所列步骤进行绘制。

图 8-18　平面控制点符号界面

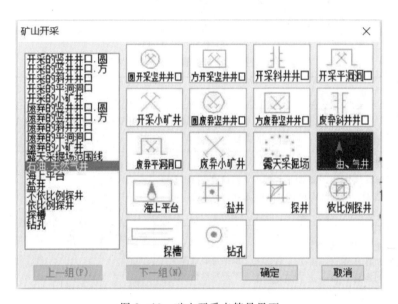

图 8-19　矿山开采点符号界面

表 8-2　　　　　　　　　　　　　油井、气井符号绘制步骤

步骤	命令行提示信息	键　操　作	说　明
1	指定点	用鼠标指定或用键盘输入坐标	用鼠标指定时应把"对象捕捉"功能打开

2．线状地物绘制

根据草图绘制的线状地物类型，应用 CASS 中线状地物绘制功能，连接点号，在规定的图层，使用规定的颜色和线型绘制出相应的线状符号。

（1）居民地。绘制依比例围墙：单击地物绘制工具栏"居民地"—"垣栅"，弹出图8-20所示垣栅符号界面，选中"依比例围墙"，点击"确定"按钮后，分别按表8-3和表8-4所列步骤进行绘制。

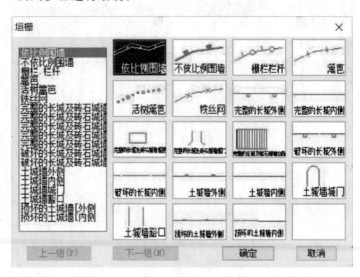

图8-20　垣栅符号界面

表8-3　　　　　　　　　依比例围墙符号绘制步骤（坐标定位模式）

步骤	命令行提示信息	键操作	说　明
1	第一点	用鼠标指定或用键盘输入坐标	用鼠标指定时应把"对象捕捉"功能打开
2	曲线 Q/边长交会 B/跟踪 T/区间跟踪 N/垂直距离 Z/平行线 X/两边距离 L/圆 Y/内部点 O<指定点	根据需要选择某一选项进行操作	依次连接围墙的测点点位；在"文件"—"CASS参数配置"—"地物绘制"选项卡中，设置"围墙是否封口"为"是"
3	曲线 Q/边长交会 B/跟踪 T/区间跟踪 N/垂直距离 Z/平行线 X/两边距离 L/隔一点 J/隔点延伸 D/微导线 A/延伸 E/插点 I/回退 U/换向 H/反向 F<指定点	根据需要选择某一选项进行操作	
		回车	结束围墙的测点连接
4	拟合线〈N〉？	回车或输入 Y	N 为不拟合为光滑曲线；Y 为拟合为光滑曲线
5	输入墙宽（左＋右－）：<0.400>	−0.4	默认围墙宽度为0.4m；＋：输入正值按照测点连线前进方向左侧绘制；－：输入负值按照测点连线前进方向右侧绘制

表8-4　　　　　　　　依比例围墙符号绘制步骤（点号定位模式）

步骤	命令行提示信息	输入字符	键操作	说　明
1	请输入点号	12	回车	
2	曲线 Q/边长交会 B/跟踪 T/区间跟踪 N/垂直距离 Z/平行线 X/两边距离 L/圆 Y/内部点 O＜指定点	13	回车	依次输入围墙的测点点号（如 12、13、14）； 在【文件】－【cass 参数配置】－【地物绘制】选项卡中，设置"围墙是否封口"为"是"
3	曲线 Q/边长交会 B/跟踪 T/区间跟踪 N/垂直距离 Z/平行线 X/两边距离 L/隔一点 J/隔点延伸 D/微导线 A/延伸 E/插点 I/回退 U/换向 H/反向 F＜指定点	14	回车	
			回车	结束围墙的测点连接
4	拟合线〈N〉?		回车或输入 Y	N 为不拟合为光滑曲线； Y 为拟合为光滑曲线
5	输入墙宽（左＋右－）：〈0.400〉		－0.4	默认围墙宽度为 0.4m； ＋：输入正值按照测点连线前进方向左侧绘制； －：输入负值按照测点连线前进方向右侧绘制

（2）交通设施。绘制平行省道：单击地物绘制工具栏"交通设施"—"城际公路"，弹出图 8-21 所示城际公路符号界面，选中"平行省道"，点击"确定"按钮后，按表 8-5 所列步骤进行绘制。

图 8-21　城际公路符号界面

表 8-5　　　　　　　　　　　　平行省道符号绘制步骤

步骤	命令行提示信息	键 操 作	说　　明
1	第一点	用鼠标指定或用键盘输入坐标	用鼠标指定时应把"对象捕捉"功能打开
2	曲线 Q/边长交会 B/跟踪 T/区间跟踪 N/垂直距离 Z/平行线 X/两边距离 L/圆 Y/内部点 O<指定点	根据需要选择某一选项进行操作	第二点
3	曲线 Q/边长交会 B/跟踪 T/区间跟踪 N/垂直距离 Z/平行线 X/两边距离 L/隔一点 J/隔点延伸 D/微导线 A/延伸 E/插点 I/回退 U/换向 H/反向 F<指定点	根据需要选择某一选项进行操作	使用折线依次连接道路一侧的测点点位
		回车	结束道路一侧的测点连接
4	拟合线〈N〉？	回车或输入 Y	N 表示不拟合为光滑曲线；Y 表示拟合为光滑曲线
5	1. 边点式/2. 边宽式〈1〉	2	1 表示用户需用鼠标点取道路另一边任一点；2 表示用户需输入道路的宽度以确定道路的另一边
6	请给出路的宽度（m）：〈+/左，-/右〉	5	5 表示道路宽度；未知边在已知边的左侧，则宽度值为正，反之为负

　　（3）管线设施。绘制地面上的输电线：单击地物绘制工具栏"管线设施"—"电力线"，弹出图 8-22 所示电力线符号界面，选中"地面上的输电线"，点击"确定"按钮后，按表 8-6 所列步骤进行绘制。

图 8-22　电力线符号界面

表 8-6　　　　　　　　　　　　　地面上的输电线符号绘制步骤

步骤	命令行提示信息	键 操 作	说 明
1	第一点	用鼠标指定或用键盘输入坐标	依次连接电力线的测点点位。通常输电线电杆为方形的塔架，在大比例尺测图中应先绘出塔架，再用输电线连接。注意：在输电线上的白色线条为 Assist 图层上的骨架线，不会被打印出来
2	曲线 Q/边长交会 B/跟踪 T/区间跟踪 N/垂直距离 Z/平行线 X/两边距离 L/圆 Y/内部点 O<指定点	根据需要选择某一选项进行操作	
3	曲线 Q/边长交会 B/跟踪 T/区间跟踪 N/垂直距离 Z/平行线 X/两边距离 L/隔一点 J/隔点延伸 D/微导线 A/延伸 E/插点 I/回退 U/换向 H/反向 F<指定点	根据需要选择某一选项进行操作	
		回车	结束电力线的测点连接
4	请选择端点符号绘制方式：（1）绘制电杆和箭头（2）不绘制（3）只绘制箭头〈1〉	3	1 表示端点绘制电杆和箭头；2 表示端点不绘制电杆和箭头；3 表示端点不绘制电杆和箭头

（4）地貌土质。绘制未加固陡坎：单击地物绘制工具栏"地貌土质"—"人工地貌"，弹出图 8-23 所示人工地貌符号界面，选中"未加固陡坎"，点击"确定"按钮后，如表 8-7 所列步骤进行绘制。

表 8-7　　　　　　　　　　　　　未加固陡坎符号绘制步骤

步骤	命令行提示信息	键操作	说 明
1	第一点	用鼠标指定或用键盘输入坐标	依次连接陡坎的测点点位。注意：陡坎示坡短线的朝向在连接点前进方向的左侧。当陡坎绘制完成后可以用快捷命令"H"，改变示坡短线的朝向
2	曲线 Q/边长交会 B/跟踪 T/区间跟踪 N/垂直距离 Z/平行线 X/两边距离 L/圆 Y/内部点 O<指定点	根据需要选择某一选项进行操作	
3	曲线 Q/边长交会 B/跟踪 T/区间跟踪 N/垂直距离 Z/平行线 X/两边距离 L/隔一点 J/隔点延伸 D/微导线 A/延伸 E/插点 I/回退 U/换向 H/反向 F<指定点	根据需要选择某一选项进行操作	
		回车	结束陡坎的测点连接
4	拟合线〈N〉？	回车或输入 Y	N 表示不拟合为光滑曲线；Y 表示拟合为光滑曲线

3. 面状地物绘制

面状地物具有外围边界线，根据外业草图和测点，调用相应面状地物符号进行绘制。

图 8-23　人工地貌符号界面

（1）居民地。

1）绘制四点砖房屋：单击地物绘制工具栏"居民地"—"一般房屋"，弹出图 8-24 所示一般房屋符号界面，选中"四点砖房屋"，点击"确定"按钮后，按表 8-8 所列步骤进行绘制。

表 8-8　　　　　　　　　　　　四点砖房屋符号绘制步骤

步骤	命令行提示信息	键操作	说　　明
1	1. 已知三点/2. 已知两点及宽度/3. 已知两点及对面一点/4. 已知四点〈3〉	输入 1，回车	1. 以已知三点绘制房屋； 2. 以已知两点及宽度绘制房屋； 3. 以已知两点及对面一点绘制房屋； 4. 以已知四点绘制房屋
2	第一点	用鼠标指定或用键盘输入坐标	
3	第二点	用鼠标指定或用键盘输入坐标	依次选择房屋的三个测点
4	第三点	用鼠标指定或用键盘输入坐标	
5	输入层数（有地下室输入格式：房屋层数－地下层数）〈1〉	5	5 为房屋层数； 如果有地下室，层数为负，比如 5-1

2）绘制多点混房屋：单击地物绘制工具栏"居民地"—"一般房屋"，弹出图 8-25 所示一般房屋符号界面，选中"多点混房屋"，点击"确定"按钮后，按表 8-9 所列步骤进行绘制。

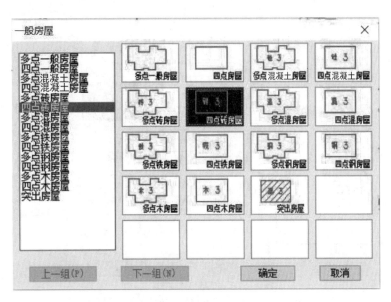

图 8-24　一般房屋-四点砖房屋符号界面

表 8-9　　　　　　　　　　　　多点混房屋符号绘制步骤

步骤	命令行提示信息	键操作	说　　明
1	第一点	用鼠标指定或用键盘输入坐标	用鼠标指定时应把"对象捕捉"功能打开
2	曲线 Q/边长交会 B/跟踪 T/区间跟踪 N/垂直距离 Z/平行线 X/两边距离 L/圆 Y/内部点 O<指定点	根据需要选择某一选项进行操作	第二点
3	曲线 Q/边长交会 B/跟踪 T/区间跟踪 N/垂直距离 Z/平行线 X/两边距离 L/隔一点 J/隔点延伸 D/微导线 A/延伸 E/插点 I/回退 U/换向 H/反向 F<指定点	根据需要选择某一选项进行操作	
		J	J 表示隔一点选项，系统自动计算出一点，该点可以使前一测点和后一测点之间构成直角
		根据需要选择某一选项进行操作	
		C	C 表示闭合选项，使房屋闭合到起点
4	输入层数（有地下室输入格式：房屋层数 - 地下层数）<1>	5	5 表示房屋层数；如果有地下室，层数为负，比如 5-1

（2）植被土质。绘制稻田：单击地物绘制工具栏"植被土质"—"耕地"，弹出图 8-26 所示耕地符号界面，选中"稻田"，点击"确定"按钮后，按表 8-10 所列步骤进行绘制

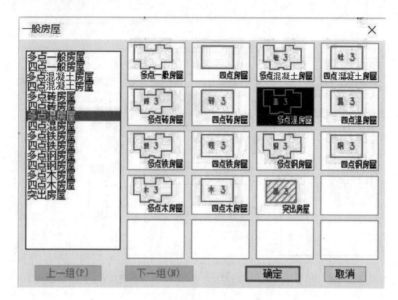

图 8-25　一般房屋-多点混房屋符号界面

表 8-10　　　　　　　　　　稻田符号绘制步骤

步骤	命令行提示信息	键操作	说　明
1	请选择：（1）绘制区域边界（2）绘出单个符号（3）封闭区域内部点（4）选择边界线〈1〉	输入1，回车	1. 要求依次选择测点位置，形成封闭区域； 2. 绘出单个独立的植被符号； 3. 事先绘制一个封闭区域，然后鼠标点击封闭区域内部任一点，系统自动完成填充； 4. 事先绘制一个封闭区域，然后鼠标点击封闭区域的边界线，系统自动完成填充
2	曲线 Q/边长交会 B/跟踪 T/区间跟踪 N/垂直距离 Z/平行线 X/两边距离 L/圆 Y/内部点 O<指定点	用鼠标指定或用键盘输入坐标	依次连接测点
3	曲线 Q/边长交会 B/跟踪 T/区间跟踪 N/垂直距离 Z/平行线 X/两边距离 L/隔一点 J/隔点延伸 D/微导线 A/延伸 E/插点 I/回退 U/换向 H/反向 F<指定点	用鼠标指定或用键盘输入坐标	
		C	C表示闭合选项，闭合到起点
4	拟合线〈N〉？	回车或输入 Y	N表示不拟合为光滑曲线； Y表示拟合为光滑曲线
5	请选择：（1）保留边界（2）不保留边界 <1>	1	1表示保留点状地类线构成的封闭多边形界限； 2表示不保留点状地类线构成的封闭多边形界限

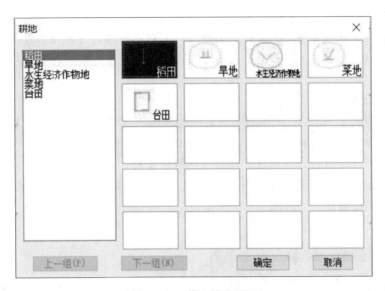

图 8-26　耕地符号界面

（四）等高线绘制

野外测定的地貌特征点一般是离散的数据点，采用离散高程点绘制等高线，首先根据离散高程点构建数字地面模型（DTM），即不规则三角网（TIN），然后在 TIN 上跟踪等高线通过点，将相邻的高程相同点用折线连接起来成为等高线，再利用适当的光滑参数对等高线进行光滑处理，从而形成光滑的等高线。

1. 建立 DTM

根据离散高程点建立 DTM 的方法有很多，主要采用最近距离法或最大角度法，由任意选择的相邻两点寻找最合理的第三点，建立三角形，认为此三角形三个顶点构成的斜面即代表了地面地形。再由此三角形的每一边以同样的方法向外发展，构成一个个邻接三角形，建立整个测区所有实测数据的三角网，该三角网即代表了测区地形的起伏状态，如图 8-27 所示。

视频 8-5

（a）操作界面

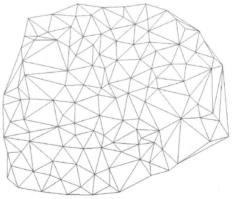

（b）三角钢

图 8-27　测区三角网构网

2. DTM 编辑

根据坡坎、双线地物和地性线的实测点位，对三角网进行各种修改，包括建立三角形、过滤三角形、增加三角形、三角形内插点、删三角形顶点、重组三角形、删三角网等操作。

3. 等高线绘制

构建正确的 DTM 后，便可进行等高线的绘制，其中等高线的拟合方式很多，如张力样条拟合、三次 B 样条拟合、SPLINE 拟合等。如图 8-28 所示。

（1）张力样条拟合。该拟合方式需选择拟合步长，如选择 2m 步长，拟合的精度较高，适合山区地形等高线的变化，但生成的等高线数据量比较大，拟合速度会稍慢，测区面积不宜过大。如图 8-29 所示。

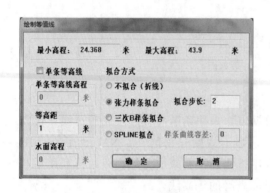

图 8-28　绘制等高线界面

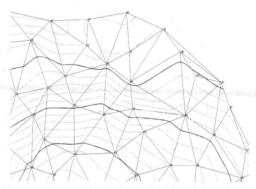

图 8-29　张力样条曲线拟合

（2）三次 B 样条拟合。该拟合方式曲线光滑度较好，内存量较小，适合山区地形或测区较大的情况。但等高线的误差较大，一般不经过相邻测点间所计算的高程内插点位置，且曲线弧度越大，偏差值越大。当等高线比较平缓或实测点较密集时，可以较好地控制等高线的偏移程度，采用三次 B 样条曲线进行拟合的效果较好。如图 8-30 所示。

（3）SPLINE 拟合。该拟合方式能结合张力样条曲线和三次 B 样条曲线的优点，较好地控制曲线的光滑度和曲线通过所计算的高程内插点的正确程度（可通过设置样条曲线的容差来

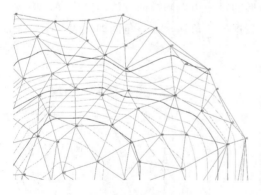

图 8-30　三次 B 样条曲线拟合

控制）。但由于该方法主要注重通过内插点的误差控制曲线形状，当等高线的弧度较大时，等高线在非内插点位置的偏移量特别大，出现明显扭曲。如图 8-31 所示。

4. 等高线整饰

等高线的整饰主要包括以下工作:

(1) 等高线注记。批量注记等高线时,一般选择"沿直线高程注记"。

(2) 等高线修剪。

(3) 等高线滤波。输入的滤波阈值越大,稀释掉的夹点就越多。过大的滤波阈值会导致等高线失真,故而通常选择默认值。

5. 三维模型

绘制三维模型,以坐标数据文件 DGX. dat 生成的三维模型图位于"SHOW"图层上,如图 8-32 所示。

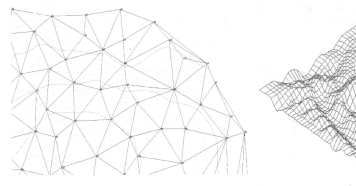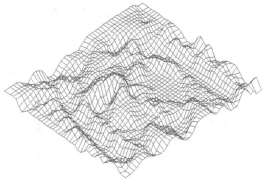

图 8-31 SPLINE 曲线拟合　　　　　　图 8-32 三维模型图

(五) 地形图的分幅、整饰和输出

地形图经编辑处理、图形的合并检查后,即可进行加注记、图形分幅和绘图输出等工作。

1. 加注记

例如,为某道路加上路名"稷下路"的操作方法为:单击屏幕菜单的"文字注记"按钮,选择"文字注记信息",弹出图 8-33 所示的"文字注信息记"对话框,将信息填写完毕之后点击"确定"。

CASS 软件自动将注记文字水平放置(位于 ZJ 层),根据图式的要求,用户必须按照道路等级在 4.0、3.5、2.75 中选择一个文字高度。如果需要沿道路走向放置文字,则先创建一个字"稷",然后使用 AutoCAD 的"Copy"命令复制到适当位置,再使用"Rotate"命令旋转文字至适当方向,最后使用"Ddedit"命令或双击文字修改文字内容,如图 8-34 所示。

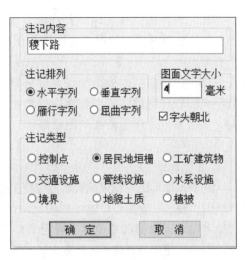

图 8-33 "文字注记信息"对话框

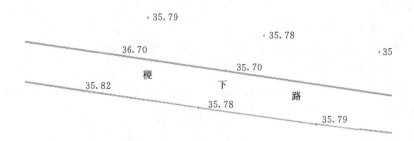

图 8-34　道路注记

图 8-35　图幅整饰对话框

2. 图形分幅

图框分幅命令位于下拉菜单"绘图处理"下，常用的有标准分幅、批量分幅和任意分幅，其最大区别在于每个图幅的尺寸大小不同。下面以标准分幅为例对分幅步骤加以说明。

执行下拉菜单"文件 \ CASS 参数设置"命令，在弹出的"CASS 参数设置"对话框的"图幅设置"选项卡中设置好外图框中的部分注记内容。

执行下拉菜单"绘图处理 \ 标准图幅（50cm×50cm）"命令，出现"图幅整饰"对话框，如图 8-35 所示。对话框的内容设置中，如果是国家标准整分幅，则勾选"取整到图幅"；如果是任意分幅，则勾选"不取整，四角坐标与注记可能不符"复选框，勾选"删除图框外实体"复选框，选择图框左下角位置后，点击"确定"按钮，CASS 自动按照对话框的设置为图形加图框，并以内图框为边界自动修剪掉内图框外的所有对象，如图 8-36 所示。

图框的内容包括内外图框线、方格网、接图表、图框间和图框外的各种注记等。各数字测图软件提供图框的自动生成功能，在设置中输入图幅的名称、测图的时间与方法、坐标系统、作图依据的图式版本、测图单位、相邻图幅的图名、测量员、绘图员、检查员等。

3. 图形输出

大比例尺地形图在完成编辑后，应使用数字测图软件的"绘图仪或打印机出图"功能进行绘图。输出时应注意设置绘图的比例尺，不同软件设置方式不尽相同。AutoCAD 的图形像素以输入数据的单位（一般为米）为准，因此，1∶1000 比例尺地形图输出时为 1∶1，1∶500 比例尺要放大一倍输出，1∶2000 比例尺则是缩小 50% 输出。

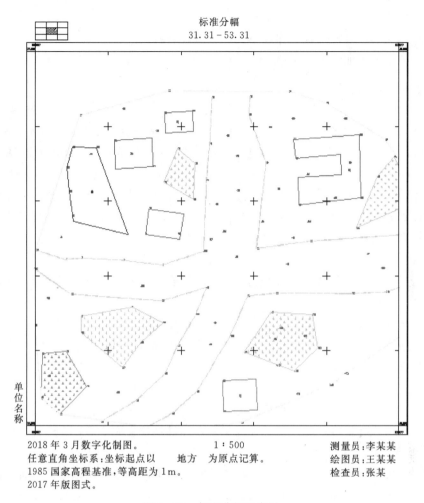

图 8-36 标准分幅示意图

第四节 大比例尺数字测图检查验收

课件 8-4

大比例尺数字测图完成以后,为了保证其测绘成果质量,项目管理单位要按照《测绘成果质量检查与验收》(GB/T 24356—2009)的要求及相关技术标准,组织相关专家或委托具有资质的质量检验机构进行质量验收,通过观察、分析、判断和比较,适当地结合现场测量、试验等方法进行符合性评价。

一、检查验收的成果资料

数字测图完成以后,作业单位应提交以下数字和纸质资料:

(1)数字地形图测量技术设计书。

(2)数字地形图测量技术总结。

(3)控制测量原始观测、记录、点之记资料。

(4)控制测量数据处理过程及成果资料。

（5）外业数据采集原始数据资料。

（6）作业小组自检互检和作业单位二级检查资料。

（7）分幅电子地形图和纸质图。

二、检查验收流程与分类

地形图检查验收实行"二级检查一级验收"制，即实施过程检查、最终检查和验收。测绘单位实施成果质量的过程检查和最终检查。验收一般采用抽样检查，样本量按样本量确定表执行。质量检验机构应对样本进行详查，必要时可对样本以外的单位成果的重要检查项进行概查。各级检查验收工作应独立、按顺序进行，不得省略、代替或颠倒顺序。

检查验收按照单位成果和批成果两类分别进行质量评定，单位成果是为实施检查和验收而划分的基本单元，如地形图是以"幅"为单位；批成果是同一技术设计要求下生产的同一测区的、同一比例尺单位的成果集合。

1. 成果检查程序

（1）过程检查。只有通过自查、互查的单位成果，才能进行过程检查。过程检查应该逐单位成果详查。检查出的问题、错误和复查的结果应在检查记录中记录。对于检查出的错误修改后应复查，直至检查无误方可提交最终检查。

（2）最终检查。通过过程检查的单位成果才能进行最终检查。对野外实地检查项，可抽样检查，样本量不应低于样本量确定表（表8-11）的规定。检查出的问题、错误和复查的结果应在检查记录中记录。最终检查应审核过程检查记录。最终检查不合格的单位成果退回处理，处理后再进行最终检查，直至检查合格为止。最终检查完成后，应编写检查报告，随成果一并提交验收。最终检查完成后，应书面申请验收。

2. 验收工作程序

单位成果最终检查全部合格后，才能验收。样本内的单位成果应逐一详查，样本外的单位成果根据需要进行概查。检查出的问题、错误和复查的结果应在检查记录中记录。验收应审核最终检查记录。验收不合格的批成果退回处理，并重新提交验收。重新验收时，应重新抽样。验收合格的批成果，应对检查出的错误进行修改，并通过复查核实。验收工作完成后，应编写检验报告。

（1）组成批成果。批成果应由同一技术设计书指导下生产的同等级、同规格单位成果汇集而成。生产量较大时，可根据生产时间的不同、作业方法不同或作业单位不

表8-11 样 本 量 确 定 表

序号	批量	样本量	序号	批量	样本量
1	1~20	3	6	101~120	11
2	21~40	5	7	121~140	12
3	41~60	7	8	141~160	13
4	61~80	9	9	161~180	14
5	81~100	10	10	181~200	15

注 1. 批量大于等于201时，分批次提交，批次数应最小，各批次的批量应均匀。
   2. 当样本量等于或大于批量时，则全数检查。当检验成果中有多种比例尺地形图时，应按不同比例尺分别确定批次、批量。

同等条件分别组成批成果，实施分批检验。

（2）确定样本量。按照样本量确定表（表8-11）的规定确定样本量。

（3）抽取样本。采用分层按比例随机抽样的方法从批成果中抽取样本，即将批成果按不同班组、不同设备、不同环境、不同困难类别、不同地形类别等因素分成不同的层。根据样本量，在各层内分别按照各层在批成果中所占比例确定各层中应抽取的单位成果数量，并使用简单随机抽样法抽取样本。提取的批成果有关资料有：技术设计书、技术总结、检查报告、接合表、图幅清单等。

（4）检查。详查应根据单位成果的质量元素及相应的检查项，按项目技术要求逐一检查样本内的单位成果，并统计存在的各类错漏数量、错误率、中误差等。根据需要，对样本外单位成果的重要检查项或重要因素以及详查中发现的普遍性、倾向性问题进行检查，并统计存在的各类错漏数量、错误率、中误差等。

三、检查验收的内容与方法

（一）概查

概查的主要检查项和检查的内容及方法见表8-12。

表8-12　　　　　　　　概查的主要检查项和检查的内容及方法

主要检查项	检查内容	检查方法
使用的仪器	仪器精度的符合性	核查分析
	仪器检定的符合性	
	仪器检定资料的合法性	
成图范围、区域	测图范围、区域的符合性	核查分析
	自由图边的符合性	
基本等高距	基本等高距的符合性	核查分析
图幅分幅、编号	分幅、编号与技术设计、规范的符合性	核查分析
测图控制	控制范围、密度的符合性	核查分析
	图根控制测量方法的符合性	

1. 仪器的使用

核查分析仪器的标称精度是否满足所需精度的要求；核查仪器有无检定证书，分析检定是否合格，是否在有效期内；核查仪器检定证书的签章是否为测绘行政主管部门认可的检定机构。

2. 成图范围、区域

依照生产合同、技术设计、图幅接合表等资料，核查分析成图范围、区域的符合性，测图区域有无漏测；依照生产合同、技术设计、图幅接合表等资料，核查分析自由图边测绘的符合性。

3. 基本等高距

依照规范、技术设计及相关资料，核查分析基本等高距选用的符合性。

4. 图幅分幅、编号

依照生产合同、技术设计、图幅接合表等资料，核查分析图幅分幅的符合性。依照生产合同、技术设计、图幅接合表等资料，核查分析图幅编号的正确性。

5.测图控制

核查分析控制范围及密度和图根控制测量方法的符合性。

6.总体检查质量错漏分类

A类错漏包括如下内容：使用仪器的标称精度不能满足施测精度要求；使用仪器未经检定，或检定不合格，或超过有效期范围；测图控制存在较大漏洞，造成测图困难，影响成图精度；测图范围存在漏测；自由图边不符合技术设计要求；基本等高距不符合技术设计或规范要求；编号取位错，造成图幅无法识别；擅自更改图根控制的技术手段，造成测图困难，影响成图精度；图根控制点（含埋石点）密度严重不符合技术设计或规范要求；其他严重错漏等。

B类错漏包括如下内容：测图控制存在一般漏洞，对测图影响较小；图根控制点密度不符合技术设计或规范要求，但对测图没有产生较大的影响；编号取位错，但图幅还可识别；图幅编号漏号，造成编号不连续；其他较重的错漏等。

C、D类错漏参考有关标准。

（二）详查

详查成果质量检验的内容及方法见表8-13。

表 8-13　　　　　　　　　详查成果质量检验的内容及方法

质量元素	质量子元素	检验内容		检验方法
数学精度	数学基础	坐标系统、高程系统的正确性		核查分析
		各类投影计算、使用参数的正确性		核查分析、比对分析
		图根控制测量精度	观测质量	核查分析
			计算质量	核查分析、比对分析
			成果精度的符合性	核查分析、比对分析、实地检测
		图廓尺寸、格网尺寸的正确性		比对分析
		图上控制点间距离与坐标反算长度较差		比对分析
	平面精度	绝对位置中误差		实地检测
		相对位置中误差		实地检测
		接边精度		核查分析，比对分析
	高程精度	注记点高程中误差		实地检测
		等高线高程中误差		实地检测
		接边精度		核查分析，比对分析
数据结构及正确性		文件命名、数据组织的正确性		核查分析；数据检查软件分析处理，剔除伪错漏
		数据格式的正确性		
		要素分层的正确性、完备性		
		属性代码的正确性		
		属性接边质量		

续表

质量元素	质量子元素	检 验 内 容	检 验 方 法
地理精度		地理要素的完整性与规范性	实地检查、核查分析
		地理要素的协调性	
		注记和符号的正确性	
		综合取舍的合理性和正确性	
		地理要素接边质量	
整饰质量		符号、线划、色彩质量	核查分析
		注记质量	
		图面要素协调性	
		图面、图廓外整饰质量	
附件质量		元数据文件的正确性、完整性	核查分析
		检查报告、技术总结内容的全面性及正确性	
		成果资料的齐全性	
		各类报告、附图（接合图、网图）附表、簿册整饰的规整性	
		资料装帧	

注　当成果中没有某项质量元素的技术要求时，不进行该项检查，其权重按比例分配到其他质量元素中。

1. 数学精度检查

数学精度质量检查包括数学基础、平面精度和高程精度检查。数学基础的检查通过检查内业控制资料和少量的外业控制点精度，就可以检查出是否满足规范和设计要求，因此数学精度检查主要集中在平面精度和高程精度两方面。检测方法主要有以下两种：

（1）全站仪极坐标法。外业实地检查时，在控制点上架设全站仪，实地采集要素特征数据，获取要素特征点的平面坐标和高程。质量检查验收时，实地控制点保存较好的情况下，可以采用此方法。

（2）GPS-RTK测量方法。在要素特征点上放置RTK测量接收机，获取特征点坐标信息。该方法要求检测区布设有CORS网或基站，并且信息传输畅通。

外业进行高程精度、平面位置精度及相对位置精度检测时，检测点（边）应分布均匀、位置明显。检测点（边）数量视地物复杂程度、比例尺等具体情况确定，每幅图一般各选取20～50个。按单位成果统计数学精度困难时可以适当扩大统计范围。允许中误差2倍（含2倍）以内的误差值均应参与数学精度统计，超过允许中误差2倍的误差视为粗差。检测点（边）数量少于20个时，以误差的算术平均值代替中误差；大于20个时，按中误差统计。

高精度检测时，中误差计算按式（8-2）执行：

$$M=\pm\sqrt{\frac{\sum_{i=1}^{n}\Delta_i^2}{n}} \tag{8-2}$$

同精度检测时，中误差计算按式（8-3）执行：

$$M = \pm\sqrt{\frac{\sum\limits_{i=1}^{n}\Delta_i^2}{2n}}$$　　　　　　　(8-3)

式中：M 为成果中误差；n 为检测点（边）总数；Δ_i 为较差。

2. 数据结构及正确性检查

数据结构及正确性主要采取人机交互的方式进行检查，检查内容如下：

（1）利用人机交互的方式对照技术设计书及相关规范，检查文件命名、数据组织和格式的正确性。

（2）检查图层要素分层、要素及属性代码的正确性。

（3）对相邻图幅的接边情况进行位置精度和属性精度的检查。

（4）利用检查软件对具有逻辑关系的检查项进行批处理检查，对检查出的错漏进行人工筛选分析。

3. 地理精度检查

地理精度的检查可以分内业检查和外业巡查两个部分。内业对所有问题进行梳理检查，外业巡查对内业无法确定部分进行进一步核实，并且进一步发现新的质量问题。

内业地理精度检查可以采用分层的方式进行检查。分别从控制点、居民地、工矿企业及设施、道路、水系、境界、植被、地貌及说明注记层进行分层检查。检查地理要素间的主次关系、取舍的正确性；检查要素接边的质量情况。外业巡查主要检查图幅要素与实际是否一致，以及内业无法确定问题；检查地物、地貌是否表示正确、完整；检查各项要素属性是否正确，如道路名称、房屋层数等；检查综合取舍的合理性和正确性。

4. 整饰质量和附件质量检查

整饰质量和附件质量通过内业核查分析的方式进行检查。

整饰质量检查主要从以下四个方面进行：①检查图廓外整饰的内容、位置的正确性，特别要注重检查图名、图号有无错漏；②检查图面各要素是否存在压盖、重叠现象；③检查各种符号的配置是否符合图式要求；④检查各种注记字体和字号是否符合要求。

附件质量检查主要从以下两个方面进行：①检查主要成果资料有无缺失，如提交的成果图幅数量是否齐全；②检查成果附件资料有无缺失，如元数据、控制点成果资料、技术总结、检查报告等是否齐全和完整。

四、数字测图成果质量评定

（一）数字测图成果的质量元素及质量评分方法

测绘成果质量水平以百分制表征。对单位成果的质量评定一般采用数学精度评分、质量错漏扣分、质量子元素评分以及质量元素评分的方法。

1. 数学精度评分

进行数学精度评分时按表8-14的规定采用分段直线内插的方法计算质量分数。进行多项数学精度评分时，若单项数学精度得分均大于60分，取其算术平均值或加权平均。

表 8 - 14 数学精度评分标准表

数学精度值 M	质量分数 S	数学精度值 M	质量分数 S
$0 \leqslant M \leqslant 1/3 \times M_0$	$S = 100$ 分	$1/2 \times M_0 < M \leqslant 3/4 \times M_0$	75 分 $\leqslant S < 90$ 分
$1/3 \times M_0 < M \leqslant 1/2 \times M_0$	90 分 $\leqslant S < 100$ 分	$3/4 \times M_0 < M \leqslant M_0$	60 分 $\leqslant S < 75$ 分

注 1. M_0 为允许中误差的绝对值，$M_0 = \sqrt{m_1^2 + m_2^2}$。其中，$m_1$ 为规范或相应技术文件要求的成果中误差；m_2 为检测中误差，高精度检测时取 $m_2 = 0$。
　　 2. M 为成果中误差的绝对值；S 为质量分数，分数值根据数学精度的绝对值所在区间进行内插。

2. 质量错漏扣分

成果质量错漏扣分按表 8 - 15 的标准执行。

表 8 - 15 成果质量错漏扣分标准表

差错类型	扣分制	差错类型	扣分制
A 类	42 分	C 类	$4/t$ 分
B 类	$12/t$ 分	D 类	$1/t$ 分

注 t 为扣分值调整系数，一般情况下取 $t = 1$。需要进行调整时，以困难类别为原则，按《测绘生产困难类别细则》进行调整。

3. 质量子元素评分

（1）根据成果数学精度值的大小，按表 8 - 14 数学精度评分标准的要求评定数学精度的质量分数，即得到 S_2。

（2）将质量子元素得分预置为 100 分，根据表 8 - 15 的要求对相应质量子元素中出现的错漏逐个扣分。S_2 的值按以下公式计算：

$$S_2 = 100 - \left[a_1 \times \left(\frac{12}{t} \right) + a_2 \times \left(\frac{4}{t} \right) + a_3 \times \left(\frac{1}{t} \right) \right] \tag{8-4}$$

式中：S_2 为质量子元素得分；a_1、a_2、a_3 为质量子元素中相应的 B 类错漏、C 类错漏、D 类错漏个数；t 为扣分值调整系数。

4. 质量元素评分

采用加权平均法计算质量元素得分 S_1：

$$S_1 = \sum_{i=1}^{n} S_{2i} \times P_i \tag{8-5}$$

式中：S_1、S_{2i} 为质量元素、相应质量子元素得分；P_i 为相应质量子元素的权（权的大小参考规范要求）；n 为质量元素中包含的质量子元素个数。

（二）单位成果质量评定

当单位成果出现以下情况之一时，即判定为不合格：

（1）单位成果中出现 A 类错漏。

（2）单位成果高程精度检测、平面位置精度检测及相对位置精度检测中，任一项粗差比例超过 5%。

（3）质量子元素质量得分小于 60 分。

根据单位成果的质量得分，按表 8 - 16 划分质量等级。

表 8 - 16　　　　　　　　　　　　单位成果质量等级表

质量等级	质量得分 S	质量等级	质量得分 S
优	$S \geqslant 90$ 分	合格	60 分 $\leqslant S < 75$ 分
良	75 分 $\leqslant S < 90$ 分	不合格	$S < 60$ 分

（三）批成果质量评定

通过合格判定条件评定批成果的质量等级，质量等级划分为批合格、批不合批两级，见表 8 - 17。

表 8 - 17　　　　　　　　　　　　批 成 果 质 量 等 级 表

质量等级	判 定 条 件
批合格	生产过程中，使用的测量仪器经检定合格且在有效期内，无伪造成果现象，技术路线无重大偏差，详查和概查均为合格（若验收中只实施了详查，则只依据详查结果判定批质量）
批不合格	（1）生产过程中，使用未经计量检定或检定不合格的测量仪器，均判为批不合格； （2）详查和概查均为合格（若验收中只实施了详查，则只依据详查结果判定批质量）； （3）详查或概查中发现伪造成果现象或技术路线存在重大偏差

本 章 小 结

本章对数字测图的基本流程、全站仪数据采集方法、GNSS - RTK 数字化采集方法、南方 CASS 数字测图软件、绘制与输出地形图做了较详细的阐述。本章的教学目标是使读者掌握野外数字化数据采集的方法以及 CASS 数字测图软件的使用。

思 考 与 练 习

1. 简述数字测图的基本成图过程。
2. 数字化测图的方法有哪些？
3. 简述数字测图技术设计书的主要内容。
4. 简述利用全站仪进行数字测图的过程。
5. 简述测绘地物的综合取舍原则的指导思想。
6. 地貌测绘时特征点一般选择哪些点？
7. CASS 对文件格式和数据格式有什么要求？
8. 数字测图中数学精度检查包括哪些内容？分别采用什么检查方法？

第九章

地形图的应用

地形图详细、真实地反映了地面上各种地物的分布和地形的起伏状态，在地形图上可以获取工程建设中的各种有用信息，这是工程建设必不可少的重要依据和基础性资料。尤其是在国民经济建设和国防建设中，进行各项工程建设的规划、设计时，需要利用地形图进行工程建（构）筑物的平面、高程布设和量算工作，使规划、设计符合实际情况。作为工程设计人员，要求能够熟练地阅读地形图，并能借助地形图解决工程上的一些实际问题，比如量测坐标、方位、面积、高程、坡度等。在实际应用中纸质地形图和电子地形图会有所不同。

第一节 地形图识图

一、地形图识图基础

为了正确地利用地形图，首先应读懂地形图，将地形图上各种地物、地貌和注记符号变成实地场景，因此要熟知常用地形图符号，做到心中有数。阅读地形图的步骤是先图外再图内、先地物后地貌、先主要后次要、先注记后符号。

课件 9-1

（一）图廓外注记

图廓外注记是对地形图的必要说明。首先要清楚测图时间，以判断地形图的现势性；然后了解地形图的比例尺、坐标和高程系统、基本等高距、图名、图号、图幅结合表以及测绘单位和人员。

（二）地物判读

地物判读主要是根据地物符号和注记了解地物的种类、位置及其分布。同时要注意地物的依比例尺符号、不依比例尺符号和半依比例尺符号的区别及主次让位问题。通过地物种类如居民地、交通设施、管线等可以判读出该地的社会经济发展情况，通过植被的分布和水系可以判断出图幅范围内环境状况。

（三）地貌判读

地貌判读时要先根据等高线判定地貌的一般起伏和特殊地形，然后再进一步找出其地性线，便可找出地貌的规律。比如由山脊线就可看出山脉绵延，由山谷线就可看出水系的分布，由鞍部、洼地和特殊地貌就可看出地貌的变化。根据等高线疏密可以判断地面的坡度及地势走向：等高线密集，一般为高山或陡坡；等高线稀疏，则为缓坡或小起伏地。高程递增为上坡方向，递减为下坡方向。

（四）注记判读

通过地名注记可以判断地形图反映的是位于城镇还是农村。通过道路名称可以知道是国道、省道、高速公路、铁路还是城镇道路。通过高程注记可以判断地面的高低等。

二、地形图识图示例

如图9-1所示，某地区南部是平地，北部是山区，共有五个山峰，但山势不高，其中巴家山是该地区的最高峰，其高程为116.5m，另外有两个山峰在100m左右。等高线疏密比较均匀，说明坡度相对均匀，地势平缓。地形总的趋势是北高南低，平地高程大都在40m以上，据此可以判断该地区属于低海拔丘陵地带。由图可以看出交通线路大部分是村道，只有一条武鄂公路，是该地区的唯一交通干道，因此该地区交通不够便利。该幅图上只有一个村庄，一个采石场，平原地区和山谷地带种植物主要为水稻。

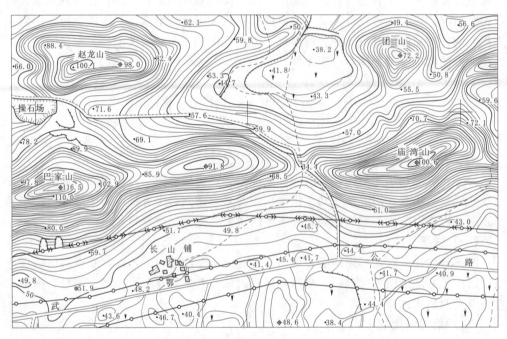

图9-1 1∶5000地形图

第二节 纸质地形图的应用

地形图的应用非常广泛，而不同的专业对地形图的应用侧重点也不同。从地形图上可以获取点位、点与点之间的距离和直线间的夹角；可以确定直线的方位角，进行实地定向；可以确定点位的高程和两点之间的高差；可以在图上绘制集水线和分水线；可以从地形图上计算面积和体积，从而确定用地面积、土石方量等；可以从图上截取断面，绘制断面图等。

一、量测点位坐标

大比例尺地形图上绘有10cm×10cm的坐标格网，并在图廓的西、南边上注有纵、横坐标值，根据地形图的图廓坐标格网的坐标值，就可以用内插的方法确定图上任一点的坐标。如图 9-2 所示，欲从图上求 A 点的坐标，首先要根据 A 点在图上的位置，确定 A 点所在的坐标方格 $abcd$，再通过 A 点作坐标格网的平行线 ef 和 gh，量出 ag 和 ae 的长度，则

$$x_A = x_a + \overline{ag}M \qquad (9-1)$$
$$y_A = y_a + \overline{ae}M \qquad (9-2)$$

式中：x_a、y_a 为 A 点所在方格网西南角坐标；M 为地形图比例尺分母。

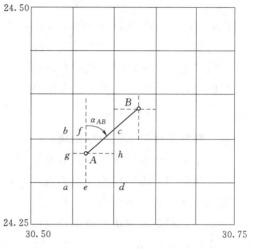

图 9-2　点位的坐标量测

【例题 9-1】　如图 9-2 所示地形图比例尺为 1：500，其西南角坐标为：$x = 24250\text{m}$，$y = 30500\text{m}$，格网间距为 10cm，已知 $\overline{ag} = 7.5\text{cm}$，$\overline{ae} = 3.6\text{cm}$。试求：$A$ 点的坐标。

解：根据地形图比例尺和格网间距可以求出 A 点所在格网的西南角坐标，$x_a = 24300\text{m}$　$y_a = 30550\text{m}$。则

$$x_A = x_a + \overline{ag}M = 24300 + 0.075 \times 500 = 24337.5(\text{m})$$
$$y_A = y_a + \overline{ae}M = 30550 + 0.036 \times 500 = 30568(\text{m})$$

如果图纸有伸缩，在图纸上量出的方格网边长不等于固定长度 l，则必须进行改正，改正公式如下：

$$x_A = x_a + M\,\frac{\overline{ag}}{\overline{ab}}l \qquad\qquad (9-3)$$

$$y_A = y_a + M\,\frac{\overline{ae}}{\overline{ad}}l \qquad\qquad (9-4)$$

二、确定点位高程

地形图上点的高程主要是根据等高线确定，部分点的高程也可根据周围的高程注记来确定，大致分为以下三种情况：

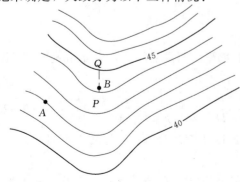

图 9-3　地形图上高程确定

（1）在等高线地形图上，如果所求点恰好位于某一条等高线上，则该点的高程就等于该等高线的高程。如图 9-3 所示，A 点的高程正好位于高程等于 42 的等高线上，因此 A 点的高程为 42m。

（2）如果所求点位于两条等高线之间时，则可以用内插的方法按照比例关系求得其高程。B 点位于 44m 与 45m 两条等高线之间，则可通过 B 点作一条直线大致垂直于两条等高线，与两条等高线相交于

P 点和 Q 点，从图 9-3 上量得 $\overline{PQ}=d$，$\overline{PB}=d_1$，则 B 点的高程为

$$H_B = H_P + h\frac{d_1}{d} \qquad (9-5)$$

式中：h 为该幅地形图的等高距，H_P 为 P 点高程。

（3）如果待求点位于地形点之间，则其高程要根据周围高程点的分布情况来确定。若待求点位于平地上，则该点的高程等于同一地块其他地形点的高程。若待求点位于坡度均匀的斜坡上，则可以参照待求点位于两条等高线之间情况，用内插法确定其高程。

三、量测两点之间的水平距离

地形图上获取地面两点之间的水平距离通常有两种方法：

（1）当量测距离的精度要求不高时，可直接量取两点的图上距离乘以比例尺的分母得到两点的实际水平距离。

（2）当量测距离的精度要求很高时，要考虑到图纸的伸缩问题，首先图上确定两点坐标，然后根据坐标计算公式计算两点之间的距离。例如 A、B 两点的坐标值为 $(x_A，y_A)$ 和 $(x_B，y_B)$，则 A、B 之间的距离为

$$D_{AB} = \sqrt{(x_B - x_A)^2 + (y_B - y_A)^2} \qquad (9-6)$$

四、确定直线方位角

获取直线方位角的方法通常有两种：

（1）当精度要求不高时，可以通过 A 点作平行于坐标纵轴的直线，然后用量角器直接在图上量取直线 AB 的方位角。

（2）获取两点坐标，通过坐标反算计算出两点的方位角。如欲求直线 AB 的方位角，可根据获取的 A、B 两点的坐标，用坐标反算公式计算直线 AB 的方位角为

$$R_{AB} = \tan^{-1}\left|\frac{y_B - y_A}{x_B - x_A}\right| \qquad (9-7)$$

用式（9-7）求出象限角，根据 Δx、Δy 的符号判断直线指向的象限，根据象限角和方位角之间的关系最终确定方位角。

五、确定直线的坡度

欲测定地面上某直线的坡度 i，先在图上量算出两点之间的距离 d 和高差 h，然后按照下面的公式计算两点之间的坡度：

$$i = \frac{h}{dM} = \frac{h}{D} \qquad (9-8)$$

式中：d 为图上量得的长度，mm；M 为地形图比例尺分母；h 为两端点间的高差，m；D 为直线实地水平距离，m。

坡度常用百分率（%）或千分率（‰）表示，但其值有正负号，正号表示上坡，负号表示下坡。

六、按规定的坡度选定等坡路线

在道路、管道等工程规划中，一般要求按限制坡度选定一条最短路线。如图 9-4 所示，要从山下 A 点到山上 B 点选定一条路线，已知等高线的基本等高距为 2m，比例尺为 1：2000，设计坡度为 5%，具体步骤如下：

（1）根据限制坡度确定线路上两相邻等高线间的最小等高线平距，即

$$d = \frac{h}{iM} = \frac{2m}{0.05 \times 2000} = 20mm$$

（2）首先以点 A 为圆心，以 d 为半径，用圆规画弧，交 100m 等高线于点 1，再以点 1 为圆心，同样以 d 为半径画弧，交 102m 等高线于点 2，依次到点 B。连接相邻点，便得同坡度路线 $A—1—2—3—4—B$。

在选线过程中，有时会遇到两相邻等高线间的最小平距大于 d 的情况，即所作圆弧不能与相邻等高线相交，说明该处的坡度小于指定的坡度，则以最短距离（即垂直距离）定线。

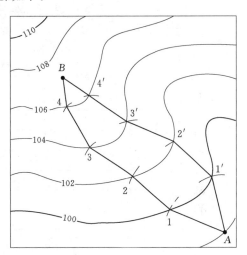

图 9-4 选择等坡度线

另外，在图上还可以沿另一方向定出第二条线路 $A — 1' — 2' — 3' — 4' — B$，可作为方案的比较。

在实际工作中，还需要综合考虑其他因素，如少占或不占耕地、减少工程费用等，最后确定一条最佳路线。

七、绘制已知方向的纵断面图

纵断面图是指沿某一方向描绘地面起伏状态的竖直面图。在各种管线工程中可以根据断面图地面起伏状态，量取有关数据进行线路设计。断面图可使用测量仪器直接测定，也可以根据地形图来绘制。绘制直线 AB 的纵断面图的具体步骤如下：

（1）首先在地形图上作直线 AB，找出 AB 与各等高线和地性线的交点 1，2，3，…，9，得到各交点的高程。如图 9-5（a）所示。

（2）在图纸上绘出表示平距的横轴，过 A 点作垂线作为纵轴，表示高程。平距的比例尺与地形图的比例尺一致，为了明显地表示地面起伏变化情况，高程比例尺往往比平距比例尺放大 10～20 倍。

（3）在地形图上依次量取 A 点到 1，2，3，…，9 的距离，并在横轴上标出，得 1，2，3，…，9 点。

（4）从各点作横轴的垂线，根据各个交点的高程，并对照纵轴标注的高程确定各点在剖面上的位置。

（5）用光滑的曲线连接各点，即得方向线 $A—B$ 的纵断面图，如图 9-5（b）所示。

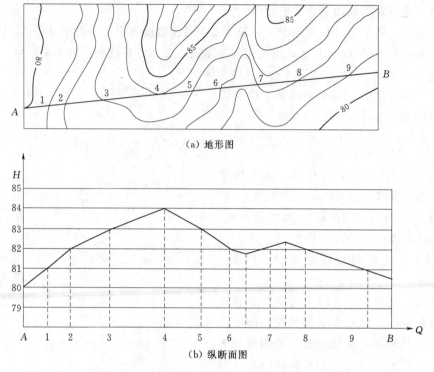

(a) 地形图

(b) 纵断面图

图 9-5　纵断面图绘制

八、确定汇水面积的边界线

汇水面积指的是雨水流向同一山谷地面的受雨面积。当跨越河流、山谷修筑道路，兴修水库筑坝拦水时，桥梁涵洞孔径的大小、水坝的设计位置与坝高、水库的蓄水量等都要根据这个地区的降水量和汇水面积来确定。

如图 9-6 所示，拟在 m 处建造一个涵洞以排泄水流，涵洞孔径的大小应根据流经该处的水量决定，而水量又和山谷的汇水面积大小有关。从图 9-6 可以看出，由山脊线 ab、bc、cd、de、ef、fg 和道路 ag 所围成的面积，就是汇水面积。

九、面积量测与计算

在规划设计和工程建设中，常常需要在地形图上测算某一区域范围的面积。求算面积的方法很多，按照原理可分为坐标解析法、几何图形法及求积仪法等，其中求积代法目前已经不太常用，在此不再赘述。

1. 坐标解析法

坐标解析法量算面积具有较高精度。当图形为多边形，各顶点的坐标值为已知值时，可采用该方法计算面积。

如图 9-7 所示，欲求四边形 1234 的面积，已知其顶点坐标为点 1 (x_1, y_1)、点 2 (x_2, y_2)、点 3 (x_3, y_3) 和点 4 (x_4, y_4)。则其面积相当于相应梯形面积的代数和，即

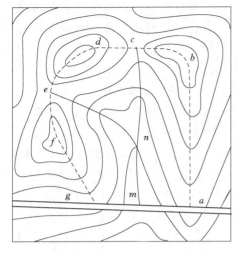

图 9-6　汇水边界线的确定

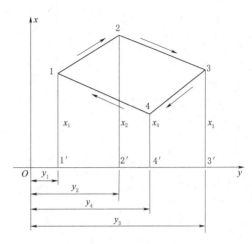

图 9-7　坐标解析法示意图

$$S_{1234}=S_{122'1'}+S_{233'2'}-S_{144'1'}-S_{433'4'}$$

$$=\frac{1}{2}[(x_1+x_2)(y_2-y_1)+(x_2+x_3)(y_3-y_2)-(x_1+x_4)(y_4-y_1)$$

$$-(x_3+x_4)(y_3-y_4)]$$

整理得

$$S_{1234}=\frac{1}{2}[x_1(y_2-y_4)+x_2(y_3-y_1)+x_3(y_4-y_2)+x_4(y_1-y_3)]$$

对于 n 点多边形，其面积公式的一般式为

$$S=\frac{1}{2}\sum_{i=1}^{n}x_i(y_{i+1}-y_{i-1}) \tag{9-9}$$

或

$$S=\frac{1}{2}\sum_{i=1}^{n}y_i(x_{i-1}-x_{i+1}) \tag{9-10}$$

式中：i 为多边形各顶点的序号。当 i 取 1 时，$i-1$ 就为 n，当 i 为 n 时，$i+1$ 就为 1。

式（9-9）和式（9-10）的运算结果应相等，可作校核。注意应用该公式时，多边形点号为顺时针编号。

2. 几何图形法

若图形是由直线连接的多边形，可将图形划分为若干个简单的几何图形，如图 9-8 所示的三角形、梯形等；然后用比例尺量取计算所需的元素（长、宽、高），应用面积计算公式求出各个简单几何图形的面积；最后取代数和，即为多边形的面积。

图形边界为曲线时，可近似地用直线连接成多边形，再计算面积。

十、土方量计算

在各种工程建设中，需要将施工场地的自然地表按要求整理成一定高程的水平地面或一定坡度的倾斜地面的工作，称为场地平整。在场地平整工作中，常要确定填、

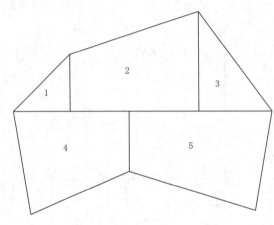

图 9-8 几何图形法示意图

挖土石方量。土方量计算的方法主要有方格网法、等高线法、断面法和三维激光扫描等方法，下面介绍前两种方法。

（一）方格网法

采用方格网法计算土方量时，常将施工场地整理成下列三种地面。

1. 整理成某一高程的水平地面

图 9-9 所示为一块待平整的场地，其比例尺为 1∶1000，等高距为 1m，在划定的范围内，按照填、挖方量平衡的要求，将其平整为某一设计高程的平地。计算土方量的步骤如下：

（1）绘制方格网。方格网的大小可根据地形复杂程度、比例尺的大小和土方估算精度要求而定，本例中方格网边长为 20m。

（2）求各方格角点的高程（目估法内插）。根据等高线内插方格角点的地面高程，并注记在方格角点右上方。

（3）计算设计高程。设计高程的计算下列两种情况：

1）由设计单位定出，则无须计算。

2）若设计单位未给出，则根据场地填、挖方量平衡原则计算设计高程。先把每

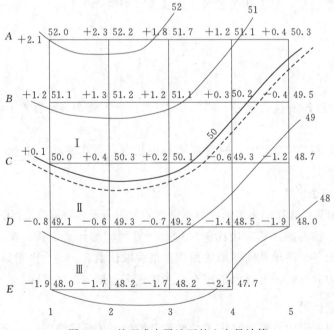

图 9-9 整理成水平地面的土方量计算

一方格 4 个顶点的高程加起来除以 4，得到每一个方格的平均高程；再把每一个方格的平均高程加起来除以方格数，就得到设计高程，即

$$H_{设} = \frac{H_1 + H_2 + H_3 + \cdots + H_n}{n}\qquad(9-11)$$

式中：H_i 为每一方格的平均高程；n 为方格总数。

从设计高程的计算中可以分析出角点 A_1、A_5 等的高程在计算中只用过一次，边点 A_2、A_3 等的高程在计算中使用过两次，拐点 D_4 的高程在计算中使用过三次，中点 B_2、B_3 等的高程在计算中使用过四次。为了计算方便，设计高程的计算公式可以写成

$$H_{设} = \frac{\sum H_{角} \times 1 + \sum H_{边} \times 2 + \sum H_{拐} \times 3 + \sum H_{中} \times 4}{4n}\qquad(9-12)$$

式中：n 为方格总数；$\sum H_{角}$、$\sum H_{边}$、$\sum H_{拐}$、$\sum H_{中}$ 分别为角点、边点、拐点和中点高程的和。

用式（9-12）计算出的设计高程为 49.9m，在图 9-9 中用虚线描出 49.9m 的等高线，该等高线称为填挖分界线或零线。

（4）计算各方格网点的填挖高度。根据设计高程和各方格顶点的地面高程，计算各方格顶点的挖、填高度：

$$h = H_{地} - H_{设}$$

式中：h 为填挖高度，正数为挖，负数为填；$H_{地}$ 为地面高程；$H_{设}$ 为设计高程。

自测 9-1

填挖高度计算结果如图 9-9 所示，标注在格网的左上角。

（5）计算填挖土方量：

$$\begin{cases} 角点土方量 = 填（挖）高度 \times \dfrac{1}{4} 方格面积 \\[2mm] 边点土方量 = 填（挖）高度 \times \dfrac{2}{4} 方格面积 \\[2mm] 拐点土方量 = 填（挖）高度 \times \dfrac{3}{4} 方格面积 \\[2mm] 中点土方量 = 填（挖）高度 \times \dfrac{4}{4} 方格面积 \end{cases}\qquad(9-13)$$

由本例列表 9-1 计算可知，挖方总量为 2930m³，填方总量为 2930m³，两者相等，满足填挖平衡的要求。

表 9-1　　　　　　　　　　填 挖 土 方 量 计 算 表

点号	挖深/m	填高/m	所占面积/m²	挖方量/m³	填方量/m³
A_1	+2.1		100	210	
A_2	+2.3		200	460	
A_3	+1.8		200	360	
A_4	+1.2		200	240	
A_5	+0.4		100	40	

续表

点号	挖深/m	填高/m	所占面积/m²	挖方量/m³	填方量/m³
B_1	+1.2		200	240	
B_2	+1.3		400	520	
B_3	+1.2		400	480	
B_4	+0.3		400	120	
B_5		−0.4	200		80
C_1	+0.1		200	20	
C_2	+0.4		400	160	
C_3	+0.2		400	80	
C_4		−0.6	400		240
C_5		−1.2	200		240
D_1		−0.8	200		160
D_2		−0.6	400		240
D_3		−0.7	400		280
D_4		−1.4	300		420
D_5		−1.9	100		190
E_1		−1.9	100		190
E_2		−1.7	200		340
E_3		−1.7	200		340
E_4		−2.1	100		210
				Σ: 2930	Σ: 2930

2. 整理成有一个坡度面的倾斜地面

图 9-10 所示为一块待平整的场地,等高距为 1m,在划定的范围内,按照填、挖方量平衡的要求,将其平整为倾斜地面,坡度要求从北到南为−3%,方格边长为 20m,计算土方量的步骤如下:

(1)绘制方格网,求各方格网点的地面高程。与整理成水平地面的绘制方法相同。用目估内插的方法求出各个方格网点的地面高程,标注在方格网点的右上方,如图 9-10 所示。

(2)计算场地重心点的设计高程。对于倾斜场地,若使填、挖方量平衡,应首先确定重心点,以重心点高程为设计高程(平均高程)。对于对称图形,重心点一般为图形中心点。所以可以按公式(9-12)计算出场地重心(图 9-10 中 G 点)的设计高程,本例为 59.7m。

(3)确定方格网格网线的设计高程。对于南北向坡度的场地,需要求出东西向格网线的设计高程。按坡度−3%推算东西向相邻方格网线之间的设计高差为 20m×3%=0.6m,则各方格网点的设计高程即可求出,标注在相应点位的右下角,如图 9-10 所示。从图中可以看出每一条东西向格网点的设计高程是相同的。

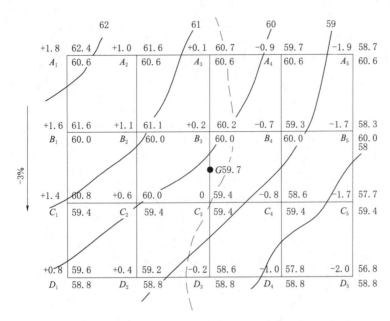

图 9-10　整理成一个有坡度面的倾斜地面的土方量计算

（4）计算各方格网点的填挖高度：

$$填挖高度\ h = 地面高程 - 设计高程$$

（5）确定填挖分界线，计算填、挖方量。用相邻两方格网点的填、挖高度值确定零点位置，将其相连即为填挖分界线，如图 9-10 中虚线所示。

计算填、挖方量并分别汇总，方法与整理成水平地面的计算方法相同。

3. 整理成有两个坡度面的倾斜地面

如图 9-11 所示，等高距为 1m，在划定的范围内，按照填、挖方量平衡的要求，将其平整为倾斜地面，坡度要求从北到南为 -2%，从西到东为 -1.5%。方格边长为 20m。计算土方量的具体步骤如下：

（1）绘制方格网并求方格顶点的地面高程。方法与水平地面平整相同，并将各方格顶点的地面高程注于图上。

（2）计算各方格顶点的设计高程。根据填、挖方量平衡的原则，按与将场地平整成水平地面计算设计高程相同的方法，计算场地几何图形重心点 G 的高程，并作为设计高程。本例计算得 $H_{设} = 80.26\text{m}$。

重心点及设计高程确定以后，根据方格点间距和设计坡度，自重心点起沿方格方向，向四周推算各方格顶点的设计高程，即

$$南北向两方格点间的设计高差 = 20\text{m} \times 2\% = 0.4\text{m}$$

$$东西向两方格点间的设计高差 = 20\text{m} \times 1.5\% = 0.3\text{m}$$

则南北方向各点设计高程如下：

$$B_3\ 点的设计高程 = 80.26\text{m} + 0.2\text{m} = 80.46\text{m}$$

$$A_3\ 点的设计高程 = 80.46\text{m} + 0.4\text{m} = 80.86\text{m}$$

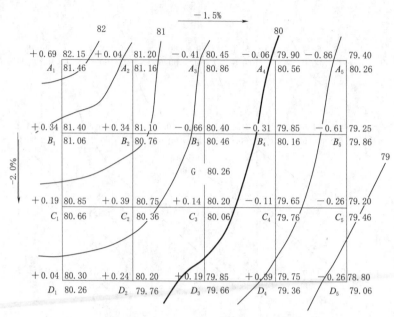

图 9-11　整理成有两个坡度面的倾斜地面的土方量计算

C_3 点的设计高程＝80.26m－0.2m＝80.06m

D_3 点的设计高程＝80.06m－0.4m＝79.66m

东西方向各点设计高程如下：

B_2 点的设计高程＝80.46m＋0.3m＝80.76m

B_1 点的设计高程＝80.76m＋0.3m＝81.06m

B_4 点的设计高程＝80.46m－0.3m＝80.16m

D_3 点的设计高程＝80.16m－0.3m＝79.86m

同理可推算得其他方格顶点的设计高程，并将高程注于方格顶点的右下角。

推算高程时应进行以下两项检核：

1）从一个角点起沿边界逐点推算一周后到起点，设计高程应闭合。

2）对角线各点设计高程的差值应完全一致。

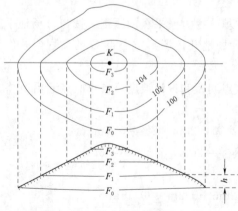

图 9-12　等高线法计算土方量

（3）计算方格顶点的填、挖高度。按照公式计算各方格顶点的填、挖高度并注于相应点的左上角。

（4）计算填、挖土石方量。根据方格顶点的填、挖高度及方格面积，分别计算各方格内的填挖方量及整个场地总的填、挖方量。

（二）等高线法

在地形图上可以利用等高线计算土方量。如图 9-12 所示，已知等高距 $h＝2m$，K 为顶点，欲计算高程 100m

以上的土方量，先量算各等高线围成的面积 F_0、F_1、F_2、F_3，体积按相邻两条等高线围成的台体和锥体计算，将各层体积相加即为总的土方量。计算公式如下：

$$\begin{cases} V_1 = \dfrac{1}{2}(F_0 + F_1)h \\[2mm] V_2 = \dfrac{1}{2}(F_1 + F_2)h \\[2mm] V_3 = \dfrac{1}{2}(F_2 + F_3)h \\[2mm] \qquad V_4 = \dfrac{1}{2}F_3 h_k \\[2mm] V_{总} = \sum V_i \quad (i = 1,2,3,4) \end{cases} \qquad (9-14)$$

第三节　数字地形图的应用

课件 9-2

　　随着计算机技术和数字化测绘技术的迅速发展，数字地形图已广泛地应用于国民经济建设、国防建设和科学研究的各个方面，数字地形图与传统的纸质地形图相比，它的应用具有明显的优越性和广阔的发展前景。在数字化成图软件环境下，利用数字地形图可以很容易地获取各种地形信息，而且精度高、速度快。本节借助 CASS 数字测图系统软件从基本几何要素的查询、断面图绘制和土方量计算等方面介绍数字地形图在工程建设中的应用。

一、基本几何要素的查询

CASS 软件在"工程应用"菜单中，提供了很多查询与计算功能，可以方便地进行各种基本几何要素的查询，如图 9-13 所示。

　　1. 查询指定点坐标

选取"工程应用"菜单中的"查询指定点坐标"，用鼠标点取所要查询的点，命令区显示要查询点的坐标"X＝××××.×××米" "Y＝××××.×××米""H＝0.000 米（不是该点的实际高程）"。

注意：该坐标是笛卡儿坐标系中的坐标，与测量坐标系的 X 和 Y 的顺序相反。

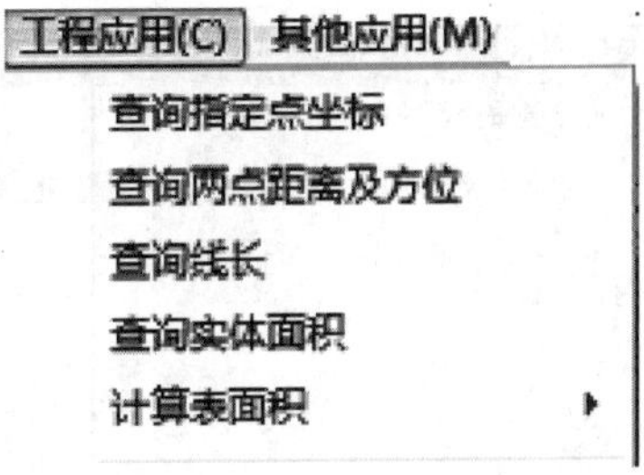

　　2. 查询两点距离及方位角

选取"工程应用"菜单下的"查询两点距离及方位"。用鼠标分别点取所要查询的两点即可。命令区显示两个指定点之间的实际水平距离和坐标方位角计算结果"两点间距离＝××××.×××米""方位角＝×××度××分××秒"。

　　3. 查询线长

选取"工程应用"菜单下的"查询线长"，用鼠标点取图上曲线即可。

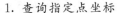

视频 9-1

工程应用(C)　其他应用(M)

査询指定点坐标
査询两点距离及方位
査询线长
査询实体面积
计算表面积　　　▶

图 9-13　工程应用菜单界面

4. 查询实体面积

选取"工程应用"菜单下的"查询实体面积",在命令行出现"①选取实体边线"和"②点取实体内部点"两个选项。如果选择第一个选项,用鼠标点击实体的边线,即可获得实体面积;如果选择第二个选项,用鼠标点击实体的内部,根据提示操作即可获得实体面积。

二、断面图绘制

在道路、管线工程规划中,进行工程量的概预算和合理地确定线路的坡度,需要利用地形图沿线路方向绘制断面图。在 CASS 中绘制断面图的方法有四种:①根据已知坐标;②根据里程文件;③根据等高线;④根据三角网。下面以"根据已知坐标"为例讲解,其他几种方法的操作步骤基本相似。

(1) 先用复合线绘制断面线,依次点取"工程应用"—"绘断面图"—"根据已知坐标"。

(2) 选择断面线。用鼠标点取上一步所绘断面线,屏幕上弹出"输入高程点数据文件名"的对话框,有两种方式选择高程点数据文件,如图 9-14 所示。输入采样点间距,系统的默认值为"20 米"。

(3) 绘制纵断面图。如图 9-15 所示,输入横向和纵向比例尺,在图上选择断面图绘制点位坐标,输入宽度和起始里程,设置注记字体大小,即可生成纵断面图,如图 9-16 所示。

图 9-14　选取坐标文件界面

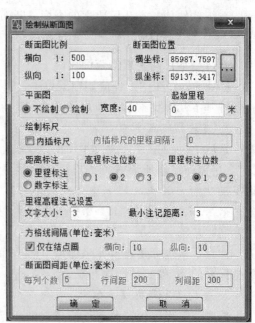

图 9-15　绘制纵断面图界面

三、土方量计算

CASS 软体中土方量计算有 DTM 法、方格网法、断面法和等高线法,下面以 DTM 法和方格网法为例介绍土方量计算过程。

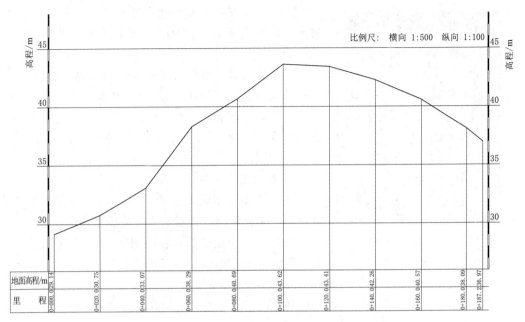

图 9-16　纵断面图的绘制

（一）DTM 法土方计算

由 DTM 模型来计算土方量是根据实地测定的地面点坐标 (X, Y, Z) 和设计高程，通过生成三角网来计算每一个三棱锥的填、挖方量，最后累计得到指定范围内填方和挖方的土方量，并绘出填挖方分界线。

DTM 法土方量计算共有三种方法：①根据由坐标数据文件计算，②根据图上高程点计算；③根据图上的三角网计算。前两种方法包含重新建立三角网的过程，第三种方法直接采用图上已有的三角形，不再重建三角网。下面分述三种方法的操作过程：

1. 根据坐标数据文件计算

（1）用复合线画出所要计算土方的区域，一定要闭合，但是尽量不要拟合。因为拟合过的曲线在进行土方计算时会用折线迭代，影响计算结果的精度。

（2）用鼠标点取"工程应用"—"DTM 法土方计算"—"根据坐标文件"。

（3）选择边界线。用鼠标点取所画的闭合复合线，弹出土方计算参数设置界面，如图 9-17 所示。其中参数意义如下：

1）区域面积：指复合线围成的多边形的水平投影面积。

2）平场标高：指设计要达到的目标高程。

3）边界采样间隔：默认值为"20 米"。

4）边坡设置：选中处理边坡复选框后，坡度设置功能变为可选，选中放坡的方式（向上或向下指平场高程相对于实际地面高程的高低，平场高程高于地面高程则设置为向下放坡），然后输入坡度值。

（4）设置好计算参数后屏幕上显示填挖方的提示框，命令行显示："挖方量

图 9-17　参数设置界面

＝××××立方米，填方量＝××××立方米"。同时图上绘出所分析的三角网、填挖方的分界线（白色线条）。

（5）关闭对话框后系统提示："请指定表格左下角位置：〈直接回车不绘表格〉"，用鼠标在图上适当位置点击，CASS 会在该处绘出一个表格，包含平场面积、最大高程、最小高程、平场标高、填方量、挖方量和图形。

2. 根据图上高程点计算

（1）首先要展绘高程点，然后用复合线画出所要计算土方的区域，要求同坐标数据文件法。

（2）用鼠标点取"工程应用"—"DTM 法土方计算"—"根据图上高程点计算"。

（3）选择边界线，用鼠标点取所画的闭合复合线。

（4）弹出土方计算参数设置对话框，以下操作则与坐标数据文件法一样。

3. 根据图上的三角网计算

（1）对已经生成的三角网进行必要的添加和删除，使结果更接近实际地形。

（2）用鼠标点取"工程应用"—"DTM 法土方计算"—"依图上三角网计算"。

（3）在提示行输入平场目标高程（米）：输入平整的目标高程；在图上选取"三角网"：用鼠标在图上选取三角形，可以逐个选取也可拉框批量选取。回车后屏幕上显示填挖方的提示框，同时图上绘出所分析的三角网、填挖方的分界线。

注意：用此方法计算土方量时不要求给定区域边界，因为系统会分析所有被选取的三角形。因此在选择三角形时一定注意不要漏选或多选，否则计算结果有误，且很难检查出问题所在。

（二）方格网法土方量计算

由方格网来计算土方量是根据实地测定的地面点坐标（X，Y，Z）和设计高程，通过生成方格网来计算每一个方格内的填、挖方量，最后累计得到指定范围内填方和挖方的土方量，并绘出填挖方分界线。

用方格网法算土方量，设计面可以是平面，也可以是斜面。

1. 设计面是平面

（1）用复合线画出所要计算土方的区域，一定要闭合，但是尽量不要拟合。因为拟合过的曲线在进行土方计算时会用折线迭代，影响计算结果的精度。

（2）用鼠标点取"工程应用"—"高程点生成数据文件"—有编码高程点（或无编码高程点）。根据提示，生成高程点数据文件。

（3）用鼠标点取"工程应用"—"方格网法土方计算"。屏幕上将弹出选择高程点坐标数据文件的界面，在对话框中选择所需高程数据文件，如图 9-18 所示。输入方格宽度"20"，这是每个方格的边长，默认值为 20 米。由原理可知，方格的宽度越小，计算精度越高。但如果给的值太小，超过了野外采集的点的密度，也是没有实际意义的。

2. 设计面是斜面

（1）用复合线画出所要计算土方的区域，一定要闭合，但是尽量不要拟合。因为拟合过的曲线在进行土方计算时会用折线迭代，影响计算结果的精度。

（2）用鼠标点取"工程应用"—"高程点生成数据文件"—有编码高程点（或无编码高程点）。根据提示，生成高程点数据文件。

（3）用鼠标点取"工程应用"—"方格网法土方计算"。屏幕上将弹出选择高程点坐标数据文件的界面，在对话框中选择所需高程数据文件，如图 9-19 所示。

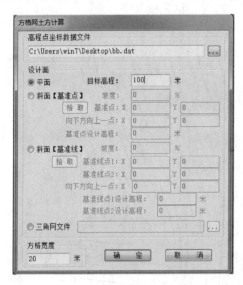

图 9-18　方格网法整理成平面的参数设置界面　图 9-19　方格网法整理成斜面的参数设置界面

（4）设计面选择斜面，输入相应信息。

1）输入设计坡度。

2）从屏幕上选取基准点和坡度下降方向上的一个点。

3）输入基准点设计高程。

4）图上绘出所分析的方格网，每个方格顶点的地面高程和计算得到的设计高程、填挖方的分界线（点线），并给出每个方格的填方（$T = \times\times\times$）、挖方（$W = \times\times\times$），每行的挖方和每列的填方，以及总挖方和总填方。

本　章　小　结

本章主要介绍了地形图的基本应用、地形图在工程建设中的应用以及 CASS 软件在地形图应用中的基本内容。本章的教学目标是使读者掌握地形图上坐标、距离、高程以及坐标方位角的确定方法和坡度的设计、纵断面图的绘制、汇水面积的确定和土方量的估算等。

重点应掌握的公式如下：

（1）等高线内插高程计算公式：$H_B = H_P + h\dfrac{d_1}{d}$。

（2）填挖均衡设计高程计算公式：

$$H_{设} = \frac{\sum H_{角} \times 1 + \sum H_{边} \times 2 + \sum H_{拐} \times 3 + \sum H_{中} \times 4}{4n}$$

思 考 与 练 习

1. 如图 9 - 20 所示，地形图比例尺为 1∶2000，试完成如下作业：

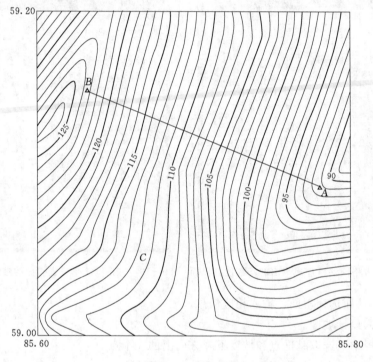

图 9 - 20　题 1 图

（1）根据等高线按比例内插法求出点 A、B、C 的高程。

（2）用图解法求 A、B 两点的坐标。

（3）求 A、B 两点间的水平距离。

（4）求 AB 连线的坐标方位角。

（5）求 A 点至 C 点的平均坡度。

（6）绘制出 AB 方向线的断面图。

2. 图 9 - 21 为 1∶1000 比例尺地形图，方格网边长为实地 20m，现要求在图示方格范围内平整为水平场地，试完成以下内容：

（1）根据填、挖方量平衡原则计算该场地设计高程。

（2）在图中绘出挖填分界线。

（3）计算填挖土方量。

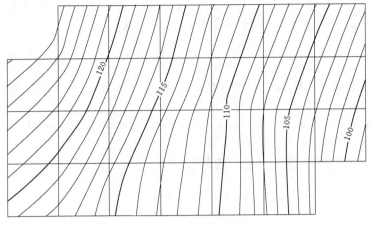

图 9 - 21　题 2 图

3. 在 CASS 数字测图系统中绘制断面图有几种方法？

参 考 文 献

[1] 中华人民共和国住房和城乡建设部. 城市测量规范：CJJ/T 8—2011 [S]. 北京：中国建筑工业出版社，2011.

[2] 中华人民共和国住房和城乡建设部，国家市场监督管理总局. 工程测量标准：GB 50026—2020 [S]. 北京：中国计划出版社，2020.

[3] 国家质量技术监督管理局. 国家三角测量规范：GB/T 17942—2000 [S]. 北京：中国标准出版社，2000.

[4] 中华人民共和国国家质量监督检验检疫总局，中国国家标准化管理委员会. 国家一、二等水准测量规范：GB/T 12897—2006 [S]. 北京：中国标准出版社，2006.

[5] 中华人民共和国国家质量监督检验检疫总局，中国国家标准化管理委员会. 全球定位系统（GPS）测量规范：GB/T 18314—2009 [S]. 北京：中国标准出版社，2009.

[6] 中华人民共和国国家质量监督检验检疫总局，中国国家标准化管理委员会. 国家三、四等水准测量规范：GB/T 12898—2009 [S]. 北京：中国标准出版社，2009.

[7] 中华人民共和国国家质量监督检验检疫总局，中国国家标准化管理委员会. 国家基本比例尺地形图分幅与编号：GB/T 13989—2012 [S]. 北京：中国标准出版社，2012.

[8] 中华人民共和国国家质量监督检验检疫总局，中国国家标准化管理委员会. 测绘成果质量检测与验收：GB/T 24356—2009 [S]. 北京：中国标准出版社，2009.

[9] 孔维华. 工程测量 [M]. 北京：中国水利水电出版社，2020.

[10] 高井祥，付培义，余逞祥，等. 数字地形测量学 [M]. 徐州：中国矿业大学出版社，2018.

[11] 宁津生，陈俊勇，李德仁，等. 测绘学概论 [M]. 3版. 武汉：武汉大学出版社，2016.

[12] 胡伍生，潘庆林. 土木工程测量 [M]. 5版. 南京：东南大学出版社，2016.

[13] 曹智翔，邓明镜. 交通土建工程测量 [M]. 3版. 成都：西南交通大学出版社，2014.

[14] 潘正凤，程效军，成枢，等. 数字地形测量学 [M]. 2版. 武汉：武汉大学出版社，2019.

[15] 朱爱民，曹智翔. 测量学 [M]. 北京：人民交通出版社，2018.

[16] 臧立娟，王凤艳. 测量学 [M]. 武汉：武汉大学出版社，2018.

[17] 易正辉. 测量学 [M]. 北京：中国铁道出版社，2018.

[18] 刘文谷，张伟富，游扬声，等. 测量学 [M]. 北京：北京理工大学出版社，2018.

[19] 张龙. 测量学 [M]. 北京：人民交通出版社，2016.

[20] 吴学伟，于坤. 测量学教程 [M]. 北京：科学出版社，2018.

[21] 许娅娅，雒应，沈照庆. 测量学 [M]. 4版. 北京：人民交通出版社，2018.

[22] 毛亚纯，高铁军，何群. 数字测图原理与方法 [M]. 沈阳：东北大学出版社，2014.

[23] 汤青慧，于水，唐旭，等. 数字测图与制图基础教程 [M]. 北京：清华大学出版社，2013.

[24] 张正禄. 工程测量学 [M]. 3版. 武汉：武汉大学出版社，2020.

[25] 赵红. 水利工程测量 [M]. 北京：中国水利水电出版社，2010.

[26] 赵红，徐文兵. 数字地形图测绘 [M]. 北京：地震出版社，2017.

[27] 高小六，江新清. 工程测量（测绘类）[M]. 武汉：武汉理工大学出版社，2013.

[28] 刘茂华. 工程测量 [M]. 上海：同济大学出版社，2018.

[29] 樊彦国. 测量学 [M]. 青岛：中国石油大学出版社，2019.

[30] 李聚方. 工程测量 [M]. 北京：测绘出版社，2014.

［31］ 程效军，鲍峰，顾孝烈. 测量学［M］. 5 版. 上海：同济大学出版社，2016.

［32］ 陈丽华. 测量学［M］. 2 版. 杭州：浙江大学出版社，2012.

［33］ 王晓明，殷耀国. 土木工程测量［M］. 武汉：武汉大学出版社，2013.

［34］ 李秀江. 测量学［M］. 4 版. 北京. 中国农业出版社，2013.

［35］ 谭辉，伍鑫. 土木工程测量［M］. 4 版. 上海：同济大学出版社，2013.

［36］ 李玉宝. 测量学［M］. 成都：西南交通大学出版社，2012.

［37］ 王正旭. 浅谈全站仪补偿器的工作原理与检修方法［J］. 测绘技术装备，2009，11（1）：46 - 47，39.

［38］ 阎锡臣. 数字水准仪电子 i 角检定方法的研究［J］. 现代测绘，2013，36（1）：28 - 29，31.

［39］ 王美婷. 数字水准仪 i 角检定方法比较分析［J］. 计量与测试技术，2017，44（9）：66 - 67.

［40］ 杨鲜妮. 电子水准仪 i 角误差野外校正方法［J］. 电子测量与仪器学报，2012 增刊.

［41］ 龚真春，李伟峰，薛宏. 数字水准仪测量精度分析及其在工程中的应用［J］. 测绘与空间地理信息，2012，35（2）：191 - 193.

［42］ 岁有中，郝永青，张青霞. 数字水准仪的原理及应用［J］. 测绘与空间地理信息，2008，31（4）：208 - 210.